计算机基础课程系列教材

Visual Basic .NET 程序设计

李柏岩 尹枫 王洪亚 周余洪 杜明 编著

机械工业出版社
China Machine Press

本书详尽地介绍了 Visual Basic .NET 的基础知识和程序设计方法以及使用 Visual Basic .NET 绘图和进行数据库开发的方法。全书共两部分，第一部分（第1~10章）为原理篇，主要内容包括：VB.NET 集成开发环境、面向对象程序设计的概念、窗体和基本控件、Visual Basic .NET 语言基础和常用语句、数组、函数、过程、界面设计、绘图、文件和数据库等。第二部分（实验一~实验十）为实验篇，给出了与原理篇各章相对应的10个实验。

本书内容丰富、注重应用，既可作为高等院校非计算机专业学生的教材和教学参考书，也可作为广大读者的自学用书。

图书在版编目（CIP）数据

Visual Basic .NET 程序设计/李柏岩等编著．—北京：机械工业出版社，2011.8

（2014.7 重印）

（计算机基础课程系列教材）

ISBN 978-7-111-35415-4

Ⅰ．V…　Ⅱ．李…　Ⅲ．BASIC 语言-程序设计-教材　Ⅳ．TP312

中国版本图书馆 CIP 数据核字（2011）第 148788 号

机械工业出版社（北京市西城区百万庄大街22号　邮政编码　100037）

责任编辑：王　璐

北京市荣盛彩色印刷有限公司印刷

2014年7月第1版第3次印刷

185mm×260mm · 13.75 印张

标准书号：ISBN 978-7-111-35415-4

定价：28.00元

凡购本书，如有缺页、倒页、脱页，由本社发行部调换

客服热线：（010）88378991；88361066

购书热线：（010）68326294；88379649；68995259

投稿热线：（010）88379604

读者信箱：hzjsj@hzbook.com

前　言

Visual Basic .NET（简称 VB.NET）是一种可视化的面向对象程序设计语言，由于其功能强大、容易掌握、使用方便，深受广大程序设计工作者的喜爱，成为目前许多专业人员和编程爱好者不可缺少的编程工具。

本书主要针对已经具备计算机基础知识的非计算机专业学生，围绕“怎样设计VB.NET程序解决实际问题”这个中心，通过大量有实际意义的程序实例，深入浅出地介绍了VB.NET程序设计的基本概念、方法和技术。本书内容丰富、实例生动，重点突出、注重实用，文字流畅，便于读者自学。

全书共分两部分，第一部分（第 1 ~ 10 章）为原理篇，其中，第 1 章介绍了 VB.NET 的历史发展轨迹、与 Microsoft .NET 的关系及 VB.NET 集成开发环境；第 2 章简要介绍了面向对象的基本概念，并自然过渡到 VB.NET 程序开发机制，介绍了窗体和基本控件及其使用；第 3 章介绍了 VB.NET 语言方面的基本知识；第 4 章讲解了 VB.NET 程序设计的基本语句；第 5 章讲解了数组及其应用；第 6 章介绍了自定义函数和过程；第 7 章介绍了用户界面设计的相关知识；第 8 章介绍 VB.NET 的文件系统及其使用；第 9 章介绍了 VB.NET 的 CDI + 绘图功能；第 10 章介绍了数据库开发基础。每一章后面都设置了习题，用于测试学生对所学知识点的掌握情况。第二部分（实验一 ~ 实验十）为实验篇，安排了与第一部分相对应的 10 个配套实验，并对实验中的难点给出了相应的提示。

此外，本书的例题、实验题都在 Visual Basic .NET 环境中调试通过。

本书的编写人员大多参与编写了强莎莎老师 2007 年主编的《Visual Basic .NET 程序设计》一书，从中获得了很多宝贵经验。本书也借鉴了该书的一些思路和写法，并获得强莎莎老师和骆轶姝老师的支持，在此表示感谢。

参加本书编写的有李柏岩、尹枫、王洪亚、周余洪、杜明。本书编写过程中，得到了刘晓强、宋晖老师的大力帮助和指导，在此表示深深的谢意。

限于作者水平，书中有不当之处，欢迎广大读者批评指正。

编者

2011 年 6 月

教学建议

教学章节	教学要求	课时
第 1 章 Visual Basic .NET 概述	了解 BASIC、Visual Basic .NET、Microsoft .NET 的特点及内在联系	1
	了解 Visual Basic .NET 集成开发环境的安装、界面及基本功能 掌握开发 VB.NET 应用程序的方法	2
	了解 VB.NET 常用调试工具，掌握程序调试方法 掌握 VB.NET 帮助系统的使用方法	1
第 2 章 VB.NET 程序设计初步	了解面向对象程序设计的基本概念 掌握 VB.NET 事件驱动的编程机制	1
	掌握 VB.NET 窗体及常用控件的属性、方法、事件及其使用方式	6
第 3 章 VB.NET 语言基础	掌握 VB.NET 基本数据类型，包括常量、变量等	1
	掌握 VB.NET 常用运算符、表达式的使用	2
	掌握 VB.NET 常用函数及其使用	2
第 4 章 基本的程序结构	了解结构化程序设计的基本结构：顺序结构、选择结构、循环结构 掌握主要程序语句，包括赋值语句、选择语句和循环语句等	14
第 5 章 数　　组	了解数组的基本概念和用法 掌握数组的声明、重新声明及操作方法 掌握数组元素的查询、排序算法 掌握数组相关控件及结构数组的用法	8
第 6 章 自定义函数和过程	掌握函数、过程的定义和调用方法 掌握参数传递的原理和用法	8
第 7 章 用户界面设计	掌握菜单栏、工具栏、状态栏的用法 掌握鼠标、键盘的编程方法	6
第 8 章 文 件 系 统	了解文件的基本概念 掌握顺序文件、随机文件的读写方法 了解目录管理和文件管理的方法	8
第 9 章 绘　　图	了解 GDI + 图形系统 掌握基本的绘图对象及绘图语句的用法	4
第 10 章（可选） 数据库访问	了解数据库访问的基本方法 掌握访问数据库的方法和步骤	4
第 1 ~ 10 章建议课时		64 ~ 68
综合实例（第 2 ~ 9 章）建议课时		20 ~ 30

说明：

1）建议课堂教学全部在多媒体机房内完成，实现“讲-练”结合。

2）建议课时包括上课和实验两部分，在时间分配上大致各占一半。

3）建议教学分为核心知识技能模块（第 1 ~ 10 章的基本内容）和扩展提高模块（第2 ~ 9 章的综合实例），其中核心知识技能模块建议教学学时为 64 ~ 68，技能提高模块建议学时为 20 ~ 30，不同学校可以根据各自的教学要求和计划学时数对教学内容进行取舍。

目 录

第二部分 实验篇

第一部分 原 理 篇

第 1 章 Visual Basic .NET 概述

Visual Basic .NET 简称 VB.NET，是一种面向对象的高级程序设计语言及编程环境，是 Microsoft .NET 平台的重要组成部分。本章主要介绍 VB.NET 集成开发环境及其使用。通过本章的学习，读者可以了解 VB.NET 语言的发展历史、基本特性及集成开发环境，学会使用集成开发环境创建、运行和调试 VB.NET 应用程序的基本方法和步骤。

1.1 VB.NET 简介

VB.NET 程序设计语言由最初的 BASIC 语言发展而来，并随着相关技术平台的发展而不断演变，但一直保持简单易学、功能强大的特点，是计算机技术发展史上应用最为广泛的程序设计语言之一

1.1.1 VB.NET 语言的由来

BASIC 语言是美国 Dartmouth 学院的 John G. Kemeny 与 Thomas E. Kurtz 两位教授在 20 世纪 60 年代中期提出的一种高级程序设计语言，其英文全称为“Beginner's All-Purpose Symbolic Instruction Code”。BASIC 语言定位为“适用于初学者的多功能符号指令代码”，最初是一种解释式语言，即所谓“边解释，边执行”，后来逐渐发展为兼具解释与编译双重翻译方式的语言。由于 BASIC 语言易学易用，很快就流行起来了。

BASIC 语言在发展过程中出现许多版本，如 BASICA、Quick BASIC 和 GWBASIC 等。虽然这些版本在语法、规则、功能等方面并不完全相同，但几乎都继承了 BASIC 创始者所设计的基本形态与精神。其中最具代表性、应用最广的是微软公司在 1991 年首次推出的 Visual Basic 系列开发环境。Visual Basic 支持“所见即所得”的可视化编程模式，以结构化 BASIC 语言为基础，以事件驱动为运行机制，使用窗体、可视化控件和代码设计程序。

Visual Basic 不仅能开发独立的 Windows 应用程序，还能以脚本方式嵌入 Microsoft 办公系列产品 Word、Excel 和 PowerPoint 等软件，为用户提供编程接口，扩展这些软件的功能。这种脚本语言称为 Visual Basic for Applications（简称 VBA），也称宏语言，是 Visual Basic 语言的子集。另一种常用的 Visual Basic 脚本语言是 VBScript，简称 VBS。VBS 作为活动服务器页（Active Server Page，ASP）技术的默认语言，主要用于动态网页的设计。

Visual Basic 的版本从 1.0 发展到 6.0 之后，Microsoft 将其整合到一个称为“Microsoft .NET”（简称.NET）的全新技术框架中，形成了 Visual Basic .NET。

1.1.2 Microsoft .NET 框架

Microsoft .NET 是 Microsoft 公司于 2000 年 6 月推出的一个**技术框架**（Framework），目的是将

已有的技术整合起来，建立一个用于创建、部署和运行新一代基于 Internet 应用程序的统一环境。这个框架包括两个主要组成部分：**公共语言运行时**（Common Language Runtime，CLR）和 .NET基础类库（Base Class Library，BCL）。

1. 公共语言运行时

CLR 像 Java 虚拟机一样也是一个运行时环境，是.NET 框架的核心和基石，它负责资源管理并监控程序的运行，保证应用与底层操作系统之间必要的分离。基于 CLR 语言编译器开发的代码称为托管（Managed）代码，否则称为非托管代码。托管代码具有许多优点，例如：跨语言集成、跨语言异常处理、增强的安全性、版本控制和部署支持等。凡是符合**公共语言规范**（Common Language Specification）的程序语言所开发的程序都可以在 CLR 上运行。有了 CLR，开发人员就能容易地设计出能够跨语言交互的组件和应用程序。

2. .NET 基础类库

.NET 框架的类库是一个与 CLR 紧密集成的可重用类集合，它提供的功能涉及从输入、输出到数据访问等多个环节的内容，为开发人员提供了一个统一的、面向对象的、层次化的可扩展应用程序编程接口（API）。**.NET 基础类库**由 2500 多个可重用类构成，.NET 框架支持的所有语言都可以使用同一个基础类库开发各种应用程序，而在.NET 出现之前的传统的语言编程环境中，不同的语言需要有不同的函数库，使用不同的调用方法。

此外，活动服务器页（ASP +）提供了基于统一类库的 Web 应用程序模型。该模型由一个基本结构和一组可运行在 Web 服务器上的控件构成。使用该模型，开发人员可以方便地构建各种 Web 应用。Microsoft .NET 中访问数据库的技术是 ADO.NET。ADO.NET 提供了一组用来连接数据库、运行命令、返回记录集的类。XML 技术则作为一种通用数据交换格式，奠定了新一代数据交换的标准。

Microsoft .NET 框架、开发工具和编程语言共同构成了 Microsoft .NET 统一开发平台，其结构如图 1-1 所示。

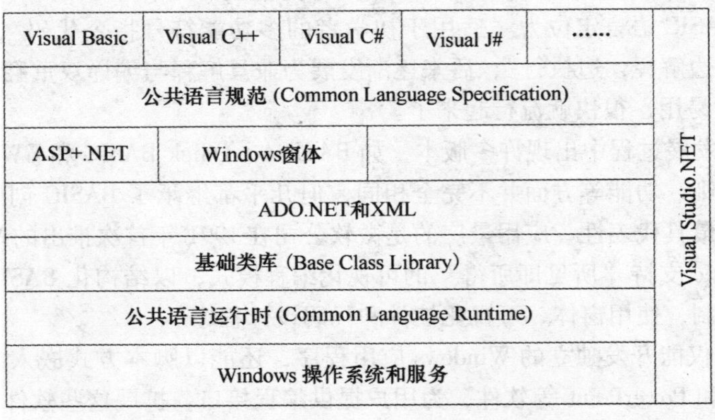

图 1-1 Microsoft .NET 开发平台

.NET 框架是整个开发平台的基础，而集成开发工具 Visual Studio .NET 则是平台最重要的开发工具，它支持 Visual Basic、Visual C ++ 、Visual C#、Visual J# 等多种编程语言。在 Visual Studio .NET 中，用户可以使用其中任何一种语言环境创建应用程序，而且很容易将其他语言编写的模块整合在一起。在 Microsoft .NET 平台中，不同的编程语言编写的程序首先被翻译成统一的中间语言代码（MSIL），然后在 CLR 的支持下，中间语言程序被编译成由本地 CPU 指令组成的可执行程序。这些程序使用同一个基础类库，能够访问相同的底层对象和组件，在语言层次上已没有执行效率上的差别了。

1.1.3 VB.NET 的新特点

VB.NET 是一种面向对象的编程语言，虽然它是从 Visual Basic 语言发展而来的，但不是对后者的简单改进和升级。VB.NET 与 Visual Basic 最大的差别是引入了.NET 框架，.NET 框架为 VB.NET 编程提供了一个庞大的基础类库，构成了 VB.NET 的编程基础。

VB.NET 沿用了 Visual Basic 语言的多数语法，并做了少量改进，以适应.NET 框架对编程语言的要求，但同样具有简单易用的特点。VB.NET 包含了 Visual Basic 6.0 的所有控件，为大多数控件增添了新的属性、方法和事件，而且还增加了新的控件和组件用于创建用户界面。另外，VB.NET继承了 Visual Basic 的可视化设计和事件驱动的编程机制，具有丰富的数据类型和完备的帮助功能，支持强大的数据库访问和网络功能，为快速创建 Windows 应用程序提供了一种有效途径。

1.2 VB.NET 集成开发环境

Visual Basic .NET 集成开发环境（Integrated Development Environment，IDE）是 Microsoft Visual Studio .NET 的一部分，它集程序代码的编辑、编译、连接和调试等功能于一体，给编程人员提供了一个完整、方便的开发界面和许多有效的开发辅助工具。本书将以 Microsoft 公司 2005 年推出的、可运行在 Windows XP 操作系统上的 Visual Studio .NET 2005 为背景，全面介绍 VB.NET 编程语言及其集成开发环境。

1.2.1 VB.NET 安装和启动

Microsoft Visual Studio .NET 2005 的安装非常简单，既可以通过光驱安装，也可将安装程序复制到硬盘上安装。本书以硬盘安装为例，打开如图 1-2 所示的安装文件夹，双击 SETUP. EXE 文件图标，就可以启动安装程序。

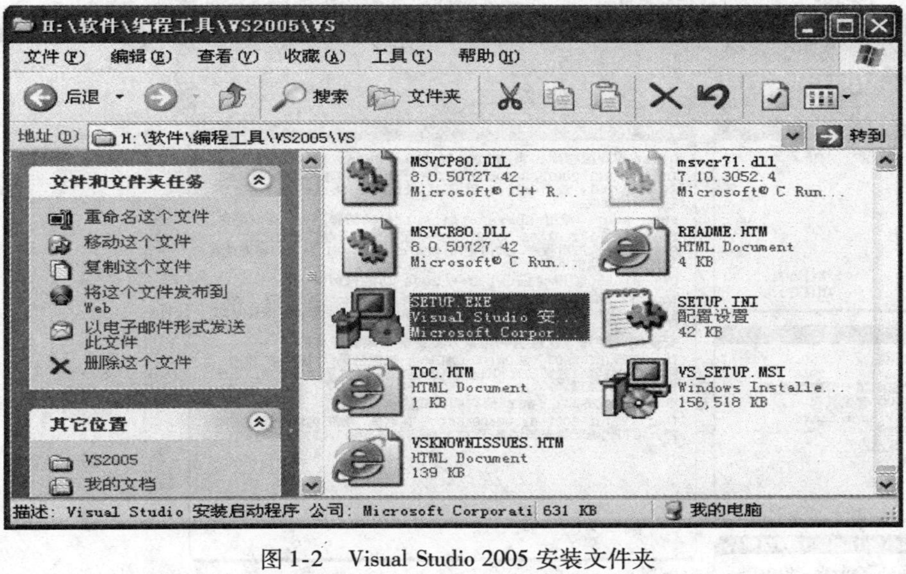

图 1-2 Visual Studio 2005 安装文件夹

Visual Studio 2005 的安装程序界面如图 1-3 所示，点击“安装 Visual Studio 2005”选项后，安装向导推动安装过程自动进行。Visual Studio 2005 提供了三个安装选项：①“默认”选项只安装最常见的功能（约占 2GB 存储空间）；②“完全”选项将安装所有功能（约占 4GB 存储空间）；③“自定义”选项允许用户去掉一些不需要的功能。若选择“默认”安装，后续的过程几乎不需要用户干预。

图 1-3　Visual Studio 2005 安装程序界面

安装完成后，Windows 的“程序”菜单中会出现“Microsoft Visual Studio 2005”菜单项，点击该项即可启动 Visual Studio 2005 集成开发环境。

Microsoft Visual Studio 2005 支持多种程序设计语言，第一次启动时会提示用户选择开发语言，如果用户选择 Visual Basic .NET，则系统启动后的界面如图 1-4 所示。

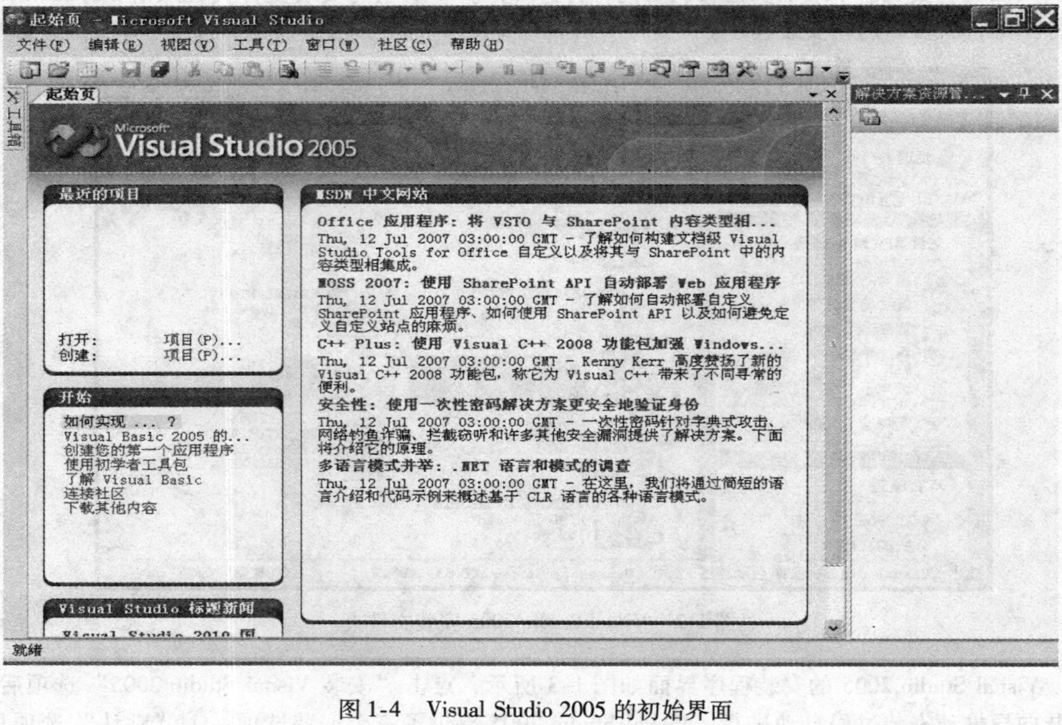

图 1-4　Visual Studio 2005 的初始界面

1.2.2 VB.NET 开发环境界面

VB.NET 集成开发环境是 Microsoft Visual Studio 的一部分，其界面主要由标题栏、菜单栏、工具栏、工具箱、解决方案资源管理器、属性窗口、设计窗口、代码窗口、错误列表窗口和状态栏等组成，其中大多数窗口都是浮动和可关闭的，当窗体布局被改变后，想重新得到默认窗口布局，可执行“窗口 | 重置窗口布局”菜单命令。新建一个 Visual Basic .NET 项目后，设计界面如图 1-5 所示。

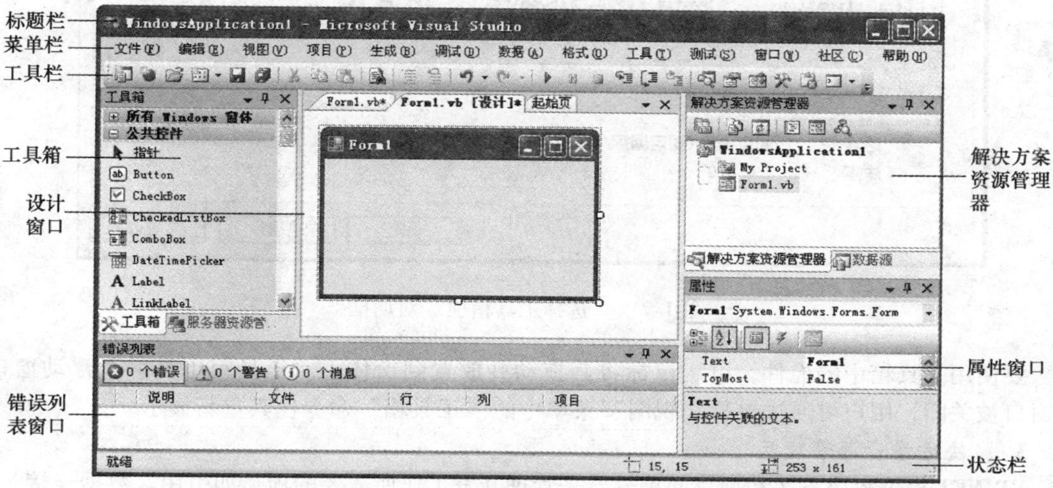

图 1-5 Visual Studio 2005 的设计界面

1. 标题栏、菜单栏和工具栏

VB.NET 开发环境的标题栏、菜单栏和工具栏如图 1-6 所示。标题栏用于显示当前项目的名称和状态。菜单栏包括 13 个菜单，其中“文件”菜单提供新建、打开和保存项目的功能；“编辑”菜单提供代码编辑操作的命令；“视图”菜单用于管理工作区中显示的窗口；“项目”菜单提供项目管理功能；“生成”菜单用于产生程序运行代码；“调试”菜单提供调试程序的功能。工具栏通过按钮为常用功能提供快速启动方式。

图 1-6 集成开发环境的标题栏、菜单栏和工具栏

2. 工具箱

工具箱以图标和名称列表的形式提供控件，用于设计程序界面。工具箱中只显示部分常用控件，这些控件按类型分成多个组。事实上，用户可以通过右键菜单向工具箱中添加选项卡和控件。例如，要添加其他控件到工具箱，可在控件列表的右键菜单中执行“选择项”命令，在弹出的如图 1-7 所示的对话框中找到所需控件，选中控件名称左边的复选框，单击“确定”按钮即可。

图 1-7 “选择工具箱项”对话框

要使用工具箱中的控件，可用鼠标将其拖动并放置到窗体上。工具箱也是一个浮动窗口，若窗口被关闭，用户可通过执行“视图”菜单中的“工具箱”命令使其重新显示。

3. 解决方案资源管理器

VB.NET 提供解决方案和项目两种容器来管理开发工作所需要的项，如引用、数据连接、文件夹和文件等。一个解决方案可以包含多个项目，而一个项目通常包含多个项。解决方案资源管理器以树形结构组织 VB.NET 项目中的所有相关项，如图 1-8 所示。用户可以使用解决方案资源管理器管理项目资源，例如，要打开设计窗口，用鼠标双击管理器中的窗体文件名即可。用户可以通过单击“显示所有文件”按钮查看更多的文件夹和文件；通过“查看代码”和“查看设计器”按钮切换设计窗口和代码窗口。

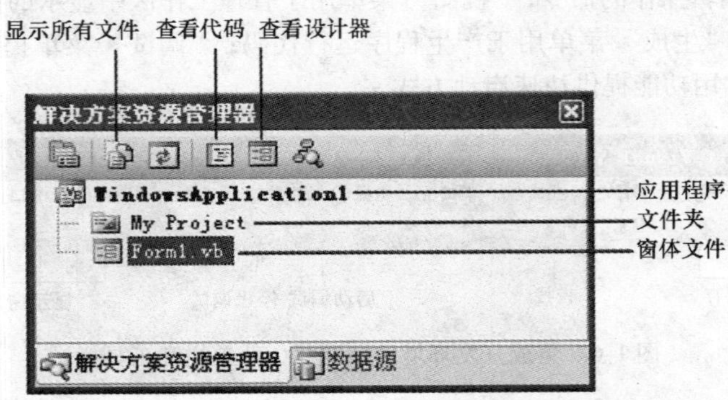

图 1-8 解决方案资源管理器

4. 属性窗口

属性窗口显示选中对象的属性，如图 1-9 所示。每个对象都由一组属性来描述其特征，如名称、颜色、大小等。在程序设计阶段，用户可以通过属性窗口查看和修改对象的属性值和事件关联信息。属性和事件既可以按分类顺序显示，也可以按字母顺序显示。“属性”和“事件”按钮用于切换属性和事件的显示。

图 1-9 属性窗口

5. 设计窗口

设计窗口是进行程序界面设计的主要窗口，如图 1-10 所示。窗体是可视化控件的主要容器，用户可以在其上添加各种控件。程序运行时，通常以窗体为界面形式，用户通过与窗体上可视控件进行交互来使用程序。一个应用程序可以有多个窗体，用户可通过选择"项目｜添加 Windows 窗体"菜单项添加新的窗体。

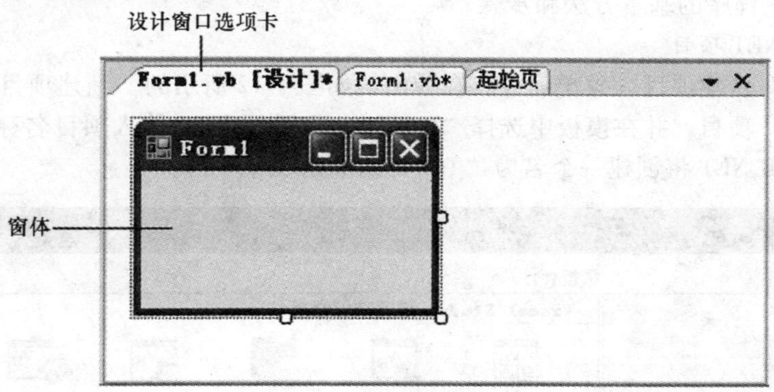

图 1-10 设计窗口

6. 代码窗口

代码窗口是用户输入程序代码的主窗口，如图 1-11 所示。用户可通过单击代码窗口上方的选项卡或双击窗体、控件进入代码窗口，并在窗口中输入、编辑、调试程序代码。代码窗口左上部的组合框可以显示窗体或控件的类名，右上部的组合框显示该类对应的方法名称。类的每一个方法都对应该类可能发生的一个事件，当用户选择一个类的方法后，系统会在代码窗口自动创建该类相关事件过程的首部和尾部，用户可在其中间添加程序代码，来实现该事件发生时程序应完成的功能。

7. 错误列表窗口

错误列表窗口是代码编辑过程中非常重要的错误检查窗口，通常显示在代码编辑窗口下方。错误列表列出了当前应用程序的所有语法错误，并且指明错误所在的行号、列号和文件。双击错误列表中的错误项，可以直接定位到代码窗口中的错误代码上。

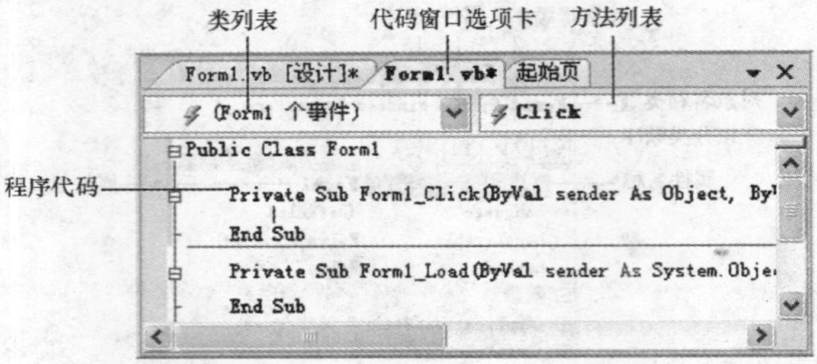

图 1-11 代码窗口

错误列表窗口用于显示程序的错误信息，将在 1.4.1 节进行介绍；状态栏用于显示系统信息和用户的提示信息，将在 7.1.4 节详细介绍。

1.3 创建 VB.NET 应用程序

VB.NET 集成开发环境有设计、运行和调试三种工作模式。在设计模式下，用户可进行界面设计和代码编写。应用程序运行时，系统处于运行模式下（标题栏显示“正在运行”），这时不能编辑代码，也不能修改界面。当应用程序出错或被中断时，系统处于调试模式（标题栏显示“正在调试”），这时可编辑代码，调试程序。本节将通过新建一个名称为 Test 的 VB.NET 项目，学习创建 VB.NET 程序的基本方法和步骤。

1. 创建 VB.NET 项目

执行“文件 | 新建项目”菜单命令，在弹出的如图 1-12 所示的“新建项目”对话框中，选择“Visual Basic”项目，并在模板中选择“Windows 应用程序”。输入项目名称“Test”后单击“确定”按钮，VB.NET 将创建一个名为“Test”的应用程序项目。

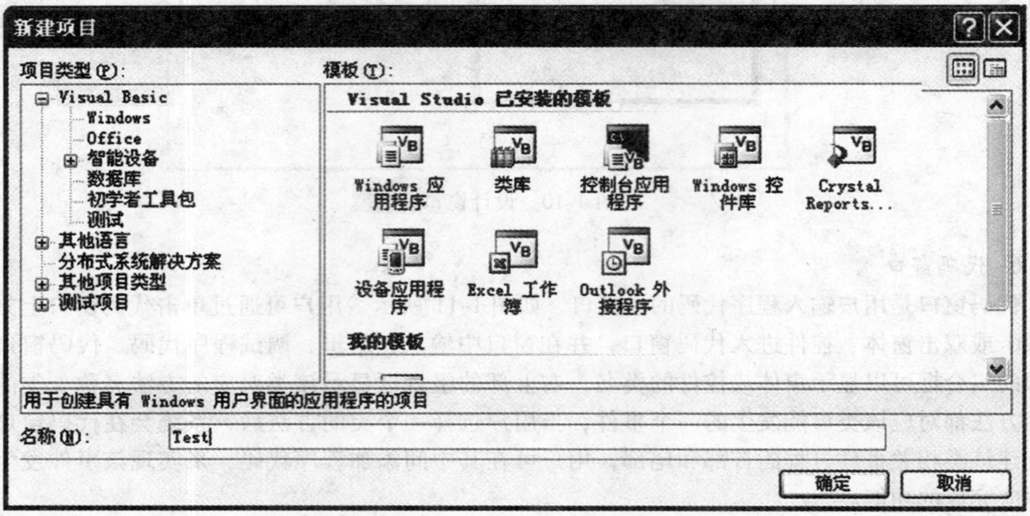

图 1-12 “新建项目”对话框

此时 IDE 处于设计工作模式，设计窗口中显示一个名称为 Form1 的空白窗体，用户可通过向窗体添加控件来设计程序界面。

2. 设计程序界面

在工作区中选中窗体 Form1，用鼠标拖动窗体四周的白色小方块来将窗体调整到合适大小。从工具箱中拖拽一个 Label 控件、两个 Button 控件到窗体上，按图 1-13a 所示布局放置。

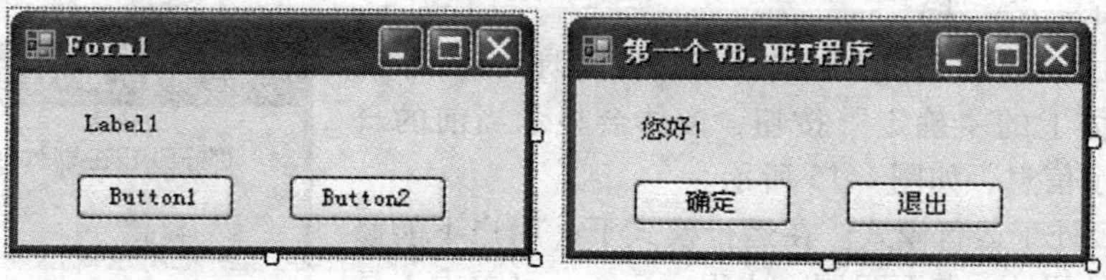

a）拖放控件后的窗体　　b）修改控件属性后的窗体

图 1-13　添加控件后的窗体

选中窗体或窗体上的控件，按表 1-1 在属性窗口中修改控件的属性值。修改后的窗体如图 1-13b 所示。

表 1-1　控件属性值

控件名称	属性名称	属性值
Form1	Text	第一个 VB.NET 程序
Label1	Text	您好！
Button1	Text	确定
Button2	Text	退出

Test 程序的界面设计完成后，还需要编写程序代码，使程序具有一定的功能。

3. 编写程序代码

在设计窗口中用鼠标双击窗体上的“确定”按钮，则工作区中显示代码窗口。在窗口的已出现的 Button1_Click 事件过程中添加如下程序代码：

```
Label1.Text = "您好!,现在是 " + Now()
```

选择工作区上方的“Form1. vb[设计]＊”选项卡，重新进入设计窗口，双击“退出”按钮，在 Button2_Click 事件过程中添加如下程序代码：

```
End
```

上述添加的两行代码中，第 1 行的含义是将“您好!，现在是”字符串和 Now 函数返回的当前时间连接起来，赋值给 Label1 控件的 Text 属性，用以在窗体上显示；第 2 行的含义是结束当前程序的运行。最后，代码窗口的内容如图 1-14 所示。

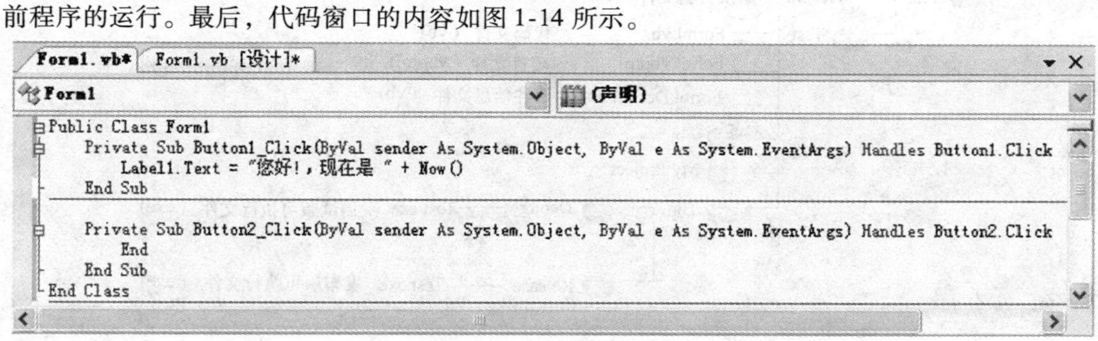

图 1-14　代码窗口中的程序代码

4. 生成和运行程序

一般而言，用高级语言编写的程序要经过编译、连接两个步骤才能生成可执行的代码。在 VB.NET 中，这两个步骤被合在一起：执行“生成 | 生成 Test”菜单命令，可生成项目 Test 的可执行代码（Test. exe 文件）。

执行“调试 | 启动调试”菜单命令运行程序，程序启动后，单击窗体上的“确定”按钮，窗体会显示当前的日期和时间等提示信息，如图 1-15 所示。

图 1-15　Test 程序的运行界面

此时，IDE 处于运行模式。在运行模式下，用户不能修改源代码或控件属性。若要强制停止程序运行，可单击工具栏上的“停止调试”按钮。

连续点击窗体上的“确定”按钮，会发现每点击一次，Button1 的 Click 事件过程就执行一次，窗体上显示的日期和时间相应更新。单击“退出”按钮，窗口关闭，程序结束。

注意：生成的可执行代码文件 Test. exe 既可以在集成开发环境中启动运行，也可以在 Window 操作系统中通过资源管理器或“运行”命令直接执行。

5. 保存项目

执行“文件 | 全部保存”菜单命令，在如图 1-16 所示的“保存项目”对话框的“位置”下拉列表框中输入项目的存放位置（也可单击“浏览”按钮，通过“项目位置”对话框选择位置），如 D 盘根目录（D:\），单击“保存”按钮，保存项目的全部文件。

图 1-16　“保存项目”对话框

Test 项目保存在磁盘上的目录结构和主要文件如图 1-17 所示。其中，Bin 目录及其子目录主要用于保存二进制可执行文件：Debug 目录保存调试文件，Release 目录保存发布文件；My Project 目录保存项目相关的设置文件；obj 目录保存编译过程中生成和使用的文件。

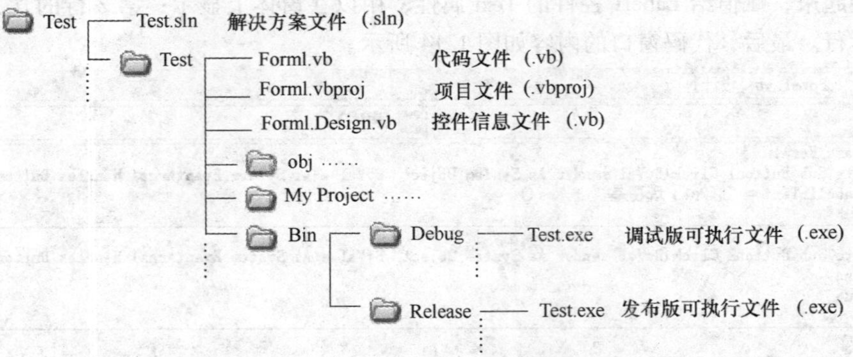

图 1-17　Test 项目的目录结构和主要文件

注意：调试版的可执行文件包含调试所需要的信息，可用于在集成开发环境下调试程序；发布版的可执行文件不包含调试信息，较前者小，用于发布给用户使用。

6. 打开已存在项目和文件

在项目关闭后，用户可以通过执行“文件 | 打开项目”菜单命令，选择相应的资源解决方案文件（.sln）再次打开项目，也可以在“文件 | 最近的项目”或“文件 | 最近的文件”菜单项中选择打开近期使用过的项目或文件。

1.4　程序调试

编程过程中经常会出现**错误**（Bug），掌握一些程序调试技术是必要的。常见的程序错误有语法错误、运行时错误和逻辑错误等，本节将介绍这些错误的特点，以及如何调试程序、排除错误。

1.4.1　程序错误

1. 语法错误

语法错误是指因程序中语句不符合 VB.NET 语法而产生的错误，如拼错单词、标点符号遗漏、变量未声明、过程或函数未定义、函数缺少必要参数等。

VB.NET 集成开发环境在用户书写代码时会自动对代码进行检查，如果发现语法错误就会在错误代码下面以波浪线形式将其标注出来。若编程者将鼠标指针移到带波浪线的代码，集成开发环境会显示错误提示，同时在错误列表窗口中指明错误的原因、错误信息说明等。图 1-18 给出了 1.3 节 Test 项目中代码的出错情况：属性 Text 被误写成 Text1。

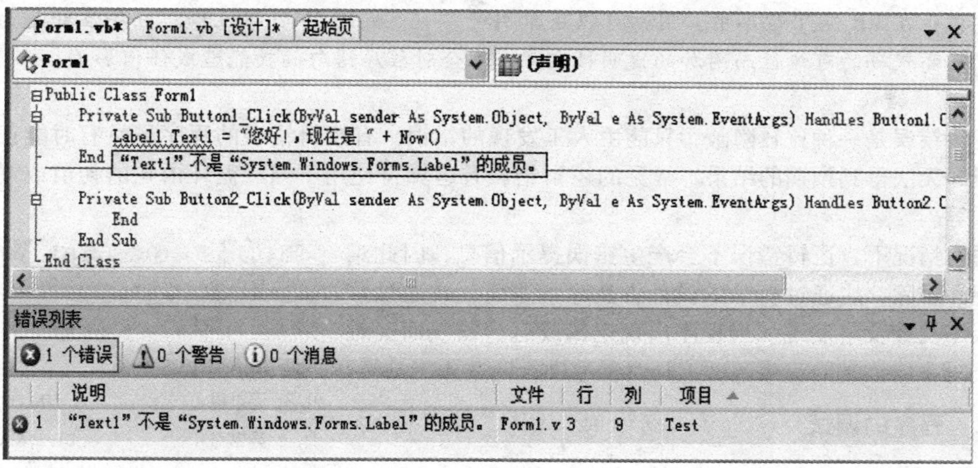

图 1-18　Test 程序代码的语法错误举例

2. 运行时错误

运行时错误也称异常，是指在程序运行过程中产生的错误。例如，执行除数为零的除法运算、打开已损坏的文件、数据类型不匹配或数组的索引超出了数组界限等。当程序发生了运行时错误时，系统会弹出异常提示对话框，暂停程序运行。例如，下列程序段：

```
REM 本段程序将产生由除数为 0 而引起的溢出错误
Dim a, b, c As Integer                 '声明三个整型变量 a、b、c
a =10                                  '给变量 a 赋值 10
```

```
b = 0                  '给变量 b 赋值 0
c = a/b                '将 a 除以 b 再赋值给变量 c
```

没有语法错误，但在编译后的执行过程中 a/b 产生算术运算溢出错误，系统弹出的错误提示对话框如图 1-19 所示。

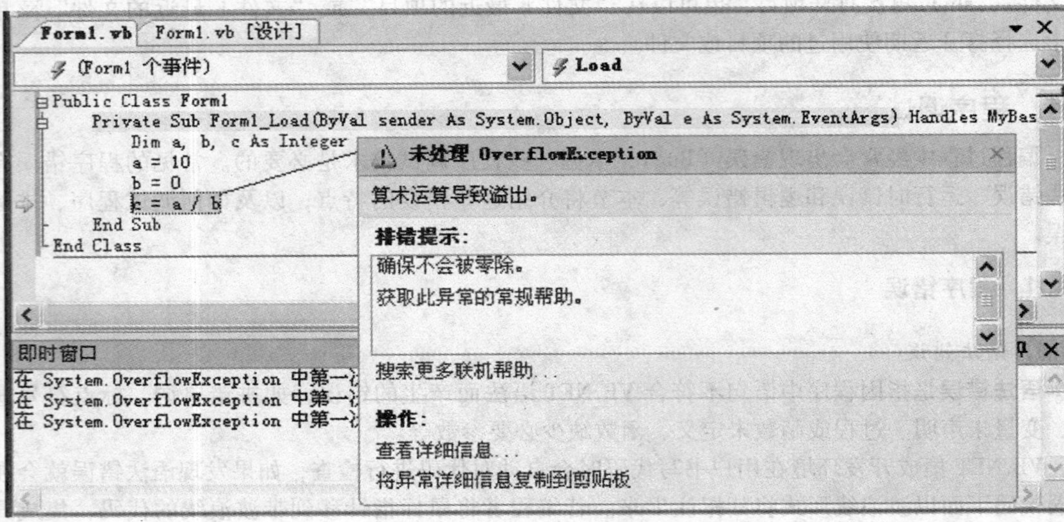

图 1-19　程序运行时错误举例

注意：*在 VB.NET 程序中，用户可以用单引号“'”或 REM 引导注释。程序注释是为了提高代码的可读性而附加的说明性文字，不会对程序语句的功能造成任何影响。*

3. *逻辑错误*

逻辑错误是一种比较隐蔽，只能由人工发现的错误。有逻辑错误的程序虽然有时能正常运行，但却无法得到预期的结果。常见的逻辑错误有运算符使用不当、循环语句的初值或终值取值错误等。

通常情况下，逻辑错误不会产生错误提示信息，因此难以发现和排除，应通过科学的设计方法尽量避免，或通过严格的人工检查及早发现。当程序出现逻辑或运行错误而又难以解决时，应该借助程序调试工具对程序进行调试。

1.4.2　程序的调试

VB.NET 集成开发环境提供了一组用于程序调试的工具。通过菜单栏中的“调试”菜单，用户可以使用调试工具对程序进行调试，如图 1-20 所示。这些工具的主要功能包括启动调试过程、观察变量值和管理程序断点等。

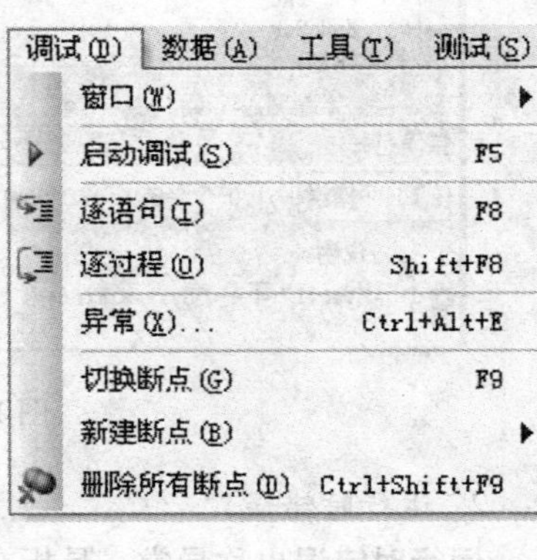

图 1-20　VB.NET 调试菜单

1. *启动调试*

启动调试就是在调试工具支持下开始执行 Debug 版的程序，在程序运行过程中观察和修改变量的值。启动调试方式包括：

1）“启动调试”启动调试程序运行，直到程序结束或遇上断点停止。

2）“逐语句”将使程序从起始点或断点开始，逐行地执行语句。每按一次 F8 键执行一行语句，用户可以观察或修改变量的值。

3）“逐过程”将使程序从起始点或断点开始，逐行地执行语句，每按一次 Shift + F8 键程序就执行一行语句，但是遇到函数或过程不会进入到函数或过程的内部，而是直接执行完该函数或过程。在此过程中，用户也可以观察或修改变量的值。

2. 观察变量

在调试应用程序时，经常要分析程序段或语句的运行结果，并希望能够看到变量、属性、表达式等值的变化，以便找出错误所在。VB.NET 提供了多个调试窗口，用于观察程序块或语句的运行结果。

（1）自动窗口

自动窗口是程序运行过程中显示当前执行程序变量和变量值的窗口，其显示内容随程序运行而变化，如图 1-21 所示。使用“逐语句”命令启动调试后，可用“调试 | 窗口 | 自动窗口”菜单命令打开自动窗口。

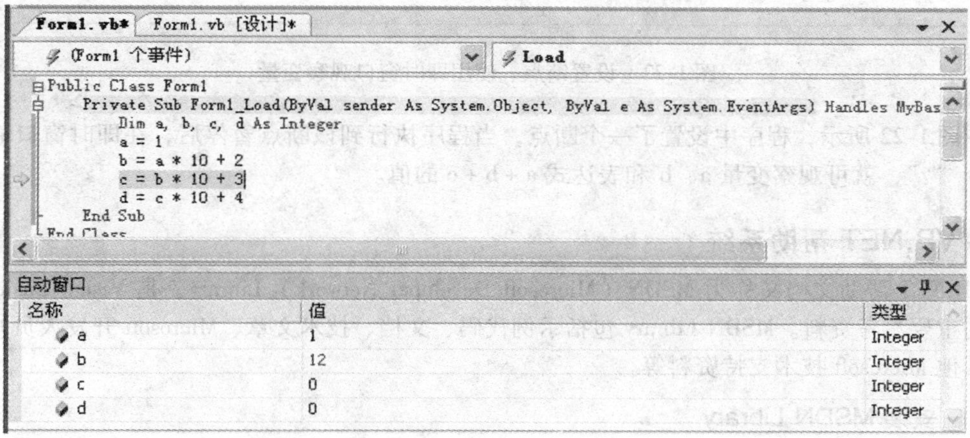

图 1-21 自动窗口显示变量值

（2）局部变量窗口

局部变量窗口与自动窗口类似，可显示当前执行过程中所有局部变量的值。当程序从一个过程执行到另一个过程时，局部变量窗口的内容也会随之改变。

（3）监视窗口

监视窗口用于显示被监视变量的类型和值。可以同时打开 4 个监视窗口，在默认情况下只显示一个监视窗口。如果要对代码中的某个变量进行监视，只需在监视窗口中单击“名称”列中的空白行，输入变量名后按回车键即可。监视窗口中不仅可以显示代码中已有的变量，还可以接受用户输入的表达式，并监视这些表达式的值。

（4）即时窗口

即时窗口可以通过在中断模式下执行“调试 | 窗口 | 即时”菜单命令打开。即时窗口主要用于在程序调试的中断模式下与系统进行交互，执行 VB.NET 语句、计算表达式或输出变量的值，以判断程序执行是否正确，如图 1-22 所示。

3. 断点设置

设置断点是 VB.NET 中最常用的调试方法，它能使程序运行到指定语句暂停，进入调试模式（程序挂起），从而进行调试操作，如观察变量、逐语句执行等。

断点的设定和删除方法很简单：在程序代码窗口中单击一行代码左边的灰色边框，边框上出现断点符号“●”，该代码行就被设定为断点；当不需要断点时，单击断点符号“●”就可取消。

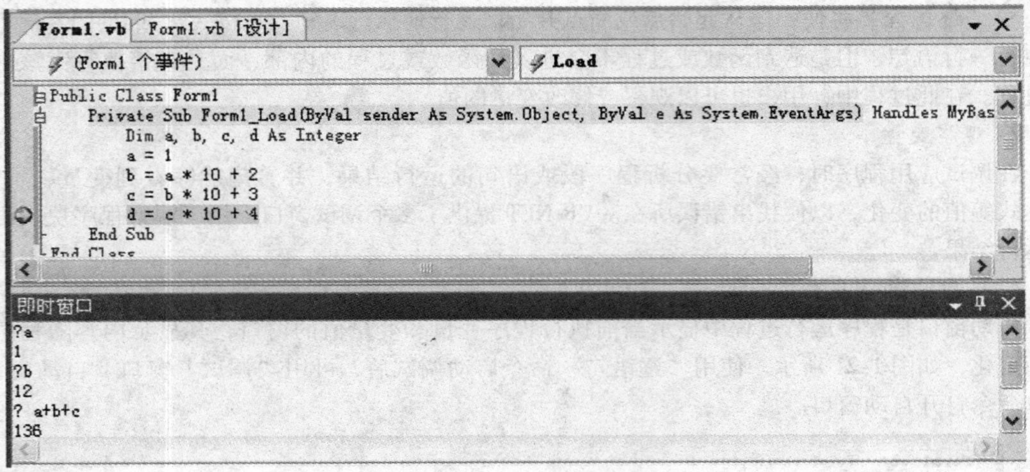

图 1-22　设置断点、使用即时窗口观察变量

如图 1-22 所示，程序中设置了一个断点，当程序执行到该断点暂停后，在即时窗口输入简单命令“?”，就可观察变量 a、b 和表达式 a + b + c 的值。

1.5　VB.NET 帮助系统

VB.NET 帮助文档又称为 MSDN（Microsoft Developer Network）Library，是 Visual Basic 开发人员的重要参考资料。MSDN Library 包括示例代码、文档、技术文章、Microsoft 开发人员知识库以及其他 Microsoft 技术支持资料等。

1.5.1　安装 MSDN Library

MSDN Library 可单独下载安装，也可以与 Visual Studio .NET 一起安装。在图 1-3 所示的 Visual Studio 2005 安装界面中点击“安装产品文档”选项，就可以启动 MSDN Library 的安装过程，如图 1-23 所示。点击“下一步”按钮，按安装向导的指示进行下去，就可以将 MSDN Library 安装到 Visual Studio .NET 集成开发环境中。

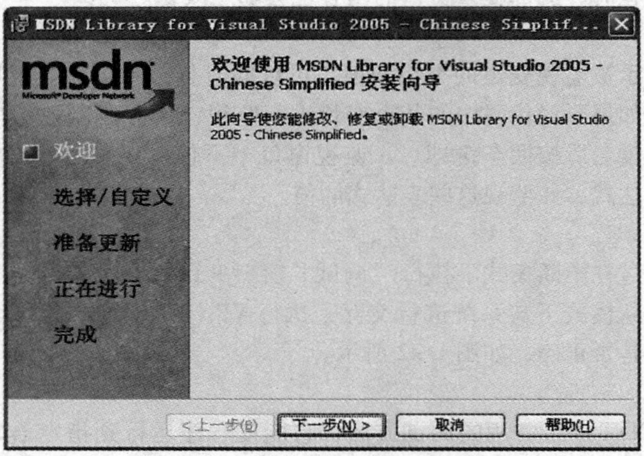

图 1-23　MSDN Library 的安装界面

1.5.2 使用 MSDN Library

安装好 MSDN Library 后，用户就可以通过如图 1-24 所示的 Visual Studio .NET 的“帮助”菜单使用其在线帮助功能，查找所需要的帮助内容。

MSDN Library 帮助系统为 Visual Studio .NET 的所有编程语言所共用。在查找内容时需指定语言。例如，要查找 Now 函数的帮助信息，可执行“帮助丨索引”菜单命令，在图 1-25 所示界面的“筛选依据”框中选择“Visual Basic”，在“查找”框中输入“Now 函数”并按下回车键。从帮助信息中知道，在 Visual Basic 2005 中，原来 Visual Basic 6.0 中的 Now 函数的功能已被 Now 属性所替代，但仍然可以使用。

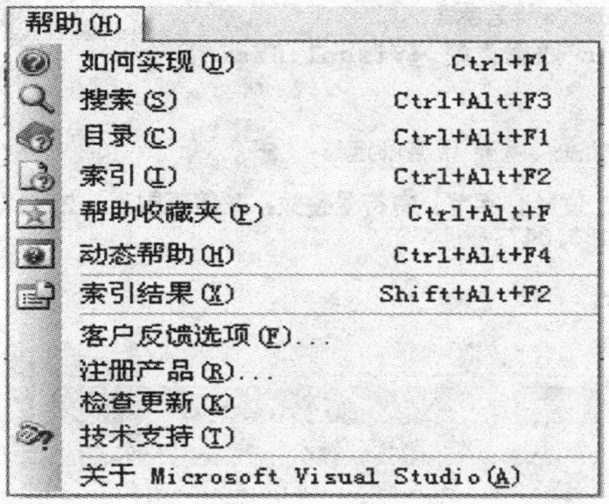

图 1-24 Visual Studio .NET 2005 的“帮助”菜单

图 1-25 Now 函数的帮助界面

MSDN Library 还有另外一种使用方法，即上下文帮助。在 VB.NET 集成开发环境的设计窗口中选择某个对象，或者在代码窗口中将光标置于代码中的某个关键字上按 F1 键，则系统会自动打开相关的帮助界面。例如，在图 1-22 的代码窗口中将光标置于 Integer 上，按 F1 键，则系统会自动打开如图 1-26 所示的帮助界面。在 MSDN 帮助界面中，用户不仅可以找到相关条目的详细信息，还可以通过链接查询其他相关信息。

注意： 用户可以通过网站 http://www.microsoft.com/china/msdn 获得 MSDN 最新提供的相关帮助信息。

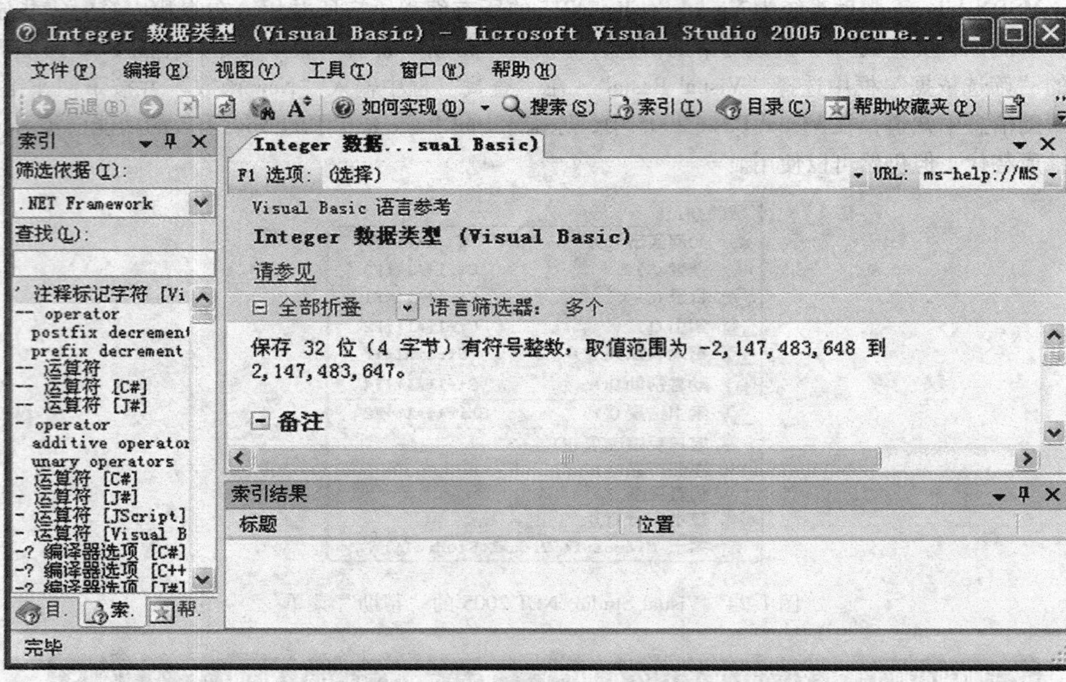

图 1-26　Integer 数据类型的帮助界面

习题

一、测试题

1. BASIC 语言的设计者是__________。
   (A) John G.Kemeny 与 Thomas E.Kurtz
   (B) Allan Turing
   (C) Bill Gates
   (D) Steve Paul Jobs
2. 下列不属于 Microsoft .NET 框架组成部分的是__________。
   (A) 公共语言运行时
   (B) .NET 基础类库
   (C) Visual Basic .NET 语言
   (D) 活动服务器页（ASP+）
3. 在 Visual Studio .NET 2005 中不支持的语言种类是__________。
   (A) BASIC　　(B) C++　　(C) C#　　(D) Pascal
4. Microsoft .NET 是一种__________。
   (A) 操作系统
   (B) 集成开发环境
   (C) 开发、部署和运行新一代基于 Internet 应用程序的框架

(D) 编程语言

5. 下列________不是Visual Studio .NET 2005支持的工作模式。
   (A) 设计模式 (B) 中断模式 (C) 运行模式 (D) 调试模式
6. 在名为Test的VB.NET 2005项目中，下列________文件保存用户输入的源代码。
   (A) Test. sln (B) Form1.Designer. vb
   (C) Form1. resx (D) Form1.vb
7. 下列________类型不是VB.NET的基本错误类型。
   (A) 偶然错误 (B) 语法错误 (C) 运行时错误 (D) 逻辑错误
8. VB.NET集成开发环境的程序调试不提供________。
   (A) 自动窗口 (B) 局部变量窗口 (C) 立即窗口 (D) 中断窗口

二、思考题

1. Visual Basic .NET和Microsoft .NET的关系如何？
2. 简述VB.NET应用程序的创建步骤。
3. 一个VB.NET项目包含哪些文件，各自起什么作用？
4. 在程序调试过程中，找出逻辑错误和语法错误的方法有哪些不同之处？
5. MSDN帮助系统有哪两种使用方式，如何使用？

第 2 章　VB.NET 程序设计初步

"面向对象"是一种思维方式，也是一种程序设计方法。面向对象技术追求软件系统对现实世界的直接模拟，尽量将现实世界中的事物直接映射到软件系统的解空间，从而使问题容易被理解和解决。本章主要介绍面向对象程序设计的基本概念和 VB.NET 的一些常用控件。通过本章的学习，读者可以了解对象与类的基本概念，了解 VB.NET 的事件驱动编程机制，了解 VB.NET常用控件的属性、事件和方法等，并能使用这些控件快速建立简单的 Windows 应用程序。

2.1　面向对象程序设计的基本概念

传统的结构化程序设计方法强调功能抽象化和模块化，将程序划分为一个个功能模块，作为处理单元。程序按事先设定的流程执行。面向对象方法则以对象为程序的基本元素，使用事件在对象之间建立关联，以事件来驱动程序的执行。这样，用户可以通过其动作产生事件，控制程序的执行流程。目前，面向对象的程序设计方法已被广泛采用。

2.1.1　对象和类的概念

1. 对象和类

对象（Object）是一种实体。这种实体可以是客观存在的，如学生、自行车、电视机等；也可以是意识层面的，如一种方法、观念或技术等。对象把事物的特征和行为封装在一起，作为一个独立的实体来处理。对象具有标识、状态和行为。对象标识用于将对象区别于其他对象；对象状态是对象属性的取值；对象行为则描述对象所能进行的操作。在面向对象的程序设计方法中，对象是构成程序的基本元素。

类（Class）是对具有相同属性和行为的一组相似对象的定义。类是对对象的抽象，而对象则是类的具体实例。例如，"书"是一个类，而《Visual Basic .NET 程序设计》一书则是"书"类的一个实例。形象地说，类是创建对象时所使用的模板，按照这个模板所创建的所有对象都是这个类的具体实例。

面向对象程序设计方法借用了类的概念，用程序设计语言将事物描述成一个个"类"。在类的定义中，事物的**状态**由属性数据表示，事物的**行为**则用一段程序代码描述。这样，编程思路和日常的思维方式保持一致，极大地降低了编程难度。程序中的对象由类生成。由于一个类可以生成无数个对象，因而类中的代码可被多次复用，极大地减轻了编程者的工作量。

控件是一种封装起来的类，它提供了界面、方法、属性和事件。在 VB.NET 中，常用的控件被组织在工具箱中，提供给编程者使用。用户将一个控件类从工具箱拖放到窗体上，实际上就是创建了该控件类的一个实例。如图 2-1 所示，将标签控件类 Label 拖到窗体 Form1 上，产生了 Label 类型的对象 Label1；将按钮控件类 Button 拖到 Form1 上两次，产生了两个 Button 类型的对象：Button1 和 Button2。通常，控件类的实例也被简称为控件。

在 VB.NET 中，根据显示方式，控件类可分为用户界面控件和非用户界面控件：

- 用户界面控件在程序运行时显示在窗体上，如按钮、标签等。
- 非用户界面控件在设计时被拖放到窗体下方，程序运行时不可见，如本章将介绍的定时器控件 Timer 等。

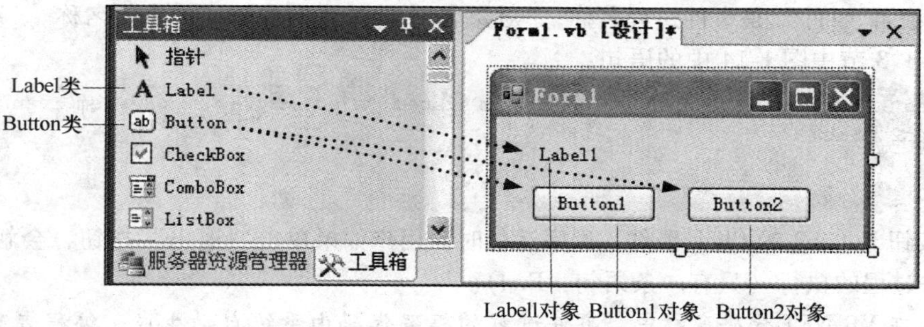

图 2-1　控件类和控件实例

2. 属性、方法和事件

对象具有属性、方法和事件三个要素。属性描述对象的特性、反映对象的状态并决定着对象的外观；方法描述该对象能进行的操作（行为）或接受到外界消息后的反应；事件则是对象的响应，描述了对象发送或能够接受的消息，决定了对象之间的联系。

（1）属性

属性（Property）可保存对象的数据，是描述对象特征的参数。通过设置对象属性，可改变对象的外观或功能。有两种设置属性值的方法：

1）在设计阶段，可以利用图 1-9 所示的属性窗口直接设置对象的属性值。用这种方法设置的属性值在程序设计阶段和运行阶段都能起作用。

2）在程序运行阶段，可通过赋值语句来设置对象属性，格式为：

```
对象名.属性名 = 属性值
```

例如，若使标签在程序运行时显示“您好!”，可在程序中添加语句：

```
Label1.Text = "您好!"
```

对象的大部分属性既可在程序设计阶段设置，也可在程序运行时设置，称为可读写属性；少部分属性只能在设计阶段通过属性窗口来设置，称为只读属性，如所有控件的 Name 属性。

（2）方法

对象的**方法**（Method）可看成是对象所能进行的操作。在 VB.NET 中，方法对应一个过程或函数，可在程序中被调用，以完成某种功能，其格式为：

```
对象名.方法([参数表])
```

例如，下列方法调用语句可使文本框 TextBox1 获得输入焦点：

```
TextBox1.Focus()
```

（3）事件

事件（Event）是发生在对象上的一件事情，如鼠标单击按钮产生的 Click 事件。某个事件发生后，程序中需要有一段代码来处理该事件，这段代码称为事件过程。

在 VB.NET 中，系统为每个对象都预先定义了一系列事件，如窗体的装载（Load）事件，鼠标的单击（Click）事件，键盘按下（KeyPress）事件等。同时，对于每个事件，系统定义了相应事件过程的框架：

```
Private Sub 对象名_事件(触发事件的对象,事件相关信息) Handle 对象名.事件
End Sub
```

其中，“对象名_事件”是事件过程名称；“对象名.事件”是对象响应的事件名称。

例如，1.3 节中图 1-14 中的语句：

```
    Private Sub Button2_Click(ByVal sender As System.Object, ByVal e As System.EventArgs) Han-
dles Button2.Click
    End
    End Sub
```

用于处理按钮 Button2 的 Click 事件。程序运行时，用户如果单击“退出”按钮，会触发 Button2_Click 事件过程的执行（只有一条语句：End）。

注意： 在 VB.NET 代码窗口中，事件过程的框架代码由系统自动生成，编程者只需添加其中的事件处理代码即可。要产生事件过程框架，用户可以双击控件，或在代码窗口的类列表中选择类、在方法列表中选择事件。由于系统生成的事件过程框架都是相似的，为简单起见，本书在以后代码中，将事件过程参数部分用“......”符号代替，希望不要引起误解。

2.1.2 VB.NET 的类和命名空间

VB.NET 是一种面向对象的程序设计语言，用户既可以自己定义类，也可以使用系统内部已定义的类。系统定义的类主要包括.NET 基础类库和 CLR 中的类，它们是用户建立基于.NET 应用程序和控件的基础。

1. 命名空间

为了避免类库中同名类之间的冲突，.NET 将基础类库中的类组织在多个命名空间中，命名空间采用分级方式，即命名空间还包含子命名空间。命名空间的引用使用点语法命名方案，该方案隐含了名称的层次结构。.NET 基础类库组织在 System 及其子命名空间内（System 是.NET 的顶级命名空间之一）；CLR 为 VB.NET 提供的类组织在 Microsoft.VisualBasic 及其子命名空间内。此外，在应用程序内，程序名本身也是一个顶级命名空间，它包含用户定义的类型。表 2-1 给出了.NET 常用的一些命名空间及其中的一些类。

表 2-1 VB.NET 常用命名空间和其中的部分类

命名空间	部分类和结构	功能说明
System	Array、Console、DateTime、Exception、String、Math	提供常用的数据类型、基本类、常用值、事件和事件处理程序、属性等
System.Windows.Forms	Form、Button、Label、TextBox	用于用户界面设计
System.Io	Directory、File、StreamReader、StreamWriter	用于目录、文件管理和文件读写
System.Drawing	Bitmap、Brush、Color	绘图和访问 GDI+绘图系统
System.Data	DataColumn、DataRow、DataTable、DataSet	数据库访问
Microsoft.VisualBasic	Conversion、Strings、DateAndTime、VBMath	提供 Visual Basic 运行时库的类、模块、常数和枚举等

2. 命名空间的使用

VB.NET 程序引用命名空间有三种方法。

1）在项目中引用：新建一个项目时，系统会根据所建项目类型自动导入部分命名空间，如 System 和 Microsoft.VisualBasic。用户可以选中解决方案资源管理器的“引用”项（如图 2-2 所示），使用其右键菜单添加其他所需命名空间引用。

图 2-2 项目中命名空间的引用

图 2-3 计算 Sin（π/6）的程序运行界面

2）直接引用：在使用基础类时，可直接将类所在命名空间名作为前缀，限定类名。下面通过例子说明如何在程序中直接引用命名空间。

【例 2-1】设计程序计算 30 度角的 Sin 值，程序运行界面如图 2-3 所示。

创建一个项目，在窗体上拖放一个 Label 控件，编写的程序代码如下：

```
Public Class Form1
    Private Sub Form1_Load(……) Handles MyBase.Load
        Label1.Text = "Sin(π/6) = "& System.Math.Sin(System.Math.PI/6)
    End Sub
End Class
```

3）使用 Imports 语句：在程序中可使用 Imports 语句引入命名空间。命名空间引入后，在程序可以直接使用。例如，在例 2-1 中使用 Imports 语句引入命名空间，可修改代码如下：

```
Imports System.Math
Public Class Form1
    Private Sub Form1_Load(……) Handles MyBase.Load
        Label1.Text = "Sin(π/6) = " & Sin(PI/6)
    End Sub
End Class
```

Imports 语句应该放置在代码窗口中所有其他语句的前面，否则可能导致程序出错。

2.1.3 VB.NET 的编程机制

"启动应用程序后，系统装载和显示窗体和控件，等待某个事件的发生，然后执行该事件过程，之后又回到等待状态"。这就是所说的"事件驱动"程序设计方式。在这种程序设计方式下，程序执行的流程很大程度上取决于用户使用程序时的动作，而在传统的面向过程的程序设计方式下，程序总是按编程者预先设定的流程执行。下面结合 1.3 节创建的 Test 项目，介绍 VB.NET 的编程步骤和程序运行机制。

1. 基本编程步骤

（1）创建项目

创建 Test 项目时，系统自动创建项目必要的文件夹和文件，同时创建一个空白的窗体 Form1，Form1 类继承了 System.Windows.Forms 命名空间的 Form 类，因而拥有 Form 类的属性和方法。

（2）创建控件实例

项目创建后，用户可通过向窗体上拖拽控件来设计程序界面。若用户从工具箱中拖动一个控件放置到窗体上，比如按钮，实际上就是给 Form1 类添加了一个 Button 类型的属性。

（3）设置控件属性

用户按表 1-1 通过属性窗口设置控件的属性。系统自动生成相应的程序代码。实际上，代码窗口中代码只是 Form1 类定义的一部分，其他代码放在项目的 Form1. Designer. vb 文件中。

（4）编写程序代码

用户用鼠标双击窗体或控件，系统自动生成该控件的相关事件过程框架代码。例如，双击 Button1，则生成 Button1 的 Click 事件过程框架代码：

```
Private Sub Button1_Click(……) Handles Button1.Click
End Sub
```

由于期望用户单击“确定”按钮（Button1）时显示当前时间信息，因此在框架代码中间添加实现这一功能的语句：

```
Label1.Text = "您好!,今天是 " + Now()
```

同理，向“退出”按钮的事件过程中添加

```
End
```

语句，期望用户单击该按钮时结束程序的运行。

实际上，Test 项目中窗体上每个控件实例都是 Form1 类的属性；每个事件过程都是 Form1 类的方法。图 2-4 是由 VB.NET 集成开发环境生成的 Form1 的类图。类图表明 Form1 类继承了 Form 类，有多个属性和方法。其中，components 属性作为控件容器；Dispose 方法用于释放资源；InitializeComponent 方法用于初始化窗体和控件的属性。

这样，Test 程序的设计就完成了。显然，在事件驱动的程序设计方式下，程序设计者的主要工作为：设计程序界面；根据用户与程序交互的动作添加代码，完善事件处理过程。

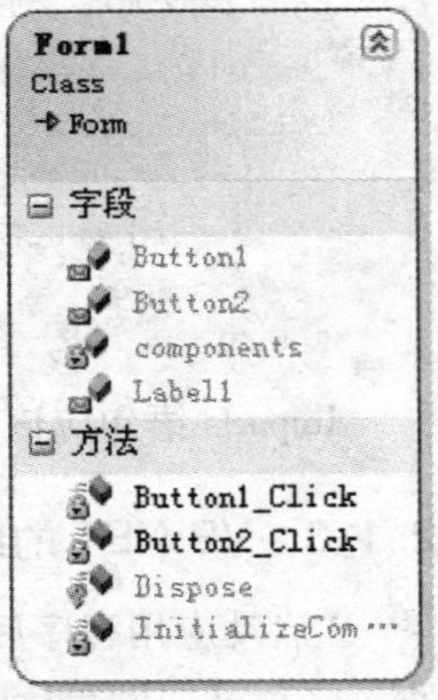

图 2-4 Test 项目中 Form1 类的类图

2. *程序运行机制*

Test 程序的运行机制大体上可用如下过程说明：

1）系统根据用户请求运行程序，创建 Form1 类的一个实例窗体，调用 InitializeComponent 方法对窗体和控件进行初始化，显示窗体和控件并等待事件发生；

2）若用户单击“确定”按钮，则触发 Button1 的 Click 事件，系统调用 Button1_Click 事件过程，在窗体上显示时间信息；若用户单击“退出”按钮，则触发 Button2 的 Click 事件，系统调用 Button2_Click 事件过程，结束程序的运行；若用户单击 ☒ 按钮，则系统调用 Dispose 方法关闭窗体，结束程序的运行……

3）重复步骤 2），直到程序结束。

注意： Form1 是窗体的类名，在该类的内部代码中，若要引用 Form1 的实例对象，应使用 Me 来代替，在 Form1 的外部，如其他窗体代码中，可用名称“Form1”来引用其实例对象。

2.2 窗体和基本控件

本节主要介绍窗体和一些常用的控件，使用窗体和这些控件可以设计一些简单的程序，其他控件将在后续章节中逐步介绍。

2.2.1　控件的基本属性

每个控件都有一系列能够反映其特征的属性。每个属性都有特定的类型，如数值类型、字符串类型、枚举类型、对象类型等。系统在控件实例创建时为其每个属性都提供了默认值。多数控件都具有的属性被称为控件的基本属性。下面介绍控件的一些常用基本属性。

1）Name：所有控件都具有 Name 属性，为只读属性，它是控件实例的名称。控件实例创建时，系统会自动赋予一个默认名称，如 Label1、Button1 等。用户可以在设计阶段通过属性窗口更改控件名称，在程序运行时，名称是控件唯一的标识。

2）Text：用于获取或设置控件在窗体上显示的文本。VB.NET 的多数可视化控件都有这个属性。例如，窗体的 Text 属性值对应其标题；TextBox 的 Text 对应文本框中的文本；Button 的 Text 属性对应按钮上显示的文本。

3）BackColor：用于获取后设置控件的背景颜色。背景色的取值是枚举类型，在设计阶段可以通过属性窗口中的调色板直接选择所需的颜色，如图 2-5 所示。在程序运行时，可通过赋值语句设置控件的背景色。例如，在程序中，可通过如下语句设置按钮背景色为蓝色：

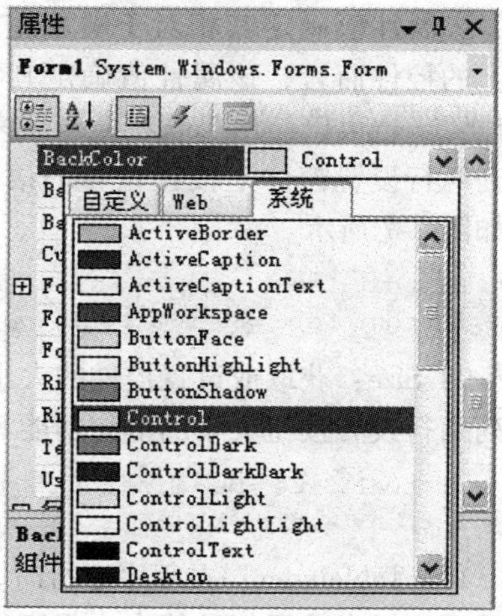

图 2-5　使用调色板设置窗体背景色

```
Button1.BackColor = Color.Blue
```

4）ForeColor：用于获取或设置控件的前景色（即其文本的颜色）。其设置方法类似于 BackColor。

5）Font：设置控件的字体类型、大小和样式。在设计阶段，字体可以通过 Font 属性对话框设置，如图 2-6 所示。在运行阶段，可使用 New 来创建 Font 对象来设置字体，例如：

```
Label1.Font = New Font("宋体",9)
```

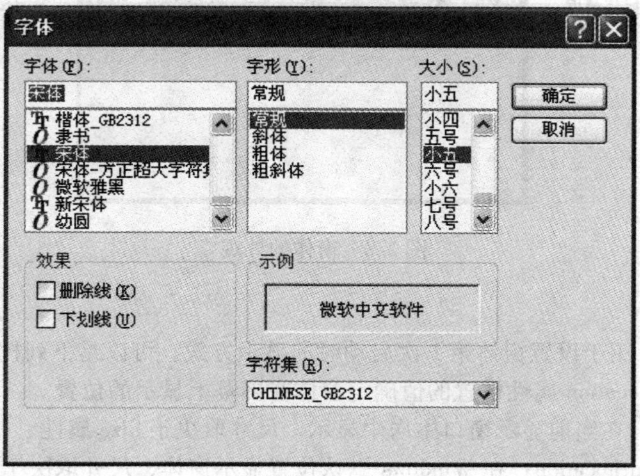

图 2-6　Font 属性对话框

6）Enabled：若值为 True，控件可用；若值为 False，则控件无效（程序运行时，可视控件的外观会变灰）。

7）Visible：若值为 True，则控件在程序运行时可见；若值为 False，则控件在程序运行时不可见。在设计阶段，该属性不起作用。

8）Location：获取或设置控件的位置。对窗体而言，该属性值确定其相对于屏幕左上角的位置；对窗体上的控件而言，该属性值确定其相对于窗体左上角的位置。也可以使用 Top 和 Left 值来设置位置。例如，下列两行设置窗体上按钮位置的语句功能等价，其效果如图 2-7 所示。

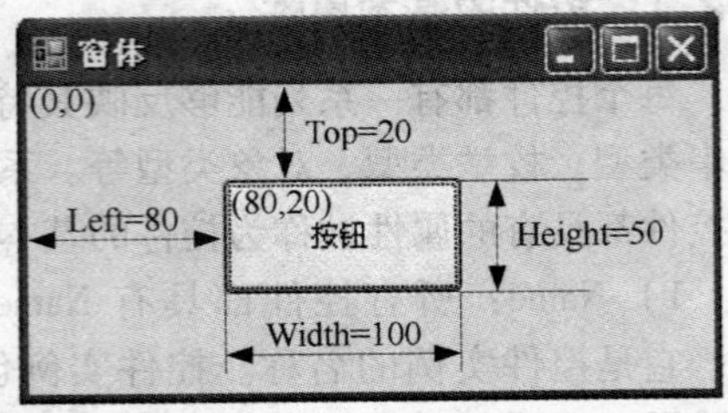

图 2-7 按钮在窗体上的位置和大小示意图

```
Button1.Location = New Point(80,40)      '创建一个 Point 类的实例,赋值给 Location 属性。
Button1.Left = 80 : Button1.Top = 40     '设置按钮在窗体上的位置
```

9）Size：获取或设置控件的大小。也可以使用 Height 和 Widht 设置控件高度和宽度。例如，下列两行设置按钮大小的语句功能等价，其效果如图 2-7 所示。

```
Button1.Size = New Size(100,50)              '创建一个 Size 类的实例,赋值给 Size 属性。
Button1.Width = 100 : Button1.Height = 50    '设置按钮的大小
```

10）TableIndex：在程序运行时，用于决定按 Tab 键时焦点在各控件上移动的顺序。焦点是接受用户键盘或鼠标的能力。程序运行时，窗体上的控件最多只能有一个获得焦点。在控件实例创建时，系统按先后顺序自动给赋予一个序号。用户可通过该属性来改变按 Tab 键时焦点在窗体上各控件间的移动顺序。

2.2.2 窗体

窗体（Form）是应用程序与用户交互的基础载体。窗体可以作为其他控件的容器，允许用户使用工具箱中的控件类在其上创建控件实例、设计用户界面。窗体的外观如图 2-8 所示。

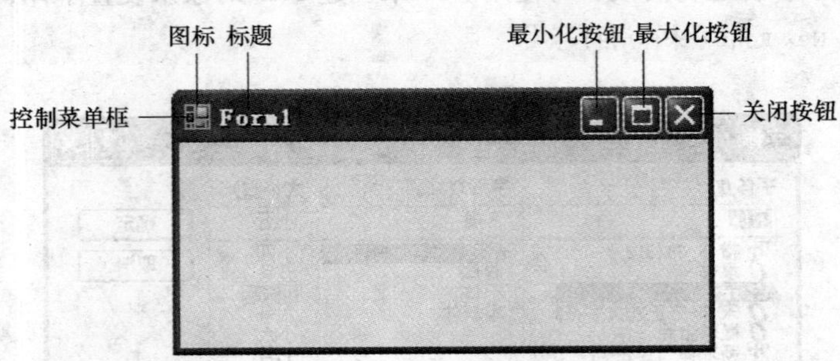

图 2-8 窗体的外观

1. 主要属性

1）StartPositon：用于设置窗体第 1 次启动时的显示方式，可以是下列枚举值之一。

- Manual：按 Location 属性设置的值确定窗体在屏幕上显示的位置。
- CenterScreen：在当前显示窗口中居中显示，尺寸取决于 Size 属性。
- WindowsDefaultLocation：在 Windows 默认位置显示窗体，尺寸取决于 Size 属性。
- WindowsDefaultBounds：窗体在 Windows 默认位置，以默认边界显示。
- CenterParent：窗体在其父窗体中居中显示。

2）BackGroundImage：以平铺方式设置背景图片。用户可以通过属性窗口导入一个图像文件，作为窗体背景。

3）MaximizeBox、MinimizeBox：设置或取消窗体最大化、最小化按钮。其值为 True 时显示相应按钮；为 False 时取消相应按钮。

4）Icon：设置窗体标题栏上的图标。可通过属性窗口导入一个图标文件。如果不设置这个属性，则显示 VB.NET 默认图标。

5）ControlBox：设置或取消窗体控制菜单。其值为 True 时，窗体左上角显示控制菜单；为 False 时则无控制菜单框，此时，窗体标题栏上的最大化、最小化按钮和图标消失。

2. *主要方法*

窗体类有很多方法可供使用者直接调用。例如，Close 方法可关闭窗体，释放资源；Hide 方法可隐藏窗体，使其在程序运行时不可见。窗体的主要方法如表 2-2 所示。

表 2-2 窗体类的主要方法

方法名	说明
Activate	激活窗体并使之成为当前活动窗口
Close	关闭窗体
Hide	隐藏窗体
Show	显示非模式窗体
ShowDialog	显示模式对话框窗体

窗体显示时有两种形式：模式和非模式。模式窗体显示时，程序的其他窗口便不能进行操作了，必须将该窗体关闭后，其他窗口才能进行操作。而以非模式方式显示窗体则没有这样的特性。ShowDialog 方法用“模式”方式来打开窗体；Show 方法用“非模式”方式来显示窗体。

要了解更多的方法，可以在代码窗口的过程内部输入窗体名称“Form1.”或“Me.”，则系统会自动在“.”后面显示窗体属性和方法列表，供用户选用，如图 2-9 所示。这一个方法对其控件也同样有效。

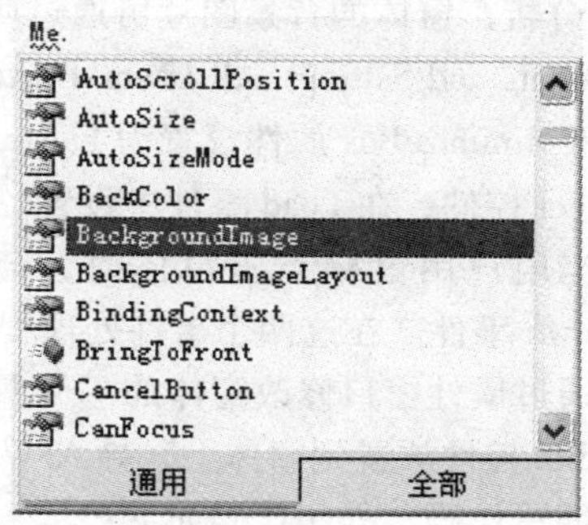

图 2-9 窗体属性和方法列表的自动显示

3. *主要事件*

窗体类预定义了许多事件，用户可以在事件的处理过程中添加代码来响应事件。例如，Load 事件在窗体启动、显示之前触发，通常用于在程序中初始化属性和变量。窗体的主要事件如表 2-3 所示。下面通过编程实例说明如何创建和使用窗体。

表 2-3 窗体类的主要事件

事件名	说明
Activated	当使用代码激活或用户激活窗体时发生
Click	在单击窗体时发生
Closed	关闭窗体后发生
Closing	在关闭窗体时发生
Deactivate	当窗体失去焦点成为不活动窗体时发生

（续）

事件名	说明
DoubleClick	双击窗体时发生
GotFocus	窗体成为焦点时发生
KeyDown	窗体有焦点的情况下按下键时发生
KeyPress	窗体有焦点的情况下按下键时发生
KeyUp	窗体有焦点的情况下释放键时发生
Leave	输入焦点离开窗体时发生
Load	在第一次显示窗体前发生
LostFocus	当窗体失去焦点时发生

【例 2-2】 创建一个窗体，标题为“窗口缩放”。当用户用鼠标点击窗体时，窗体放大；当用户按键盘时，窗体缩小。程序界面如图 2-10 所示，其中窗体背景图片来自 WindowsXP 操作系统的示例图片。

图 2-10 窗体缩放程序的界面

分析：窗体的背景图片可通过属性窗口中的 BackgroundImage 属性导入，文件路径为：C：\Documents and Settings\All Users\Documents\My Pictures\示例图片\Winter.jpg。将窗体的 MaximizeBox 和 MinimizeBox 属性设置为 False，可去掉窗体上的最大化、最小化按钮。窗体上的文字可通过 Label 控件，在 Load 事件中设置。窗体的大小可通过在程序中修改 Height 和 Width 属性来实现。当用户用鼠标点击窗体时，会产生 Click 事件；当用户按下键盘上的按键时，会产生 KeyDown 事件。在这两个事件处理程序中编写代码，修改窗体的属性，即可实现要求。

通过属性窗口修改窗体的 Text 属性为“窗口缩放”，设置窗体的标题。从工具箱中拖动一个 Label 控件放置到窗体上，导入 Winter. jpg 图片作为窗体背景，创建 Click 和 KeyDown 事件过程，编写代码。程序代码如下：

```
Public Class Form1
    Private Sub Form1_Load(……) Handles Me.Load
        Label1.Text = "鼠标点击:放大;按任意键:缩小"
    End Sub
    Private Sub Form1_Click(……) Handles Me.Click
        Me.Width = Me.Width + 4          '增大窗体宽度
        Me.Height = Me.Height + 4        '增大窗体高度
    End Sub
    Private Sub Form1_KeyDown(……) Handles Me. Form1_KeyDown
        Me.Width = Me.Width - 4          '减小窗体宽度
        Me.Height = Me.Height - 4        '减小窗体高度
    End Sub
End Class
```

程序中语句：

```
Me.Width = Me.Width + 4
```

的含义是将窗体的现有宽度加上4后，再赋值给窗口的 Width 属性。这样，窗口的宽度就在原来的基础上加大了4个像素，从而变大。同理，窗体的高度也通过这种方式增大或减小。

2.2.3 按钮

按钮控件（ab Button）主要用于响应鼠标的点击操作，执行特定的功能。除了前面介绍的一些基本属性外，按钮还具有如下常用属性：

1）FlatStyle：获取或设置按钮的外观，该属性是枚举类型，可取下列4个枚举值之一。

- Flat，该控件以平面样式显示。
- Popup，该控件以平面样式显示，若鼠标指针移动到该控件上则外观为三维样式。
- Standard，该控件外观为三维样式。
- System，控件的外观由用户的操作系统决定。

按钮控件的4种不同外观如图2-11所示。

图2-11 按钮控件的4种不同外观

2）Image、BackgroundImage：设置按钮图像或背景图像，但 FlatStyle 属性为 System 时，图像和背景图像都不显示。

3）TextAlign、ImageAlign：设置按钮上文本、图像的对齐方式。

PerFormClick 是按钮的一个常用方法，用于产生按钮的 Click 事件。在程序中可利用这个方法模拟用户单击按钮，让程序自动运行。

按钮的主要事件包括：

- Click：在单击按钮时发生。
- DoubleClick：在双击按钮时发生。

窗体有两个与按钮相关的属性：AcceptButton 和 CancelButton。这两个属性的值可设置为窗体上的按钮对象。当窗体处于活动状态时，若用户按下 Enter 键则激活 AcceptButton 属性中的按钮；若用户按下 Esc 键，则激活 CancelButton 属性中的按钮。下面通过一个例子说明窗体和按钮的关系。

【例2-3】编写一个界面如图2-12所示的程序，在窗体上放置两个按钮 Button1 和 Button2。当用户单击 Button1 或按 Enter 键时，显示 Button1 被按下；当用户单击 Button2 或按 Esc 键时，显示 Button2 被按下。

图2-12 例2-3程序的运行界面

分析：在窗体中拖放两个按钮和一个标签控件。在窗体的属性窗口中修改窗体标题，设置 AcceptButton 属性值为 Button1，设置 CancelButton 属性值为 Button2。

部分程序代码如下：

```
Private Sub Button1_Click(……) Handles Button1.Click
    Label1.Text = "您刚刚按下了 Button1 按钮"
End Sub
Private Sub Button2_Click(……) Handles Button2.Click
    Label1.Text = "您刚刚按下了 Button2 按钮"
End Sub
```

当窗体接收到 Enter 键或 Esc 键后，会调用 AcceptButton 属性或 CancelButton 属性中按钮的 Click 事件处理程序。

注意：窗体上的控件实例将使用系统赋予的默认名称，按从左到右、从上到下的顺序依次排列，本书后面例子也将沿袭这种做法，不再一一说明了。

2.2.4　标签和文本框

1. 标签

标签控件（A Label）主要用于显示文字信息，描述其他控件的功能和特性，而其自身一般不接受输入和编辑。例如，可使用标签为某个文本框控件添加描述性文字，以便将该控件所需的数据类型告诉用户。除了前面介绍的一些基本属性外，标签还具有如下常用属性：

1）AutoSize：指示是否自动调整标签的大小以完整显示其内容。其默认值为 True。若设置为 False，则标签保持设计时大小，若文本太长，可能只显示其中一部分。

2）BackColor：在默认情况下，标签背景色与窗体背景色相同。当标签位于窗体背景图像之上时，可设置其为 Color. Transparent 枚举值，使标签背景透明。

3）BorderStyle：设置标签的边框样式，其取值为下列枚举值之一：

- Fixed3D：三维边框。
- FixedSingle：单边框。
- None：无边框。

标签的主要事件包括 Click 和 DblClick 等。但标签的主要作用是显示信息，很少使用事件。

2. 文本框

文本框控件（abl TextBox）允许用户输入、编辑和显示文本，同时还支持密码字符屏蔽功能。除了一些基本属性外，文本框还具有如下常用属性：

1）Text：获取或设置文本编辑区的文本，用户可直接通过文本框输入文本。

2）MaxLength：设置允许输入文本的最大长度，默认值为 32767。

3）MultiLine：设置是否允许显示或输入多行文本。默认值为 False，只允许一行文本。若设置为 True，则允许多行文本。

4）ScrollBars：设置哪些滚动条出现在多行文本框中，只有在 MultiLine 属性为 True 时，本属性有效。ScrollBars 枚举类型的可取值及其含义为：

- Both：同时显示水平和垂直滚动条。
- Horizontal：只显示水平滚动条。
- None：不显示任何滚动条。
- Vertical：只显示垂直滚动条。

多行文本在没有水平滚动条时，输入文本超出文本框时会自动换行；显示水平滚动条时，需按 Enter 键才能换行。

5）ReadOnly：设置文本框是否允许被用户编辑。默认值为 False，允许编辑。若设置为 True，则文本框变灰，不允许用户编辑。

6）PassWordChar：设置字符，用于替代输入字符的显示。例如，当设置为“*”时，虽然属性保存用户输入的字符，但这些字符都以“*”显示。该属性一般用于密码的输入。

7）SelectionStart、SelectionLength、SelectionText：这三个属性用于获取或设置文本框中被选定的文本，在程序中使用。一般情况下，文本框中选定的文本会特别显示，如背景色为蓝色。

- SelectionStart：选定文本的开始位置，第 1 个字符的位置从 0 开始。
- SelectionLength：选定文本的长度（单个字母、数字和汉字长度都为 1）。
- SelectedText：选定文本内容。

利用这三个属性可对文本框进行选定、复制、剪切和粘贴操作。

【例 2-4】 利用 SelectionStart、SelectionLength 和 SelectionText 这三个属性实现文本的复制和粘贴。程序界面如图 2-13 所示，单击“选定”按钮按起始位置和长度选择源文本框中的文本，单击“复制”按钮将其复制到目的文本框中。

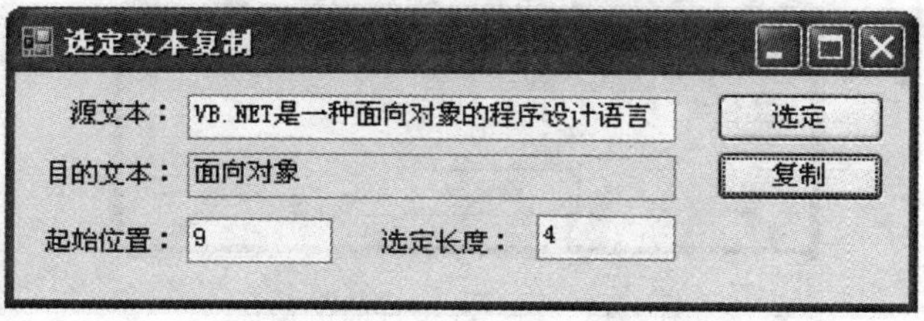

图 2-13　选定文本复制程序运行界面

分析： 对源文本框设置其 SelectionStart 和 SelectionLength 属性，从 SelectedText 属性获取选中文本。由于目的文本框不需输入信息，设置其 ReadOnly 属性为 True。

部分程序代码如下：

```
Private Sub Button1_Click(……) Handles Button1.Click
    TextBox1.HideSelection = False                  '不隐藏选定标记
    TextBox1.SelectionStart = TextBox3.Text         '设置起始位置
    TextBox1.SelectionLength = TextBox4.Text        '设置选定文本长度
End Sub
Private Sub Button2_Click(……) Handles Button2.Click
    TextBox2.Text = TextBox1.SelectedText           '复制选定文本
End Sub
```

文本框控件的主要方法如表 2-4 所示。

表 2-4　文本框控件的主要方法

方法名	说明
ClearUndo	从该文本框的撤销缓冲区中清除关于最近操作的信息
Copy	将文本框中的当前选定内容复制到剪贴板
Cut	将文本框中的当前选定内容移动到剪贴板中
Focus	为控件设置输入焦点
Paste	用剪贴板的内容替换文本框中的当前选定内容
Undo	撤销文本框中的上一个编辑操作

文本框控件也支持一些事件，如表 2-5 所示。其中，TextChanged 事件在使用时要注意避免事件连续发生，导致程序死循环。例如，若用户在该事件处理程序中修改了 Text 属性的值，可能导致这个事件再次发生，循环往复。

表 2-5　文本框控件的主要事件

事件名	说明
TextChanged	控件的 Text 属性值更改时发生
GotFocus	控件得到焦点时发生
Leave	焦点离开控件时发生
LostFocus	控件失去焦点时发生
KeyPress	用户按下一个键盘上的某个键时发生

【例 2-5】编写一个程序，综合运用标签和文本框，在用户输入自己的姓名和英语成绩，并单击“确定”按钮后，将这些信息汇集成一个句子显示在窗体上。

分析：在窗体 Form1 上建立两个标签、两个文本框和一个按钮，修改窗体和控件的属性，如图 2-14 所示。

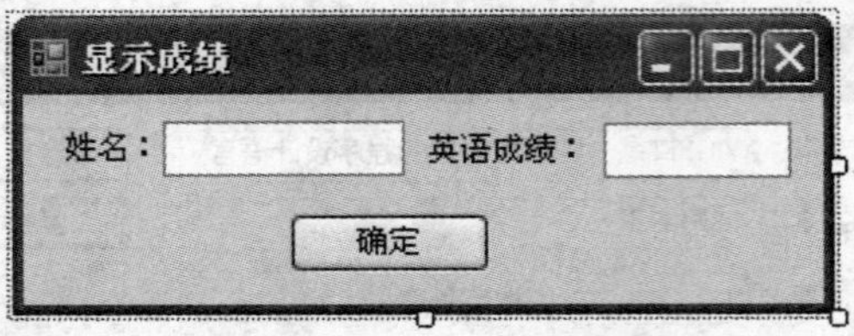

图 2-14　例 2-5 设计时的窗体

部分程序代码如下：

```
Private Sub Button1_Click(……) Handles Button1.Click
    Label1.Text = TextBox1.Text & "您好,您的英语成绩是" & TextBox2.Text & "分,继续努力!"
    TextBox1.Visible = False            '使文本框不可见
    TextBox2.Visible = False            '使文本框不可见
    Label2.Visible = False              '使标签不可见
End Sub
```

在程序的第 2 行代码中，用 & 符号将文本框 Textbox1、TextBox2 的内容和其他字符串连接在一起，并赋值给 Label1 的 Text 属性。为了使显示的字符串不受干扰，程序通过设置三个控件的 Visible 属性为 False 而使其不可见。程序运行界面如图 2-15 所示。

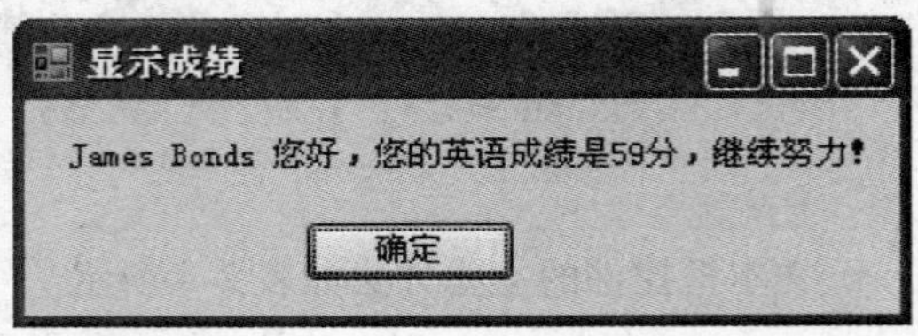

图 2-15　例 2-5 程序运行时的窗体

【例 2-6】设计程序，将一个文本框中的选中文字复制或剪切到系统剪贴板，并粘贴到另一个文本框中。

分析：在窗体 Form1 上建立 2 个文本框和 3 个命令按钮。设置文本框的 Mutiline 属性为 True，使其支持多行文本。使用文本框的 Copy、Cut 和 Paste 方法来复制、剪切和粘贴文本。程序运行界面如图 2-16 所示。

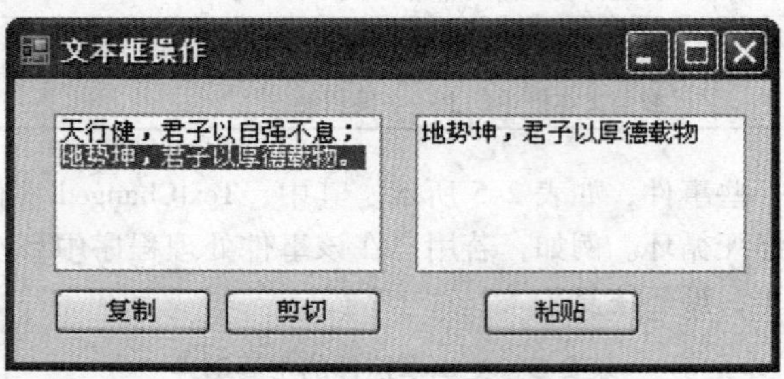

图 2-16　例 2-6 的运行界面

部分程序代码如下：

```
Private Sub Button1_Click(……) Handles Button1.Click
    TextBox1.Copy()            '复制
End Sub
Private Sub Button2_Click(……) Handles Button2.Click
```

```
    TextBox1.Cut()           '剪切
End Sub
Private Sub Button3_Click(……) Handles Button3.Click
    TextBox2.Paste()         '粘贴
End Sub
```

2.2.5 图片框控件

图片框控件（ PictureBox）通常用来显示 BMP、JPEG、GIF 或 PNG 图像。图片框的 Image 属性存储要显示的图像，SizeMode 属性控制显示方式。默认情况下，图片框显示时无边框，但可使用 BorderStyle 属性来设置边框。图片框的主要属性如表 2-6 所示。

表 2-6 图片框控件的主要属性

属性名	类型	说明
Image	Image	获取或设置图片框显示的图像
SizeMode	PictureBoxSizeMode	指示如何显示图像

图片框 SizeMode 属性的可选枚举值及其含义如下：

1）AutoSize：自动调整图片框，使其等于所包含的图像大小。

2）CenterImage：图像在图片框居中显示，超出图片框部分将被剪裁。

3）Normal：图像被置于图片框的左上角，超出图片框部分将被剪裁。

4）StretchImage：图像被拉伸或收缩，以适合图片框的大小。

图片框 Image 属性的类型为 Image 类。Image 类的 FromFile 方法可用于导入图片文件，其格式为：

```
Image.FromFile(图片文件路径)
```

对于图片框控件，在设计模式下可通过属性窗口导入图片；在运行模式下可用 Image 类的 FromFile 方法导入图片。

【例 2-7】 设计一个程序，在窗体上显示、导入和删除图片，如图 2-17 所示。

图 2-17 例 2-7 程序的运行界面

分析： 在窗体中拖放一个图片框控件和两个按钮，通过图片框属性窗口中的 Image 属性导入一个图片。程序运行时导入图片，可使用 FromFile 方法，但这个方法需要指定要导入的图片文件名。另外，要想图片适合图片框大小，需将图片框 SizeMode 属性设为 StretchImage；要删除显示的图片，设置图片框的 Image 属性为 Nothing。在 VB.NET 中，Nothing 表示一个空对象。

部分程序代码如下：

```
Private Sub Button1_Click(……) Handles Button1.Click
    PictureBox1.Image = Image.FromFile("C:\Documents and Settings\All Users\Documents\My
Pictures\示例图片\Water lilies.jpg")
End Sub
Private Sub Button2_Click(……) Handles Button2.Click
    PictureBox1.Image = Nothing              '清除图片
End Sub
```

2.2.6 定时器、时间控件和滚动条

1. 定时器

VB.NET 提供了**定时器**（ Timer）控件，用于按用户设定的时间间隔产生一个时钟触发事件（Tick）。用户可以使用定时器的 Tick 事件执行周期性操作。定时器控件的主要属性如下：

1）Interval：获取或设置计时器的计时间隔，以毫秒为单位。例如，要设置每 0.5 秒产生一次 Tick 事件，属性值应为 500。

2）Enabled：获取或设置计时器是否正在运行。默认值为 False，定时器处于关闭状态。若设置为 True，而且 Interval 属性值不为 0，则启动定时器。

定时器控件的启动和停止，既可以通过设置 Enabled 属性实现，也可以通过调用控件的方法实现。表 2-7 列出了启动和停止定时器的方法。

表 2-7 定时器控件的主要方法

方法名	说明
Start	启动定时器
Stop	停止定时器

注意：定时器控件与一般窗体上的控件不同。将定时器控件拖放到窗体上，定时器会自动离开窗体，移动到设计窗口下部。双击定时器控件，代码窗口会产生 Tick 事件处理过程。

2. 日期、时间选择器

日期、时间选择器（ DateTimePicker）控件以组合框形式显示日期或时间，允许用户直接选择日期或时间。图 2-18 为日期、时间选择器界面，用户可用鼠标单击选择日期或时间。

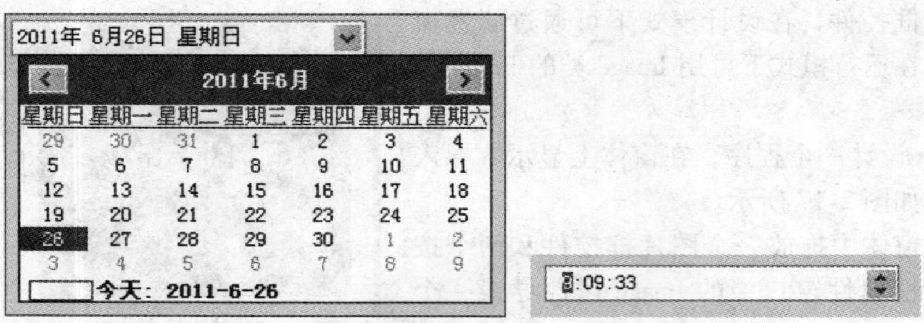

a）选择日期　　b）选择时间

图 2-18 DateTimePicker 控件的使用方式

1）Format：设置控件中显示的日期和时间格式。属性值是枚举类型，可以是下列枚举值之一。

- Custom：以用户自定义格式显示日期或时间值。
- Long：以操作系统设置的长日期格式显示日期或时间值。
- Short：以操作系统设置的短日期格式显示日期或时间值。
- Time：以操作系统设置的时间格式显示时间值。

2）MaxDate、MinDate：设置控件中显示日期或时间的最大、最小值。

3）Value：获取或设置控件的日期或时间值。

4）ShowUpDown：设置是否用数值调节按钮来调整日期或时间。默认值为 False，其值为 True 时，使用图 2-18a 所示的下拉日历来选择日期。

5）CustomFormat：用户可以自定义格式字符串来创建自己的日期时间形式。例如，属性设置为“MMMM dd，yyyy-dddd”，可以将日期显示为“June 01，2001-Friday”。

如果希望 DateTimePicker 作为选取或编辑时间（而不是日期）的控件出现，可将 ShowUp-Down 属性设置为 True，并将 Format 属性设置为 Time。使用日期、时间选择器可减少对日期、时间值进行数据验证的麻烦。日期、时间选择器的主要事件如表 2-8 所示。

表 2-8　日期、时间选择器的主要事件

事件名	说明
CloseUp	当下拉日历被关闭并消失时发生
ValueChanged	当 Value 属性更改时发生

3. 滚动条

滚动条有**水平滚动条**（HscrollBar）和**垂直滚动条**（VScrollBar）两种。水平滚动条如图 2-19 所示。很多控件已经内置了滚动条，如文本框、列表框等。使用滚动条控件可为无内置滚动条的控件实现滚动。滚动条的主要属性如下：

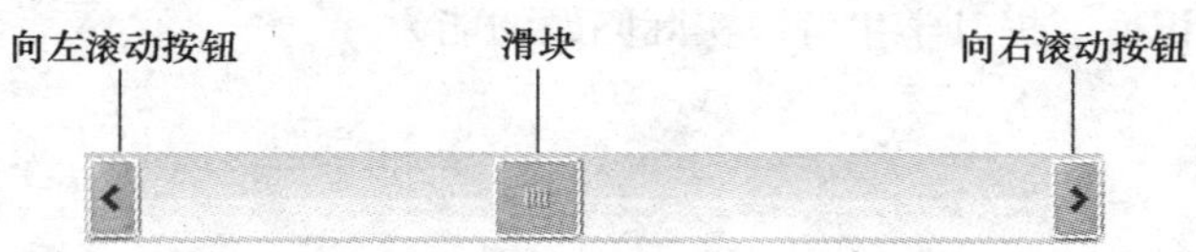

图 2-19　水平滚动条

1）Value：获取或设置滚动滑块在滚动条控件中的当前位置的数值。

2）Maximum、Minimum：设置滚动条取值的最大、最小范围。例如，若 Minimum 为 1、Maximum 为 100，则滚动条滚动时，其 Value 属性的取值将在 1 ~ 100 之间变化。

3）LargeChange、SmallChange：设置滚动条上滑块每滚动一次，Value 属性值变化的幅度：点击滚动条内部，则按 LargeChange 的值变化；点击滚动条边缘上的滚动按钮，则按 SmallChange 值变化。

滚动条控件的主要事件如表 2-9 所示。

表 2-9　滚动条控件的主要事件

事件名	说明
Scroll	滚动条滑块移动时发生
ValueChanged	Value 属性值变化时发生

【例 2-8】 通过设置定时器的触发周期，在窗体上移动显示标签内容，并可通过滚动条来调节标签移动的速度，如图 2-20 所示。

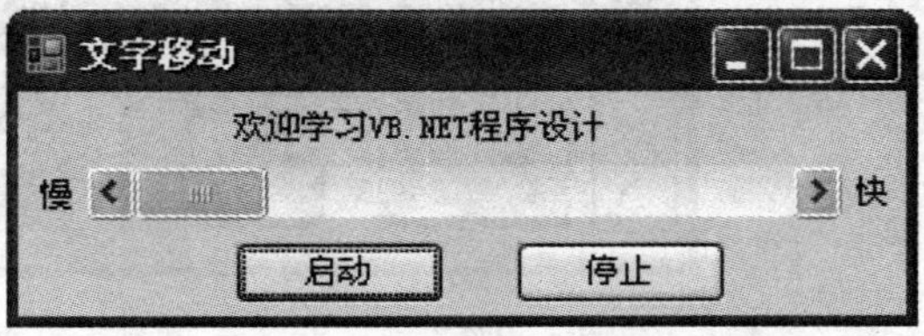

图 2-20　例 2-8 程序运行时界面

分析：在窗体 Form1 上建立 3 个标签、2 个命令按钮、1 个定时器和 1 个水平滚动条。设置定时器 Interval 值为 100。在 Tick 事件中按滚动条的 Value 值改变标签 Label1 坐标，使其移动，滚动条上滑块越向右移，则标签移动越快。单击“启动”按钮启动定时器，单击“停止”按钮关闭定时器。

部分程序代码如下：

```
Private Sub Button1_Click(……) Handles Button1.Click
    Timer1.Start()                    '或 Timer1.Enabled = True
End Sub
Private Sub Button2_Click(……) Handles Button2.Click
    Timer1.Stop()                     '或 Timer1.Enabled = False
End Sub
Private Sub Timer1_Tick(……) Handles Timer1.Tick
    Label1.Left = (Label1.Left + HScrollBar1.Value) Mod Me.Width
End Sub
```

在本例中，滚动条的 Maximum 和 Minimum 属性值分别设置为 10 和 1，使文字在 0.1 秒内向右移动 1 ~ 10 个像素。同时，LargeChange 和 SmallChange 的值可设为 2 和 1。程序中使用了 Mod 算术操作符，其功能是将其前后两数相除取余数，作用是使文字在移动到窗体右边缘后重新回窗体左边缘，循环移动。Mod 操作符将在下一章中详细介绍。

2.3　综合实例

本节将利用前面介绍的控件基本知识，通过简单编程实现一个综合实例。在解决问题过程中，帮助学生拓展知识面、提升学生解决实际问题的能力。

2.3.1　问题及分析

1. 问题要求

设计一个用于浏览图片的简易程序，界面如图 2-21 所示。窗体显示 5 个图片框，用鼠标点击小图片后，图片会在大图片框中显示。当用户点击按钮“<”或“>”时，4 个图片框中的图片分别按逆时针或顺时针方向循环移动。用户可以添加和删除图片（在大图片框中）。点击“启动幻灯”按钮后，图片框中的图片将按顺时针方向循环移动，每秒钟移动一次。另外，用户也可以用鼠标拖动小图片到大图片框。此外，窗体上还显示当前系统时间。

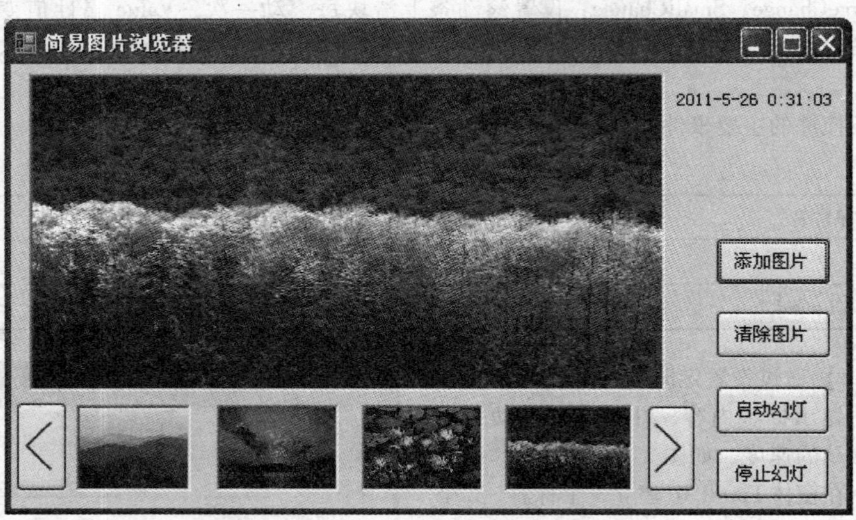

图 2-21　简易图片浏览器

2. 问题分析

简易图片浏览器实际上就是使用图片框控件显示图片，并在图片框之间移动图片。这些操作可归纳为手动显示图片、拖放图片、自动显示图片三个基本功能。要实现这些功能需解决下列问题：

（1）显示和移动图片

VB.NET 使用 PictureBox 控件显示图片，而 PictureBox 通过其 Image 属性显示、存储图片。要将图片框 A 中的图片移动到图片框 B，只需将 A 的 Image 属性值赋给图片框 B 的同名属性，并将 A 中的图片清除或替换即可。

（2）定时器

对于每隔一定时间需执行一次的操作，可以使用 VB.NET 提供的定时器来实现。定时器允许用户指定产生 Tick 事件的时间间隔。例如，本例需在窗体上显示当前时间，可创建一个时钟实例，设定时钟周期为 1 秒，在其 Tick 事件处理程序中即可通过 Label 显示当前时间。而对于图片自动播放，则最好另外创建定时器。

（3）拖放图片

拖放操作是 Windows 操作系统的常用操作，允许用户用鼠标从一个控件中拖动对象到另一个控件中放置，Windows 提供专门机制解决这个问题。

（4）图片导入

要导入图片，可以使用 Image 类的 FromFile 方法。但使用这个方法需要知道图片文件名和存放位置。为获取图片文件名，本例中用到了打开文件对话框控件（OpenFileDialog）。这个控件和保存文件对话框控件（SaveFileDialog）一样，是 Windows 用于打开和保存文件的通用对话框。这个对话框允许用户选择文件，并由此获取文件名。

2.3.2　相关知识

1. 拖放

拖放（Drag & Drop）是指用鼠标拖动，在不同程序的窗口之间、同一个程序的不同窗口之间或不同控件之间移动对象的技术。拖放与复制、粘贴一样，是在操作系统的支持下实现的。复制、粘贴用的是剪贴板，而拖放用的却是被称为私有剪贴板的 Data Object 对象。

VB.NET 中有很多控件支持拖放操作，如窗体、文本框、图片框等。若要使这些控件能接受拖放对象，需将其 AllowDrop 属性设置为 True。这些控件可以调用其 DoDragDrop 方法来设置拖动对象和拖动方式：

```
Public Function DoDragDrop (data As Object, allowedEffects As DragDropEffects) As Drag-
DropEffects
```

其中，data 为被拖动对象，如文本、图片等；allowedEffects 为枚举类型的拖动方式，常用的拖动方式包括复制和移动：

- DragDropEffects.Copy。
- DragDropEffects.Move。

接受拖动对象的控件需要通过 Data Object 对象得到拖动对象的数据。在 VB.NET 中，编程者可在 DragDrop 事件处理程序中通过参数 e 得到 DataFormats.Bitmap 类型的图片对象数据。

2. 打开文件对话框

VB.NET 为用户提供了打开文件对话框控件（ OpenFileDialog），可帮助用户获取要打开的文件名。这个控件并不会实际打开文件，只是提供选择文件的方式。打开文件对话框控件的主要属性见表 2-10。

表 2-10　打开文件对话框控件的主要属性

序号	属性名	类型	说明
1	InitialDirectory	String	设置对话框打开时的初始目录，默认为当前工作目录
2	FileName	String	获取或设置文件名
3	Filter	String	获取或设置当前文件名筛选器字符串，该字符串决定对话框“文件类型”组合框中出现的可选文件类型
4	FilterIndex	Integer	与 Filter 属性配合使用，获取或设置文件对话框中当前选定筛选器的索引
5	Title	String	获取或设置对话框标题

打开文件对话框如图 2-22 所示。对话框标题由 Title 属性设置；查找范围由 InitialDirectory 属性设置；文件类型由 Filter 属性设置；文件名由 FileName 设置；默认的文件类型由 FilterIndex 属性值确定。

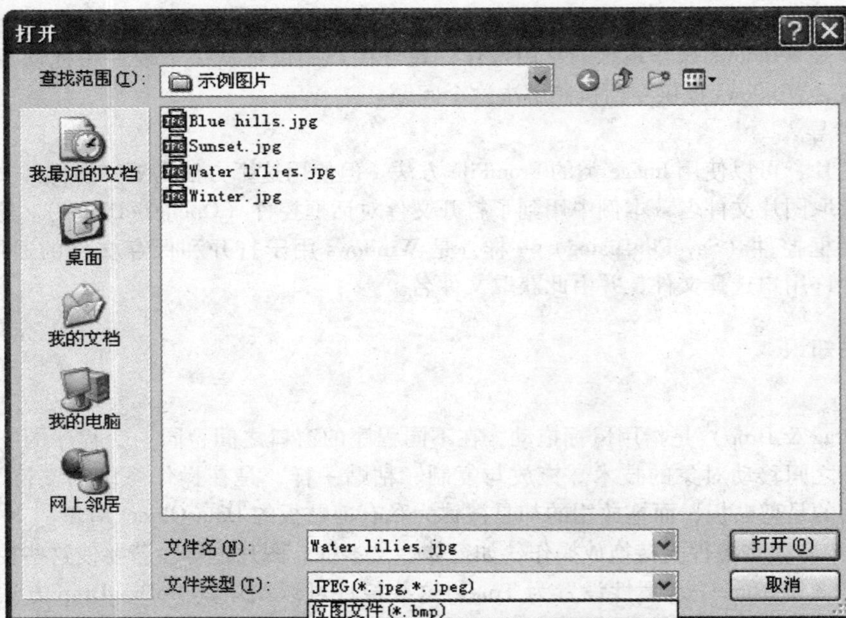

图 2-22　打开文件对话框

文件名中“.”后面的部分是文件扩展名，用于表征文件类型。利用打开文件对话框打开文件时，可以通过 Filter 属性来过滤文件类型，只显示具有某种扩展名的文件。例如，对于打开文件对话框实例 OpenFileDialog1，下列语句：

```
OpenFileDialog1.Filter = "位图文件( *.bmp)|*.bmp|JPEG( *.jpg, *.jpeg)|*.jpg;*.jpeg|所有文件|*.*"
```

定义三个筛选器：

1）过滤描述为“位图文件（ *.bmp）”，过滤串为“ *.bmp”；

2）过滤描述为“JPEG （ *.jpg， *.jpeg）”，过滤串为“ *.jpg， *.jpeg”；

3）过滤器描述为“所有文件”，过滤串为“ *. * ”。

第一个筛选器只显示扩展名为.bmp 的文件；第二个筛选器只显示扩展名为 .jpg 和 jpeg 的文

件；第三个筛选器可显示所有的文件。对话框打开时默认使用哪个筛选器，由 FilterIndex 的值指定。例如，FilterIndex 属性为 1，则使用第一个筛选器，以此类推。

OpenFileDialog 控件最重要的方法是 ShowDialog，用于显示对话框。对话框显示后，若用户选择了一个文件，则该文件名存储在 Filename 属性中，并返回一个“DialogResult.OK”值，表示文件名选择成功。

2.3.3　解决方案

1. 界面设计

简易图片浏览器使用一个窗体作为主界面，窗体上放置 5 个图片框控件，如图 2-23 所示。其中，PictureBox1 最大，位于窗体上部中心位置，图片框 PictureBox2 ~ PictureBox5 作为小图片框，在大图片框下方依次排列。在小图片框两边添加两个按钮，用于移动图片。

在窗体右部添加 4 个按钮，分别用于添加、删除图片和启动、关闭自动播放。在窗体右上方添加一个 Label 控件，用于显示当前时间。添加一个 OpenFileDialog 控件和两个定时器控件。

将窗体上的所有图片框的 BorderStyle 属性都设置为 Fixed3D，使其运行时边框可见，将其 SizeMode 属性设置为 StretchImage，使图片适应图片框大小。设置定时器 Timer1 和 Timer2 的 Interval 属性为 1000，OpenFileDialog1 的 Filter 属性为“JPEG(*.jpg, *.jpeg) | *.jpg; *.jpeg”。

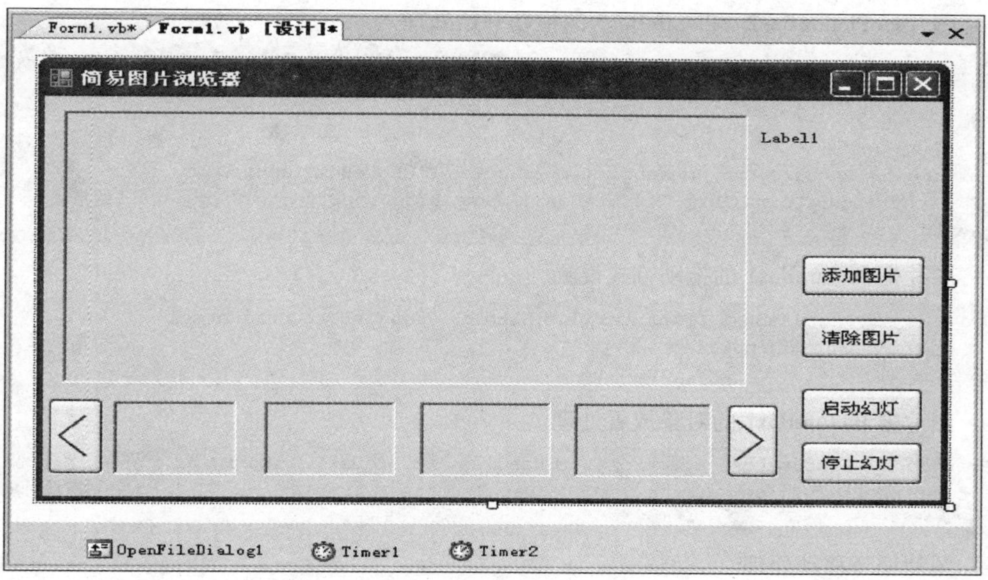

图 2-23　简易图片浏览器的设计界面

2. 自动播放

自动播放需要使用定时器来定时，设置定时器的时间间隔为 1 秒。在其 Tick 事件处理程序中循环移动并显示图片。

3. 图片拖动

将接受拖动对象控件的 AllowDrop 属性设置为 True。对象拖动主要分三个步骤进行：

1）首先，在对象所在控件的 MouseDown 事件处理程序中，调用控件的 DoDrapDrop 方法开始拖动。例如，对 PictureBox2 控件用语句：

```
PictureBox2.DoDragDrop(PictureBox2.Image, DragDropEffects.Copy)
```

设置拖动开始。

2）其次，当拖动对象进入到接受控件范围内时，应设置拖动方式。例如在 PictureBox1 的 DragEnter 事件处理程序中，用语句：

```
e.Effect = DragDropEffects.Copy
```

设置拖动方式为复制。

3）最后，当拖动者放开鼠标左键时，接受控件应通过 Data Object 对象获取拖动对象。例如在 PictureBox1 控件的 DragDrop 事件处理程序中，用语句：

```
PictureBox1.Image = e.Data.GetData(DataFormats.Bitmap)
```

语句获取拖动对象。

2.3.4 实现代码

程序的主要实现代码如下：

1）初始化

```
Private Sub Form1_Load(……) Handles MyBase.Load
    PictureBox1.AllowDrop = True                                  '允许接受拖放对象
End Sub
```

2）图片框 PictureBox2 ~ PictureBox5 的拖动开始处理

```
Private Sub PictureBox2_MouseDown(……) Handles PictureBox2.MouseDown
    PictureBox2.DoDragDrop(PictureBox2.Image, DragDropEffects.Copy)   '开始拖动
End Sub
… …
Private Sub PictureBox5_MouseDown(……) Handles PictureBox5.MouseDown
    PictureBox5.DoDragDrop(PictureBox5.Image, DragDropEffects.Copy)   '开始拖动
End Sub
```

3）图片框 PictureBox1 的拖动方式设置

```
Private Sub PictureBox1_DragEnter(……) Handles PictureBox1.DragEnter
    e.Effect = DragDropEffects.Copy                                '设置拖动样式
End Sub
```

4）图片框 PictureBox1 的对象放置处理

```
Private Sub PictureBox1_DragDrop(……) Handles PictureBox1.DragDrop
    PictureBox1.Image = e.Data.GetData(DataFormats.Bitmap)         '得到拖动对象数据
End Sub
```

5）图片循环移动处理

```
Private Sub Button1_Click(……) Handles Button1.Click
    PictureBox1.Image = PictureBox5.Image                          '图片循环右移
    PictureBox5.Image = PictureBox4.Image
    PictureBox4.Image = PictureBox3.Image
    PictureBox3.Image = PictureBox2.Image
    PictureBox2.Image = PictureBox1.Image
    PictureBox1.Image = PictureBox5.Image
End Sub
Private Sub Button2_Click(……) Handles Button2.Click
    PictureBox1.Image = PictureBox2.Image                          '图片循环左移
    PictureBox2.Image = PictureBox3.Image
    PictureBox3.Image = PictureBox4.Image
    PictureBox4.Image = PictureBox5.Image
    PictureBox5.Image = PictureBox1.Image
```

```
    PictureBox1.Image = PictureBox2.Image
End Sub
```

6）定时器相关代码

```
Private Sub Timer1_Tick(……) Handles Timer1.Tick
    Label1.Text = Now()                                          '显示当前时间
End Sub
Private Sub Button5_Click(……) Handles Button5.Click
    Timer2.Start()                                               '启动图片自动播放
End Sub
Private Sub Button6_Click(……) Handles Button6.Click
    Timer2.Stop()                                                '停止图片自动播放
End Sub
Private Sub Timer2_Tick(……) Handles Timer2.Tick
    PictureBox1.Image = PictureBox5.Image                        '自动循环播放图片
    PictureBox5.Image = PictureBox4.Image
    PictureBox4.Image = PictureBox3.Image
    PictureBox3.Image = PictureBox2.Image
    PictureBox2.Image = PictureBox1.Image
    PictureBox1.Image = PictureBox5.Image
End Sub
```

7）打开和清除图片

```
Private Sub Button4_Click(……) Handles Button4.Click
    PictureBox1.Image = Nothing                                  '清除图片
End Sub
Private Sub Button3_Click(……) Handles Button3.Click
    OpenFileDialog1.ShowDialog()                                 '显示打开文件对话框
    PictureBox2.Image = PictureBox3.Image                        '图片左移
    PictureBox3.Image = PictureBox4.Image
    PictureBox4.Image = PictureBox5.Image
    PictureBox5.Image = Image.FromFile(OpenFileDialog1.FileName) '显示打开图片
    PictureBox1.Image = PictureBox5.Image                        '显示打开图片大图
End Sub
```

注意：本例中使用的图片来自“C:\Documents and Settings\All Users\Documents\My Pictures\示例图片”文件夹。

习题

一、测试题

1. 下列不属于对象三要素的是__________。

   （A）属性　　（B）方法　　（C）事件　　（D）数量

2. 在VB.NET中，所有控件都具有的属性是__________。

   （A）Name　　（B）Interval　　（C）Visible　　（D）Text

3. 文本框的__________属性记录了当前文本框被选中的文本内容。

   （A）SelectionLength　　（B）SelectionStart

   （C）SelectedText　　（D）Multiline

4. 要想控制一个控件是否可见，应设置该控件的__________属性。

   （A）Name　　（B）Enabled　　（C）Visible　　（D）Text

5. 定时器控件的Interval属性值为5000，则该定时器的Tick事件__________触发一次。

   （A）5h　　（B）5ms　　（C）5s　　（D）5μs

6. 按钮的__________方法可以模拟按钮被点击的事件。

(A) Focus (B) Show (C) PerformClick (D) Stop

二、思考题

1. 什么是对象？什么是类？两者之间的关系如何？
2. 什么是事件处理过程，事件处理过程是由谁来调用的？
3. 什么是焦点，其主要作用是什么？
4. 设想一下如果没有系统提供的常用控件，编写程序时要多做哪些工作？

第 3 章　VB.NET 语言基础

使用第 2 章介绍的基本控件可以设计一些简单程序，然而，要编写真正实用的 VB.NET 应用程序，必须学习 VB.NET 编程语言，编写程序代码。本章主要介绍 VB.NET 语言的基础知识，包括基本数据类型、常量与变量的定义、运算符、表达式和函数等。这些内容都是构成 VB.NET 编程语句的基本要素。

3.1　基本数据类型

数据是程序处理的对象，也是程序的组成部分。不同类型的数据在计算机中的存储方式和取值范围都不相同。编程者应根据数据的特点和用途为其选择合适类型。

3.1.1　引例

程序由一系列语句按一定的规则排列而成，用于描述计算机处理数据和进行各种运算的操作步骤。程序大体上可分为数据输入、数据处理和数据输出三部分。本节通过一个简单的程序实例，引出 VB.NET 程序设计语言主要成分和语法规则。

【例 3-1】 编写程序，输入半径 r，计算圆的面积，其输入输出界面如图 3-1 所示。

分析：若圆的半径为 r，则面积为：$s=\pi r^2$。在本例中，输入数据为圆的半径 r；输出数据为圆的面积 s；处理过程为计算圆的面积。

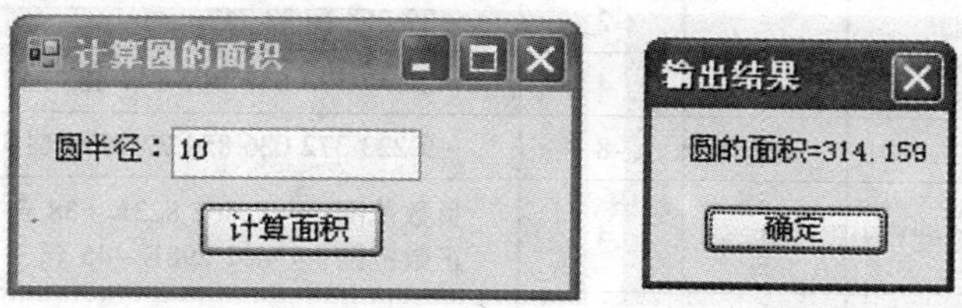

a）数据输入界面　　b）数据输出界面

图 3-1　求圆面积程序运行界面

程序的部分代码如下：

```
Private Sub Button1_Click(……) Handles Button1.Click       '计算面积
    Dim r, s As Single                                      '声明变量 r 和 s 分别保存圆半径和面积
    Const PI = 3.14159                                      '声明常量 PI
    r = TextBox1.Text                                       '输入半径
    s = PI * r * r                                          '计算圆的面积
    MsgBox("圆的面积 = " & s, , "输出结果")                   '输出计算结果
End Sub
```

说明：

1）程序代码写在由 Private Sub 开头、End Sub 结束的事件处理过程中。

2）由 REM 或单引号开头的文字是注释，用于对语句进行说明，不影响程序执行。

3）程序中使用的数据可保存在常量或者变量中，使用前要声明。例中定义了常量 PI 保存常数 3.14159；定义了 Single 类型的变量 r 保存输入的半径值。

4）语句 r = TextBox1.Text 的作用是将用户在文本框中输入的数值赋值给变量 r。这是程序的输入部分。

5）语句 s = PI * r * r 的作用是计算圆的面积 s，其中“*”代表乘号。这是程序的计算部分。

6）语句 MsgBox（…）的作用是显示计算出的面积值。这是程序的输出部分。

注意：VB.NET 程序的编码规则包括：

1）VB.NET 对字母大小写不敏感，程序中除用双引号括起来的字符串外，大小写字母的意义相同。

2）同一行可书写多条语句，语句间用冒号“:”分隔，一行最多可达 255 个字符。

3）如果一条语句分多行书写，在非结束行末尾加续行符（下划线“_”）。

3.1.2　数据类型

数据是程序处理的对象，也是程序的必要组成部分。不同的数据在计算机内存储的方式和分配的空间不同。VB.NET 的数据类型分为基本数据类型和自定义数据类型两种：

1）基本数据类型是系统已定义的数据类型，包括数值型、字符串型、逻辑型、日期型、对象型等。表 3-1 列出了各种基本数据类型及其特点。对于初学者，可先掌握表中带“*”的基本类型，并在逐步应用过程中学习其他类型。

2）自定义数据类型是由用户以基本数据类型为基础，根据语法规则在程序中创建的数据类型，本书将在第 5 章介绍。

表 3-1　VB.NET 的基本数据类型

类别	数据类型关键字	类型符	分配字节	数据范围
整型	Byte（字节型）		1	0 到 255
	Short（短整型）		2	-32 768 到 32 767
	* Integer（整型）	%	4	-2 147 483 648 到 2 147 483 647
	Long（长整数）	&	8	-9 223 372 036 854 775 808 到 9 223 372 036 854 775 807
浮点型	* Single（单精度）	!	4	负数范围：-3.402 823E+38 到 -1.401 298E-45 正数范围：1.401 298E-45 到 3.402 823E+38
	Double（双精度）	#	8	负数范围：-1.797 693 134 862 31E308 到 -4.940 656 458 412 47E-324 正数范围：4.940 656 458 412 47E-324 到 1.797 693 134 862 31E308
	Decimal（定点数）		16	0 ~ ±79 228 162 514 264 337 593 543 950 335 之间不带小数点的数； 0 ~ ±7.922 816 251 426 433 759 354 395 033 5 之间带 28 位小数的数
字符	* Char（字符）		2	一个字符
	* String（字符串）	$	取决于内存大小	约 0 到 20 亿个字符
布尔	* Boolean（逻辑型）		2	True 或 False
日期	* Date		8	1/1/0001 到 12/31/9999
对象	Object		4	任何数据类型

说明：

1）数据不仅可用十进制表示，也可以用八进制或十六进制表示。八进制数据前加 &O，十

六进制数据前加 &H。例如，&O35 和 &HA3 分别表示十进制的 29 和 165。

2）浮点型数据是带有小数部分的数。例如，数 12 和数 12.0 对计算机来说是不同的，前者是整数（占 2 个字节），后者是浮点数（占 4 个字节）。当数字特别大或特别小时，由于程序中没有上下标的写法，可以用科学计数法表示浮点数据。比如 1.678×10^{-6}，可表示为 1.678E-6，其中 E 表示底数 10。

3）字符型数据需要用双引号括起来，例如字符串 Hello，表示为"Hello"。注意，""表示空字符串；" "表示有一个空格的字符。若字符串中有双引号，则用连续两个双引号表示，如要表示字符串 Hello"Mary"，则应写为"Hello""Mary"""。

4）布尔类型数据取值只能是 True 或 False，默认值（缺省值）为 False。

5）日期类型数据需用#号括起来，格式为：#月/日/年#。如：#02/15/2007#。

6）由于 Object 类型是其他类型的基类，因此该类型的变量可以存储任何类型数据。

7）程序中可使用类型符声明变量，例如，用 a% 可声明 a 为 Integer 类型变量。

3.2　常量与变量

3.2.1　标识符的命名规则

标识符可用来给程序中的对象命名。VB.NET 中需要用标识符命名的对象包括常量、变量、自定义函数、过程、类和控件等。标识符的定义必须遵守以下规则：

1）必须以字母、汉字或下划线开头，后跟字母、汉字、数字或下划线等字符。

2）不能包含小数点、空格等标点符号或类型声明字符（%、&、!、#、@、$）。

3）常量名、变量名的长度不能超过 255 个字符。

4）不能使用 VB.NET 保留字（关键字）。例如：Sub、Integer、Dim、If、End 等。

5）一般不用具有特定意义的名称作为标识符，如属性、事件、方法等，以免混淆。

6）在 VB.NET 中不区分标识符的大小写。

以下列举了一些不合法的标识符：

不合法标识符	原因
5xy	数字开头
Stu Name	标识符中有空格
Name $	含有类型说明符 $
Dim	Dim 是关键字

3.2.2　常量

常量是在程序运行过程中其值保持不变的量。在 VB.NET 中有三种常量：直接常量、符号常量和系统提供的常量。

1. 直接常量

直接常量就是在程序中直接给出的数据值。例如，整型常量：1234、&O75、&H5A，浮点型常量：12.45、0.56854E+5、-0.1234E-6#（#为双精度浮点数的说明符，加在数字后，可区分单精度和双精度常量）和字符常量："程序设计"、"783456"。

2. 符号常量

符号常量是由用户定义的标识符，代表一个常数。对于程序中反复出现的一些常数，可以用一个符号常量来代替，易用维护。声明符号常量的基本格式为：

```
Const 符号常量名 [As 数据类型] = 表达式
```

其中：

1）符号常量名：必须符合标识符命名规则。

2）数据类型：可以是任何基本数据类型。省略该项时，由表达式值确定数据类型。

3）表达式：可以是常数、运算符和括号的组合，但不能有函数。

4）若一次定义多个常量，可在常量之间用逗号分隔。

例如：

```
Const PI =3.14159                              '定义常量 PI,单精度浮点型
Const BIRTHDAY As Date = #03/15/2007#          '定义常量 BIRTHDAY,日期型
Const USER_NAME As String = "John", USER_NO = "12345678"
```

下列声明常量的语句是错误的：

```
Const X = B * 6                                '表达式中不能有变量
Const Y = Math.Sin(25) * 5                     '表达式中不能有函数
```

使用符号常量可增强代码的可读性，因为符号常量一般是有意义的名字。同时，使用符号常量也方便代码修改，只需在定义处修改一次即可。

3. 系统常量

系统常量是 VB.NET 提供的预定义常量和枚举常量，可以在程序中直接使用。

（1）内部常量

内部常量一般是以“vb”开头，后面跟着有意义的符号。常用的内部常量 vbCrlf 表示回车换行；vbTab 表示光标跳转到下一个 Tab 制表符位置，用于对齐输出数据。

图 3-2　vbCrLf 的换行效果

例如，在标签上显示如图 3-2 所示的两行字符串，可用下面代码实现：

```
Label1.Text = " 亲爱的用户您好" & vbCrLf & "欢迎您学习 VB.NET 程序设计!"
```

下列代码可实现如图 3-3 所示的输出数据对齐，其中，vbTab 使其后面的字符对齐显示，vbCrLf 则产生换行效果。

```
TextBox1.Text = "姓名" & vbTab & "学号" & vbTab & "成绩" & vbCrLf
TextBox1.Text = TextBox1.Text & "张海" & vbTab & "1001" & vbTab & "90" & vbCrLf
TextBox1.Text = TextBox1.Text & "李明" & vbTab & "1002" & vbTab & "98" & vbCrLf
```

（2）枚举常量

VB.NET 控件的某些属性往往有多个可选值，如控件的颜色、边框样式等。这些属性可在代码窗口中直接选择，也可以在代码中通过赋予**枚举常量**来设置。例如，图 3-4 显示了用户在代码窗口书写标签背景色时系统自动列出枚举常量。

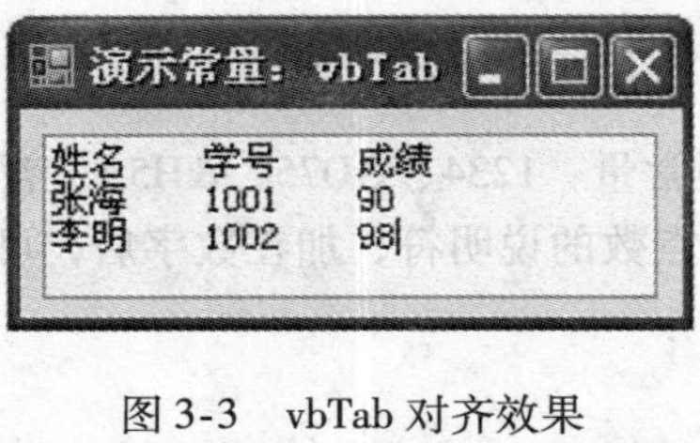

图 3-3　vbTab 对齐效果

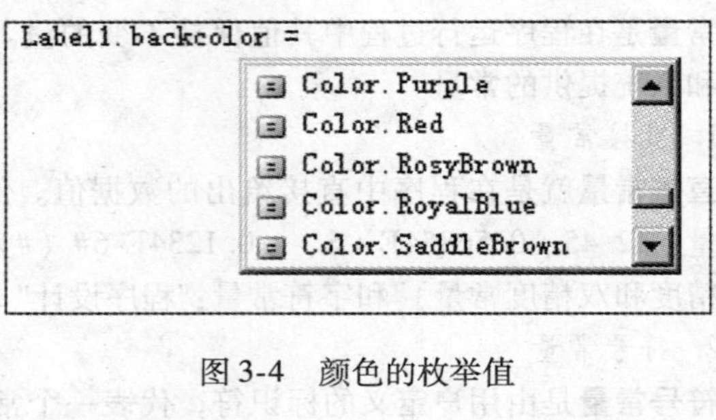

图 3-4　颜色的枚举值

在图 3-4 中，BackColor 属性取值枚举常量。其中 Color 是枚举名，Red 是枚举常量。

3.2.3 变量

变量是程序运行过程中其值可变的量，变量具有名字和数据类型。变量代表存放数据的内存单元。变量在使用前必须声明。声明变量是为了确定变量的名称和类型，系统将根据声明给变量分配存储空间。在 VB.NET 中可使用 Dim 或 Static 声明变量。

1. Dim 语句

Dim 语句格式为：

```
Dim 变量名[As 类型][ =初始值]
```

其中：

1）变量名要符合标识符命名规则。

2）类型为可选项，可用类型说明符代替类型关键字。缺省时为 Object。例如：

```
Dim i As Integer                    'i 为整型变量
Dim j%                              'j 为整型变量
Dim k                               'k 为 Object 类型变量
```

3）初始值为可选项，缺省时系统按数据类型赋初值。例如：

```
Dim i As Integer =10                '声明时赋初值 10
Dim j As Single                     '系统赋初值 0.0
Dim k As Boolean                    '系统赋初值 False
```

String 类型变量的默认初值为""（空）；Object 类型变量的初值为 Nothing；Date 类型变量的初值为#01/01/01#；Boolean 类型变量的初值为 False。

4）在一个 Dim 语句中，可以声明多个变量，变量之间用逗号分隔。例如：

```
Dim  V1, V2                         'V1,V2 均为 Object 类型变量
Dim  P1, P2  As  Boolean, P3  As  Date    'P1,P2 为布尔变量,P3 为日期型变量
```

注意：在显式类型的声明中不能使用类型说明符。例如，“Dim i $, j As Integer”是一条错误的语句。正确的声明应为“Dim i $, j% ”或“Dim i As string , j As Integer”。

【例 3-2】 编写程序计算商品销售数据，界面如图 3-5 所示。文本框中输入商品的单价和数量，计算商品的总价。

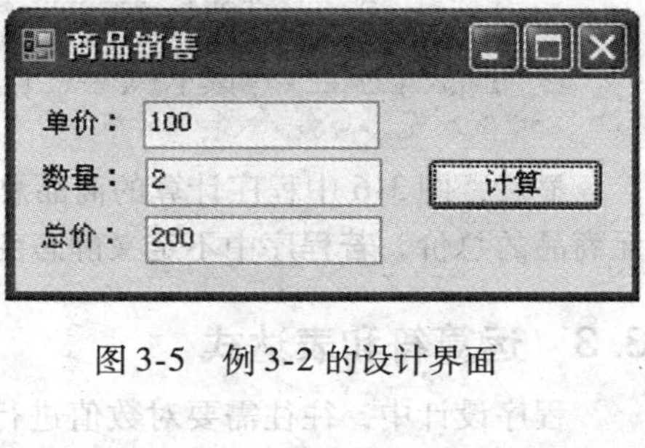

图 3-5　例 3-2 的设计界面

分析：设计程序时，可变量应声明为变量。在本例中，商品的单价、数量和总价都是可变量，因此可定义 price、amount 和 total 三个变量。三个变量之间的关系可表示为：total = price × amount。显然，price 和 total 可定义为 Single 类型，而 amount 应被定义为整型变量。程序部分代码如下：

```
Private Sub Button1_Click(……) Handles Button1.Click
    Dim price As Single                 '定义变量 price 存储单价
    Dim amount As Integer               '定义变量 amount 存储数量
    Dim total As Single                 '定义变量 total 存储总价
    price = TextBox1.Text               '输入商品单价
    amount = TextBox2.Text              '输入商品数量
    total = price * amount              '计算商品总价
    TextBox3.Text = total               '输出商品总价
End Sub
```

2. Static 语句

使用 Static 语句声明的变量称为**静态变量**。静态变量在程序运行过程中可保留其原来的值。Static 语句格式如下：

```
Static 变量名[As 类型]
```

在过程中，用 Static 语句声明的变量在重新赋值前均保持前一次退出过程时的值，而用 Dim 语句声明的变量，程序执行到声明语句时，变量将被初始化。例如下列语句：

```
Static k As Integer
k = k + 1
TextBox1.Text = k
```

连续多次运行，文本框中会显示 1、2、3、……。若由 Dim 语句声明 k 变量，由于语句每次执行时，k 变量都被初始化为 0，则文本框总是显示 1。

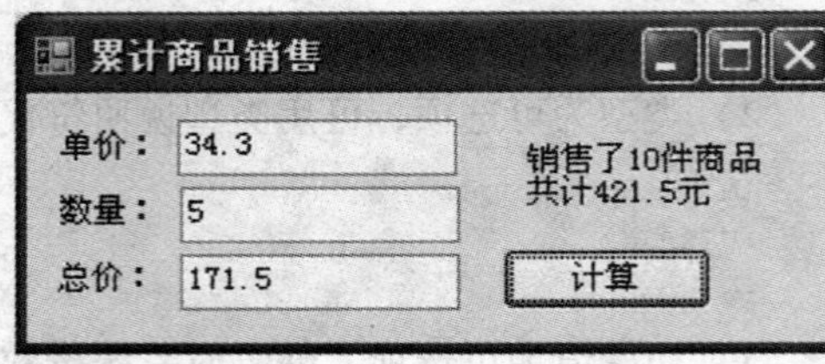

图 3-6 例 3-3 程序的运行界面

【例 3-3】 修改例 3-2 的程序，使其能统计多次销售商品的总价，如图 3-6 所示。

分析： 为了能够统计多批次商品总价，应将每批商品数量和总价逐一累计求和，因此需保留上一次的累计结果，这时可使用静态变量来存储商品总数和总价。

部分程序代码如下：

```
Private Sub Button1_Click(……) Handles Button1.Click
    Dim price As Single
    Dim amount As Integer
    Static total_amount As Integer                    '定义静态变量保存商品总数
    Static total_price As Single                      '定义静态变量保存商品总价
    price = TextBox1.Text
    amount = TextBox2.Text
    TextBox3.Text = price * amount                    '计算本次销售商品总价
    total_amount = total_amount + amount              '累计所有商品总数
    total_price = total_price + price * amount        '累计所有商品总金额
    Label4.Text = "购买了" & total_amount & "件商品" & vbCrLf & "共计" & total_price & "元"
End Sub
```

显然，图 3-6 中程序计算的商品总价，除了本次销售商品总价，还包括上次销售的 5 件 50 元商品的总价，若程序中不定义静态变量，则只能计算本次销售商品的总价。

3.3 运算符和表达式

程序设计中，往往需要对数值进行运算。运算符可以将常量、变量、函数等连接起来构成表达式，实现特定的运算功能。

3.3.1 运算符

运算符是表示某种运算的符号。常用的运算符包括算术运算符、字符串运算符、关系运算符和逻辑运算符。

1. 算术运算符

VB.NET 常用的**算术运算符**如表 3-2 所示，其中“-”运算符在单操作数（单目）运算中是负号运算符，在双操作数（双目）运算中是减运算符。

表 3-2 VB.NET 常用算术运算符

序号	运算符	运算功能	序号	运算符	运算功能
1	+	加法	5	^	乘方
2	-	减法	6	\	整除
3	*	乘法	7	MOD	模运算
4	/	除法			

说明：

1）进行整除运算时，被除数和除数均被四舍五入至整数，然后相除求商，例如：

19\6.7　　　　结果为 2

2）MOD 运算返回相除后的余数的部分。例如：

19 Mod 6　　　　结果为 1

12 Mod 4.3　　　　结果为 3.4

注意： 模运算是一种在生活中常见的算术运算。日常的计时法就是以 12 为模的一种模运算，常说的下午 3 点实际上是由 15 点对 12 取模得到。

【例 3-4】 在文本框中输入三位数，将其倒置后输出显示。程序运行界面如图 3-7 所示。

分析： 要使数字按倒序输出，可使用算术运算符将数字各位分开，然后按逆序输出。程序的部分代码如下：

图 3-7 例 3-4 的程序运行界面

```
Private Sub Button1_Click(……) Handles Button1.Click
    Dim i As Integer
    Dim units, tens, hundreds As Integer          '定义变量分别保存个位、十位、百位数
    i = TextBox1.Text
    units = i Mod 10                              '求个位
    tens = (i Mod 100)\10                         '求十位
    hundreds = i \100                             '求百位
    TextBox2.Text = units * 100 + tens * 10 + hundreds
End Sub
```

2. 字符串运算符

字符串运算符用于将两个字符串连接起来，有 + 和 & 两个运算符。两个运算符的功能既有相同点，也有不同点。在连接两个字符串操作对象时，两者作用相同，例如：

"abcd" + "efg"　　　　结果为"abcdefg"

"abcd" & "efg"　　　　结果为"abcdefg"

然而，对于非字符串对象，+ 和 & 符号的运算效果区别很大：

1）+ 号两边一个是数值，一个是数值字符串，运算结果为数值的相加，例如：

"123" + 123　　　　结果为 246

2）+ 号两边不能一个是数值，一个是非数值字符串，例如：

"abc" + 123　　　　出错

3）& 号两边的运算对象可以是数值或字符串，结果为字符串。例如：

123&"abcd"　　　　结果为"123abcd"

注意： 由于 & 符号是长整型（Long）数据的类型说明符，当用 & 符号作为字符串运算符时应在其前后加一空格，以免产生错误。

【例 3-5】 编程测试 + 号的使用。单击不同按钮，实现 + 号的加法运算和连接运算。程序运行界面如图 3-8 所示。

分析：由于文本框中数据为字符类型，如果要实现加法运算，需将字符型数字转换成数字类型（用 Val 函数实现数据类型的转换，参见 3.4 节）。

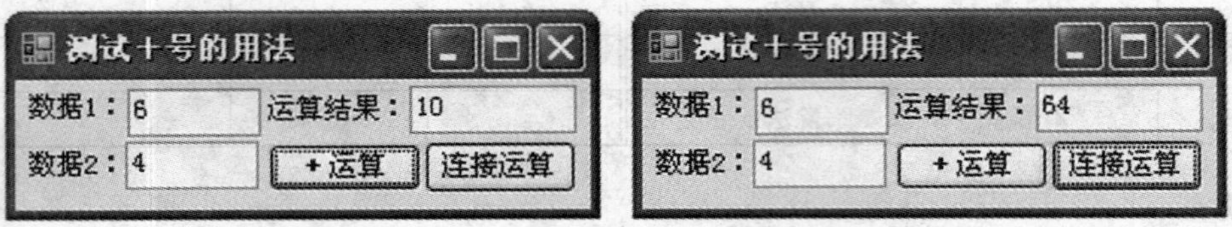

a）加法运算　　b）连接运算

图 3-8 加法运算和连接运算的结果

部分程序代码如下：

```
Private Sub Button1_Click(……) Handles Button1.Click
    TextBox3.Text = Val(TextBox1.Text) + Val(TextBox2.Text)    '加法运算
End Sub
Private Sub Button2_Click(……) Handles Button2.Click
    TextBox3.Text = TextBox1.Text + TextBox2.Text              '连接运算
End Sub
```

初学者在程序中进行加法运算时，容易忽略文本框中数据是字符串类型的事实，若程序按照连接运算执行，会得到错误结果。除了通过 Val 函数转换数据类型外，也可以通过声明变量类型，由系统自动实现类型转换。例如，下面代码中，将文本框中的字符赋值给 Single 类型的变量，系统会自动将字符串转换成 Single 类型，并实现加法运算：

```
Dim i, j As Single
i = TextBox1.Text
j = TextBox2.Text
TextBox3.Text = i + j
```

3. 关系运算符

关系运算符的作用是比较操作数大小，表 3-3 列出了 VB.NET 常用的关系运算符。

表 3-3 VB.NET 的常用关系运算符

序号	运算符	运算功能	序号	运算符	运算功能
1	>	大于	4	< >	不等于
2	<	小于	5	> =	大于等于
3	=	等于	6	< =	小于等于

说明：

1）关系运算的结果是逻辑值 True 或 False。

2）操作数为数值时，按数值大小比较。

3）操作数为字符串时，逐一比较每个字符的 ASCII 值。其中，小写字母的 ASCII 代码大于大写字母的 ASCII 代码。例如：

"ABCD" = "ABCD"　　结果为 True
"BC" <> "bc"　　结果为 True
"ABC" > "ADBC"　　结果为 False

注意：ASCII 码是目前计算机中应用最广泛的字符集编码，由美国国家标准局（ANSI）制定，已被国际标准化组织接受为国际标准（ISO 646 标准）。ASCII 码有 7 位码和 8 位码两种形式。在 ASCII 码表中，符号由一个 0～127 或 0～255 之间的数字表示，字母和数字按顺序排列。其中字母 A 的 ASCII 码为 65；字母 a 的 ASCII 码为 97；数字 0 的 ASCII 码为 48。显然，由字母 A 的 ASCII 码很容易推算出字母 C 的 ASCII 码为 67。另外，常用 Enter 键的 ASCII 码为 13。用户可以“ASCII”为关键字，在 VB.NET 帮助系统中找到 ASCII 码表。

4. 逻辑运算符

逻辑运算符的作用是对操作数进行逻辑运算。表 3-4 列出了 VB.NET 常用逻辑运算符。

表 3-4 VB.NET 的常用逻辑运算符

运算符	运算功能
Not（非）	表达式值为 True/False 时，运算结果为 False/True
And（与）	两个表达式的值均为 True 时，结果为 True；否则为 False
Or（或）	两个表达式的值至少有一个为 True，结果为 True；否则为 False
Xor（异或）	两个表达式的值不同，结果为 True；否则为 False

说明：

1）逻辑运算的结果是逻辑值 True 或 False。

2）Not（逻辑非）运算只有一个运算对象，即在 Not 后面跟一个表达式，例如：

Not（1 = 1） 结果为 False
（1 < 2）And（2 < 3） 结果为 True
（1 < 2）Or（1 > 2） 结果为 True
（"a" > "A"）Xor（"b" > "B"） 结果为 False

3）逻辑运算符可用于连接多个关系表达式，并进行逻辑判断。

例如，要选拔优异生，要求数学、语文课程成绩均在 80 分以上，或者总分在 190 分以上，可以表示为：Chinese > = 80 And Maths > = 80 Or Sum > 190。数学表达式 70≤x < 80 可以表示为：x > = 70 And x < 80。

3.3.2 表达式

表达式由运算对象、运算符及圆括号按照一定规则组成。VB.NET 中的表达式与数学中表达式在书写上有所不同，需要注意以下几点：

1）算术运算符乘号（ * ）不能省略。例如，变量 a 乘以 b，应该写成 a * b。

2）只能使用圆括号，不能使用数学中的方括号和大括号。括号必须成对出现。

3）表达式中所有的字符都必须写在同一行上，不能使用数学中的分式和指数等形式。

例如，下列数学表达式：

$$a+\frac{b}{5.8-\frac{x}{x+y}}$$

写成 VB.NET 表达式应为：$a+b/(5.8-x/(x+y))$。

1. 运算符的优先级

表达式的运算次序由运算符的**优先级**决定，即优先级别高的运算符先运算。优先级别相同时，从左向右依次运算。一个表达式中若同时出现多种运算符号，其运算次序（优先级）如下：

1）圆括号（）

2）算术运算：

^　　　　　　　　　　优先级高

-（负号）

*　/　　　　　　　　　↓

\\

Mod　　　　　　　　　优先级低

\+　-

3）字符串运算：字符串运算的2个运算符优先级相同。

4）关系运算：关系运算的6个运算符优先级相同。

5）逻辑运算：

Not　　　　　　　　　优先级高

And　　　　　　　　　↓

Or

Xor　　　　　　　　　优先级低

例如，对于表达式(x=2) Or (Not (y>0)) And ((x-y)/i < >0)，若i=1、j=0、x=2、y=2,则表达式的运算次序及运算结果如下。

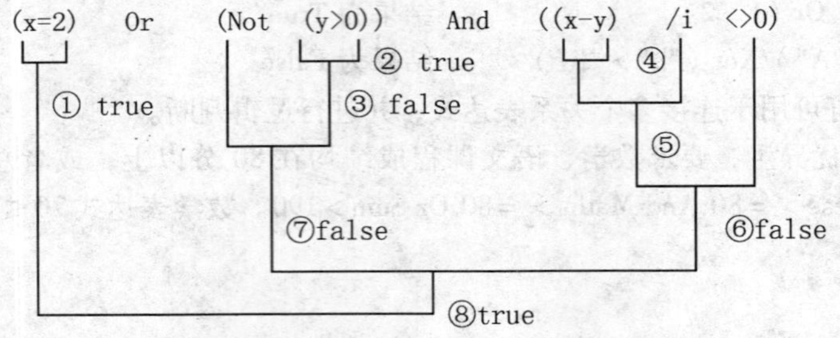

注意：不同类型表达式的优先顺序从大到小为：算术表达式、关系表达式、逻辑表达式。

2. 不同数据类型的混合运算

进行数学运算时，若表达式中运算对象数据类型不同，运算结果的数据类型遵循以下规则：

1）数据类型相同的运算，其运算结果的数据类型不变。但要注意，运算结果不能超过数据类型的取值范围。

2）不同类型的数据运算，一般情况下运算结果的数据类型取精度高的类型。数据类型的精度由低到高依次是：Byte、Short、Integer、Long、Decimal、Single、Double。例如，若一个整数与一个单精度数相加，结果是单精度类型。

除此之外，也有一些特例情况。例如，单精度数（Single）和长整数（Long）运算时，结果为双精度类型（Double)。对于初学者特别要注意定义变量的类型、以及运算符对操作数的要求，以免影响到运算结果。

3.4 常用函数

函数是用来完成某种特定运算的过程，并总是返回一个结果，称为函数值，VB.NET 提供了许多标准函数，用户编程时可直接使用。

3.4.1 数学函数

1. 数学函数

VB.NET 的常用数学函数如表 3-5 所示。由于这些函数被封装在 System.Math 命名空间中，所以使用时应加以限定。例如，将数学表达式 Sin(15°) + |xy| 写成 VB.NET 表达式应为：Math.Sin(15 * 3.14/180) + Math.Abs (x * y)。

表 3-5 VB.NET 的常用数学函数

函数名	函数功能	举例	结果	说明
Abs(x)	计算 x 的绝对值	Abs(-5.6)	5.6	
Cos(x)	计算 x 的余弦值	Cos(0)	1	x 为弧度，不是角度
Exp(x)	计算 e^x	Exp(5)	148.4	
Log(x)	计算自然对数 lnx	Log(8)	2.07	
Sin(x)	计算 x 的正弦值	Sin(0)	0	同 Cos
Sqrt(x)	计算 x 的平方根	Sqrt(16)	4	
Sign(x)	返回 x 的符号	Sign(-3.5)	-1	x 为正数返回 1，负数返回 -1
Max(x,y)	求两个数中大的一个	Max(2,5)	5	
Min(x,y)	求两个数中小的一个	Min(2,5)	2	

2. 格式化函数

格式化函数 Format 可以将数值、日期、时间转换成指定格式显示，格式为：

```
Format(表达式[,"格式"])
```

说明：

1）表达式可以是需要进行格式化的数值、日期、时间或字符表达式。

2）格式为指定转换的格式，表 3-6 中列举了常用的数值格式符号。

表 3-6 数字格式化符号

符号	含义	数值	格式	结果
0	若与 0 对应的表达式位置上无数字，则该位显示 0	12.35	000.000	012.350
#	若无数字对应于格式中的#，则不显示	12.35	##.#	12.4
%	数值乘以 100，再按% 的位置在数据中插入%	12.5	###%	1250%
,	千分位	1234	#，###.00	1，234.00
E + E -	科学记数法	0.5	0.00E+00	5.00E-01

【例 3-6】 编写正弦函数计算器。用户可通过点击界面上的数字按钮来输入数据，也可以通过文本框输入。“Sin”按钮实现运算，结果保留四位小数位数。程序运行界面如图 3-9。

分析： 为实现点击按钮输入数据，需要用到字符串连接运算 &，将点击按钮输入数字（1，2，……）连接起来。例如，点击按钮 3 和 0，连接成字符串“30”。

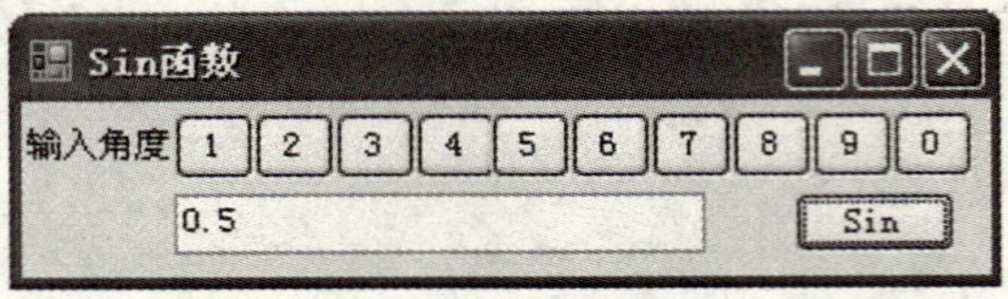

图 3-9　计算正弦程序的运行界面

部分程序代码如下：

```
Dim t As String                                          '定义 t 为全局变量,用来保存点击的数字
Private Sub Button11_Click(……) Handles Button11.Click
    Dim i As Single
    Dim result As Single
    i = TextBox1.Text
    result = Math.Sin(i * 3.14159 / 180)                 '角度转换成弧度
    TextBox1.Text = Format(result, "0.####")             '格式化数据,保留 4 位小数
    t = ""
End Sub
… …
Private Sub Button3_Click() Handles Button3.Click         '点击数字按钮 3
    t = t & Button3.Text                                 '连接按钮上的数字
    TextBox1.Text = t
End Sub
```

程序中的变量 t，由于在多个事件中都要用到，所以定义在过程外，作为全局变量来使用。其他数字按钮的代码和 Button3 的事件处理代码类似，这里不再一一列出。

3. 取整函数

取整函数可以去掉数字的小数部分。表 3-7 中列举了常用的取整函数。

表 3-7　VB.NET 的常用取整函数

函数名	函数功能	举例	结果
Fix(x)	返回 x 的整数部分	Fix(8.6) Fix(-7.2)	8 -7
Int(x)	返回不大于 x 的最大整数部分	Int(8.6) Int(-7.2)	8 -8
CInt(x)	对 x 的小数部分四舍五入后取整	Cint(8.6) Cint(-7.2)	9 -7

4. IsNumberic 函数

IsNumberic 函数的格式为：

```
IsNumberic(表达式)
```

说明：判断表达式是否为数值数据，若是，则返回 True，否则返回 False。该函数常用于判断用户输入的数值表达式是否符合要求。例如：

IsNumberic（123）返回结果为 True

IsNumberic（1a23）返回结果为 False

5. 随机数函数

Rnd 函数是**随机数生成函数**，即由系统产生一个 0 到 1 之间（大于等于 0 但小于 1）的单精度随机数。函数格式为：

```
Rnd([x])
```

说明：

1）当 x>0 或者缺省，生成一个随机数。

2）当 x≤0，生成与上次相同的随机数。

3）若程序每次运行都期望产生不同的随机数，在调用 Rnd 函数之前应将随机数发生器初始化一次。随机数发生器初始化语句为：

```
Randomize()
```

4）若要产生 x 到 y 范围的随机整数，可通过表达式 Int(Rnd()*(y-x+1)+x)得到。

【例3-7】 编程模拟彩票抽奖，随机产生3个10~99的随机整数，作为中奖号码。数字颜色随机显示。程序运行界面如图3-10。

图3-10 彩票抽奖程序的运行界面

分析： 由于文本框中的随机数会不断变化，可以在窗体上添加一个定时器，在其 Tick 事件处理过程中调用随机数函数产生随机数。要产生两位随机整数（10~99），表达式为 Int（Rnd()*90+10）。为了产生不同的颜色，可以调用颜色函数 FromArgb（R，G，B），其中 RGB 的取值范围是0~255，使用表达式 Int（Rnd()*256）实现。

部分程序代码如下：

```
Private Sub Button1_Click(……) Handles Button1.Click                    '开始按钮
    Timer1.Start()                                                     '定时器运行
    Label1.Text = "中奖号码产生中....."
End Sub
Private Sub Timer1_Tick(……) Handles Timer1.Tick
    Randomize()
    '产生10-99随机数
    TextBox1.Text = Int(Rnd()*90+10)
    TextBox2.Text = Int(Rnd()*90+10)
    TextBox3.Text = Int(Rnd()*90+10)
    '产生随机的文字颜色,其中颜色函数 FromArgb 的参数取值范围是0-255
    TextBox1.ForeColor = Color.FromArgb(Int(Rnd()*256), Int(Rnd()*256), Int(Rnd()*256))
    TextBox2.ForeColor = Color.FromArgb(Int(Rnd()*256), Int(Rnd()*256), Int(Rnd()*256))
    TextBox3.ForeColor = Color.FromArgb(Int(Rnd()*256), Int(Rnd()*256), Int(Rnd()*256))
End Sub
Private Sub Button2_Click(……) Handles Button2.Click                    '抽奖按钮
    Static n As Integer
    Timer1.Stop()                                                      '定时器停止
    n = n + 1                                                          '静态变量 n 累计开奖次数
    Label1.Text = n & "等奖的中奖号码是"
End Sub
Private Sub Button3_Click(……) Handles Button3.Click                    '退出按钮
    End                                                                '停止程序运行
End Sub
```

3.4.2 字符串函数

1. 字符串函数

VB.NET 的常用字符串函数及功能见表3-8。

表 3-8 VB.NET 的常用字符串函数

函数名	函数功能	举例	结果
InStr([n,]s1,s2)	返回 s2 在 s1 中第一次出现的位置 n 表示搜索的起始位置,缺省为 1	InStr(2,"abcabc","ab") InStr("abcabc","ab")	4 1
Lcase(s) UCase(s)	将字符串 s 转换为小写字母 将字符串 s 转换为大写字母	Lcase("AB") Ucase("ab")	"ab" "AB"
Left(s,n) Right(s,n)	返回字符串 s 左边的 n 个字符 返回字符串 s 右边的 n 个字符	Left("abcd",3) Right("abcd",3)	"abc" "bcd"
Len(字符串)	返回字符串的长度(字符个数)	Len("China,中国")	8
Mid(s,b,[n])	从字符串 s 中取出一个子串,b 表示子串的起始位置,n 表示子串的长度	Mid("abcde",2,3) Mid("abcde",2)	"bcd" "bcde"
Space(n)	产生 n 个空格字符串	Space(3)	" "
Replace(s,s1,s2)	在字符串 s 中用 s2 代替 s1	Replace("abca","a","A")	"AbcA"
Trim(s) Ltrim(s)/Rtrim(s)	删除字符串 S 首、尾的空格 删除字符串 S 开始或者尾部的空格	Trim(" abc ") Ltrim(" abc ")	"abc" "abc "

说明:

1）若查找字符串不存在，Instr 函数返回值为 0。

2）调用 Left 和 Right 函数，函数名前必须用“Mocrosoft. VisualBasic”命名空间对函数限定，否则系统会将其默认为控件的 Left 和 Right 属性。例如:

```
Mocrosoft.VisualBasic.Left("ABCDEFG", 3)    结果为 ABC
```

3）Mid 函数中若省略所取子串的长度 n，则从指定的起始位置开始取到最后一个字符。

【例 3-8】 编写程序，在文本框中删除指定的内容。程序运行界面如图 3-11 所示。

图 3-11 字符串子串删除程序的运行界面

分析: 要删除字符，首先要找到指定的字符。例如，在“ABCDEFG”中将“CD”删除，找到 CD 的位置 p，然后将 p 前面的字串和 p 后面的子串连成一个新的字符串“ABEFG”。

程序部分代码如下:

```
Private Sub Button1_Click(……) Handles Button1.Click
    Dim s As String
    Dim p As Integer                 '保存要删除字符在字符串中的位置
    s = TextBox1.Text
    p = InStr(s,TextBox2.Text)    '查找删除字符的位置
    TextBox1.Text = Microsoft.VisualBasic.Left(s, p - 1) & Mid(s,p + Len(TextBox2.Text))
End Sub
```

上述程序如果将文本框中所有指定内容删除后，继续执行删除操作，会出现错误提示:“参数 Length 必须大于或者等于 0”。这是因为当找不到指定字符时，Instr 函数的返回值为 0，所以在 Left 函数中，p - 1 的值等于 -1，不符合参数规定。要解决这个问题，需要用到将在第 4 章介绍的条件选择语句，这里就不再详述了。

2. 字符串转换函数

VB.NET 常用字符串转换函数及功能见表 3-9。这四个函数在功能上构成两对互逆函数，例如 Asc 函数和 Chr 函数的功能互逆，即 Chr（Asc（"A"））的值仍然是“A”。

表 3-9　VB.NET 的字符串转换函数

函数名	函数功能	举例	结果
Asc(s)	返回字符串 s 的首字符的 ASCII 代码	Asc("a")	97
Chr(a)	将 ASCII 代码 a 转换为字符	Chr(65)	"A"
Str(x)	将数值 x 转换为字符串	Str(1.25)	"1.25"
Val(s)	将数字形式的字符串 s 转换为数值	Val("1.25")	1.25

说明：

1）Asc 函数的参数可以是一个字符或一个字符串。若是一个字符串，则函数值为该字符串首字符的 ASCII 码。例如：

Asc（"abc"）　　　　函数值为 97

2）Chr 函数的参数应是一个对应于可打印字符的 ASCII 代码，若不在此范围内，则函数值为一个空字符。

3）Val 函数只转换数字形式的字符串，否则函数结果为 0。例如：

Val（"1.25"）　　　　函数值为数值 1.25

Val（"abc"）　　　　函数值为数值 0

【例 3-9】 编写程序，用户通过不断点击按钮，依次打印英文大写字母表，并显示相应字母 ASCII 码。程序运行界面如图 3-12。

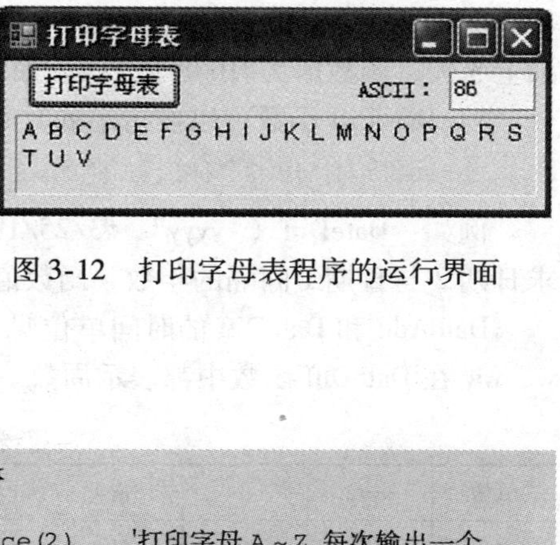

图 3-12　打印字母表程序的运行界面

分析： 先声明静态整型变量 i，其初值为 0，每点击按钮一次就加 1，则 Asc("A")+i 将从 65 起依次增大，用 Chr 函数将其转换成字符，就得到由“A”开始的大写字母表。当然，为获得完整字母表，需点击按钮 26 次。

部分程序代码如下：

```
Private Sub Button1_Click(……) Handles Button1.Click
    Static i As Integer
    Label1.Text = Label1.Text & Chr(Asc("A") + i) & Space(2)     '打印字母 A~Z,每次输出一个
    TextBox1.Text = Asc("A") + i                                  '显示字符对应的 ASCII 码
    i = i + 1
    End If
End Sub
```

3.4.3　日期和时间函数

VB.NET 的常用日期/时间函数及功能见表 3-10。

表 3-10　VB.NET 的日期/时间函数

函数名	函数功能	举例	结果
Now	返回系统日期和时间，无参数	Now()	2011-3-4 16:22:48
Today	返回系统日期，无参数	Today()	2011-3-4

（续）

函数名	函数功能	举例	结果
Year(D)	返回4位年份数	Year(Now)	2011
Month(D)	返回月份1～12	Month("2011/10/3")	10
Day(D)	返回日期1～31	Day("2011/10/3")	3
Hour(D)	返回小时0～23	Hour("23:07:05")	23
Minute(D)	返回分钟0～59	Minute("23:07:05")	7
Second(D)	返回秒0～59	Second("23:07:05")	5
Weekday(D)	返回星期代码1～7，星期日为1	Weekday("2011/10/3")	2(星期一)
DataAdd	对日期按指定的要求进行增减		
DataDiff	返回两个日期间的间隔时间		

说明：

1）日期函数中的参数D可以是字符串表达式或日期/时间表达式。

2）使用Day函数，需要在函数名前加Microsoft.VisualBasic命名空间进行限定。

3）DateAdd函数可以对日期按照指定的时间单位做增减运算，格式为：

```
DateAdd(时间单位,增减量,日期)
```

例如：DateAdd("d", 5, #10/3/2011#)，其中d表示的时间单位是天数，即在指定的日期上加上5天，函数值为#10/8/2011#。如果增减量为-5，即减去5天，函数值为#9/28/2011#。

4）DateDiff函数可以按指定的时间单位返回两个日期间的时间间隔，格式为：

```
DateDiff(时间单位,日期1,日期2)
```

例如：DateDiff（"yyyy", #3/25/1985#, #10/3/2011#），其中yyyy表示的时间单位是年，即求日期2与日期1间隔的年数，函数值为26。如果日期2比日期1早，函数值为负数。

DateAdd和DateDiff的时间单位见表3-11。其中，y、d、w在DateAdd函数中都代表天数；w、ww在DateDiff函数中都表示周数。

表3-11　时间单位说明

单位	yyyy	q	m	d	y	w	ww	h	n	s
含义	年	季	月	日	天	天	周	时	分	秒

【例3-10】编写考试倒计时程序，运行界面如图3-13。

分析：使用DateTimePicker控件选择考试日期，其Value属性返回选择的日期；Format属性设置日期显示格式。使用Today函数返回当前日期，并调用DateDiff函数求两个日期间隔的天数。当用户点击窗体上的DateTimePicker时，出现图3-13所示的界面。

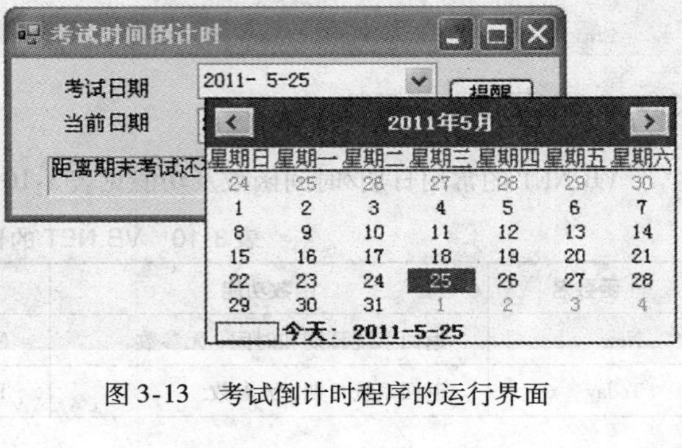

图3-13　考试倒计时程序的运行界面

部分程序代码如下：

```
Private Sub Form1_Load(……) Handles MyBase.Load
    TextBox1.Text = Today                          'Today 函数返回当前日期,显示在文本框中
End Sub
Private Sub Button1_Click(……) Handles Button1.Click
    Dim i As Integer
    i = DateDiff("d", TextBox1.Text, DateTimePicker1.Value)          '求日期间隔天数
    Label3.Text = "距离考试还有" & i & "天"
End Sub
```

3.4.4　输入函数与提示函数

在程序运行时，常常要输入数据和输出结果。除了经常使用的文本框和标签，VB.NET 系统还提供 InputBox 函数和 MsgBox 函数，用于创建专用对话框，实现与用户的交互。

1. InputBox 函数

InputBox 函数产生输入对话框，可输入数据。如果用户选择“确定”按钮，函数返回用户输入字符串，供程序下一步使用。函数格式为：

```
InputBox (提示[,标题][,默认值][,X 坐标][,Y 坐标])
```

说明：

1）提示：字符串表达式，提示用户输入信息。

2）标题：在对话框标题栏上显示的文字。

3）默认值：输入缺省值，在对话框的文本输入框中显示。

4）X 坐标、Y 坐标：数值表达式，指定对话框相对于屏幕左上角的位置（单位：像素）。

5）各参数的位置次序必须一一对应，除了提示不能省略外，其余各项均可省略。特别地，若省略中间可选部分，则要保留相应参数的逗号占位符。

【例 3-11】编程显示商品定价表。用 InputBox 函数输入商品名称、定价、折扣率，计算出实价：实价 = 定价 * 折扣率，并显示在文本框中。程序运行界面如图 3-14 所示。

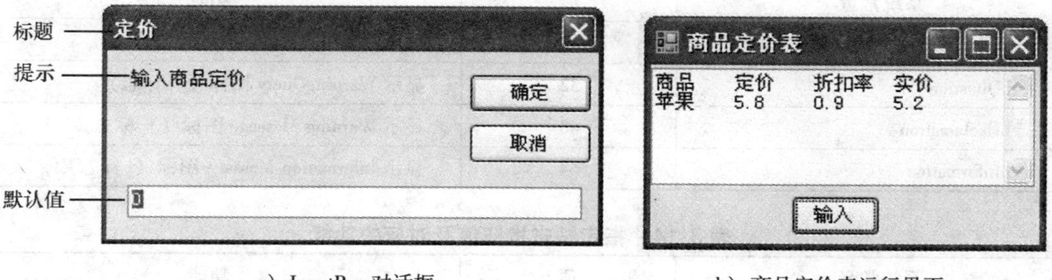

a）InputBox 对话框　　b）商品定价表运行界面

图 3-14　商品定价程序的运行界面

部分程序代码如下：

```
Private Sub Button1_Click(……) Handles Button1.Click
    Dim goods As String                               '定义变量保存商品名称
    Dim dj, sj, discount As Single                    '商品定价、实价、折扣率
    goods = InputBox("输入商品名称", "输入")
    dj = Val(InputBox("输入商品定价", "定价",0))
    discount = Val(InputBox("请输入商品折扣率 -1 数字", ,1, 300, 400))
    sj = Format(dj * discount, "#.#")                 '计算实价,保留 1 位小数
    TextBox1.Text = TextBox1.Text & vbCrLf & goods & vbTab & dj & vbTab & discount & vbTab & sj
End Sub
```

```
Private Sub Form1_Load(……) Handles MyBase.Load
    TextBox1.Text = "商品" & vbTab & "定价" & vbTab & "折扣率" & vbTab & "实价"
End Sub
```

2. MsgBox 函数

Msgbox 函数产生一个消息对话框，在对话框中显示提示信息。函数格式为：

```
MsgBox (提示[,按钮样式][,标题])
```

说明：

1）提示和标题与 InputBox 函数对应参数用途相同。

2）按钮样式为数值表达式，用于指定对话框中按钮的个数及类型、图标的类型和缺省按钮。表 3-12 至表 3-14 列出按钮样式的三个参数值及其对应功能。在设计按钮样式时，可从每组中选择一个系统常量或者对应的整数，用“+”号连接起来。

例如，对话框中包含了“确定”和“取消”按钮、? 标志。按钮样式可以写成：1 + 32 或 vbOKCancel + vbQuestion 形式。

表 3-12 按钮类型值及对应的功能

系统常量	值	功能
vbOKonly	0	只显示“确定”按钮
vbOKCancel	1	显示“确定”和“取消”按钮
vbAbortRetryIgnore	2	显示“终止”、“重试”、“忽略”按钮
vbYesNoCancel	3	显示“是”、“否”、“取消”按钮
vbYesNo	4	显示“是”、“否”按钮
vbRetryCancel	5	显示“重试”、“取消”按钮

表 3-13 图标样式值及对应的功能

系统常量	值	功能
vbCritical	16	显示 Critical Message 图标（×标志）
vbQuestion	32	显示 WarningQuery 图标（? 标志）
vbExclamation	48	显示 Warning Message 图标（! 标志）
vbInformation	64	显示 Information Message 图标（i 标志）

表 3-14 指定缺省按钮值及对应的功能

系统常量	值	功能
vbDefaultButton1	0	第一个按钮为缺省按钮
vbDefaultButton2	256	第二个按钮为缺省按钮
vbDefaultButton3	512	第三个按钮为缺省按钮

3）MsgBox 函数返回一个整数，表示用户所选择的按钮。该数值及其对应的按钮见表 3-15。例如，按下“确定”按钮，函数返回常量 vbOk。

表 3-15 MsgBox 函数值及对应的功能

系统常量	值	对应功能
vbOk	1	在对话框中单击“确定”按钮
vbCancel	2	在对话框中单击“取消”按钮

（续）

系统常量	值	对应功能
vbAbort	3	在对话框中单击“终止”按钮
vbRetry	4	在对话框中单击“重试”按钮
vbLgnore	5	在对话框中单击“忽略”按钮
vbYes	6	在对话框中单击“是”按钮
vbNo	7	在对话框中单击“否”按钮

例如：使用如下代码可以显示图 3-15 所示的对话框。

```
Dim result As Integer
result = MsgBox("确认关闭?", vbYesNo + vbQuestion + vbDefaultButton2, "提示")
```

如果用户单击“是”按钮，则 result 中的返回值为 vbYes；如果用户单击“否”按钮，则 result 的值为 vbNo。

图 3-15　MsgBox 对话框

3.4.5　Shell 函数

Shell 函数的功能是调用各种应用程序，如常用的“记事本”、“时钟”和“IE 浏览器”等。Shell 函数的格式是：

```
Shell("应用程序路径"[,窗口类型])
```

说明：

1）应用程序必须是扩展名为.com、.exe、.bat 的可执行文件。

2）窗口类型是一个 1 ~ 9 的整数，该数字表示打开窗口的不同风格。其中：

- 1，5，9：普通活动窗口
- 2：最小化活动窗口（缺省值）
- 3：最大化活动窗口
- 4，8：普通非活动窗口
- 6，7：最小化非活动窗口

例如，使用 Shell 函数在程序中调用 Windows“计算器”和“记事本”程序的语句为：

```
Shell("c:\windows\system32\clac.exe",1)
Shell("c:\windows\system32\notepad.exe",1)
```

语句执行效果如图 3-16 所示。

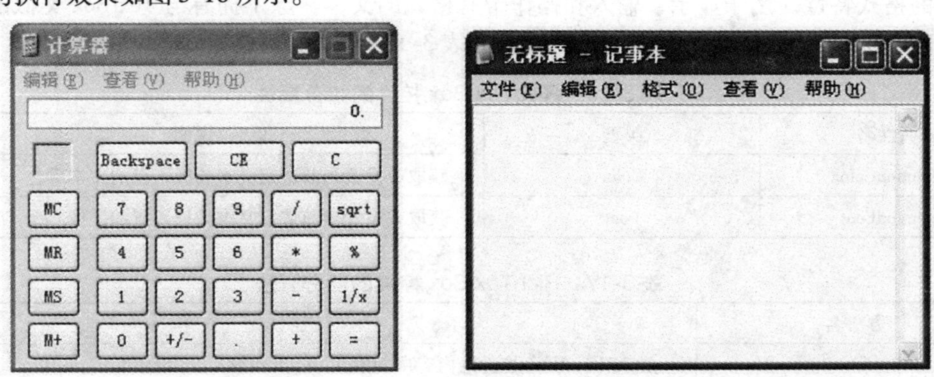

a）计算器　　b）记事本

图 3-16　使用 Shell 函数调用应用程序

3.5　综合实例

本章介绍了 VB.NET 语言基本知识，为后续章节的学习打下了基础。本节通过一个综合例子，帮助学生复习和运用本章所学知识、提升学生通过编程解决实际问题的能力。

3.5.1　问题及分析

模仿 Word 的查找与替换功能设计一个程序，界面如图 3-17 所示。程序满足如下要求：

1）能够打开和保存文档文件。

2）单击“查找下一个”按钮，可逐一找到查找字符串，并高亮度显示。

3）单击“替换”按钮，将找到的字符串用指定内容替换。

4）单击“全部替换”按钮，将所有符合的字符串进行替换。

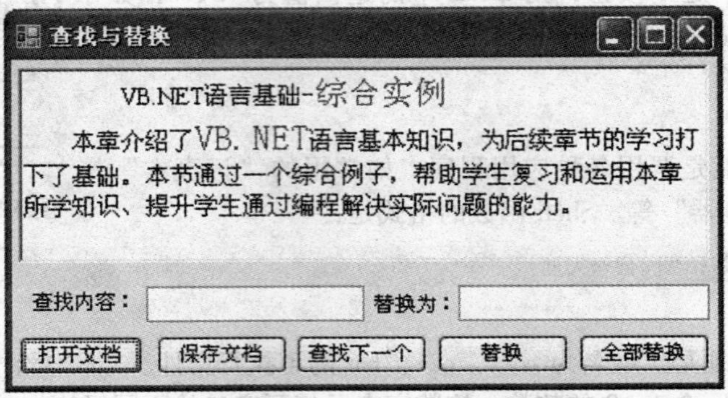

图 3-17　查找与替换程序界面

显然，图 3-17 中文本框显示的文本有不同大小的文字（格式文本），用普通的文本框控件无法实现。这时，可考虑使用 RichTextBox 控件。RichTextBox 控件不仅支持格式化文本，还提供将文本保存到文件、或从文件中加载文本的方法。

3.5.2　相关知识

1. RichTextBox 控件

RichTextBox 控件（）支持几乎所有的 TextBox 控件中的属性、事件和方法，还提供了更高级的格式特性，用于显示、输入和操作带有格式的文本。除了拥有与 TextBox 类似的属性和方法，RichTextBox 还支持表 3-16 列出的属性和表 3-17 列出的方法。

表 3-16　RichTextBox 控件的部分属性

属性名	类型	说明
SelectionColor	Color	获取或设置当前选定文本或插入点的文本颜色
SelectionFont	Font	获取或设置当前选定文本或插入点的字体

表 3-17　RichTextBox 控件的部分方法

方法名	说明
Find	在 RichTextBox 控件的内容中搜索文本
LoadFile	将文件的内容加载到 RichTextBox 控件中
SaveFile	将 RichTextBox 控件的内容保存到文件中

要设置 RichTextBox 控件中文本的属性，可先选择文本，然后通过 SelectionFont 和 SelectionColor 设置字体的大小和颜色。例如，下列语句设置 RichTextBox1 选择文字的字体为粗宋体，大小为 12，颜色为红色：

```
RichTextBox1.SelectionFont = New Font("宋体", 12, FontStyle.Bold)
RichTextBox1.SelectionColor = System.Drawing.Color.Red
```

2. SaveFileDialog 控件

VB.NET 为用户提供了保存文件**对话框**控件（SaveFileDialog）帮助用户获取要保存文件的文件名。这个控件不会实际保存文件，只是提供选择文件的方式。SaveFileDialog 控件的属性和方法与 OpenFileDialog 基本相同（参见 2.3.2 节）。

3.5.3 解决方案

1. 界面设计

本例中使用 RichTextBox 控件代替 TextBox 控件。RichTextBox 控件可以显示有格式的文本，另一方面它还提供打开和保存文件的方法。

窗体上控件包括 3 个文本框、5 个按钮和 2 个标签。此外，还有两个关于文件打开和保存的控件 OpenFileDialog1 和 SaveFileDialog1。程序设计界面如图 3-18 所示。

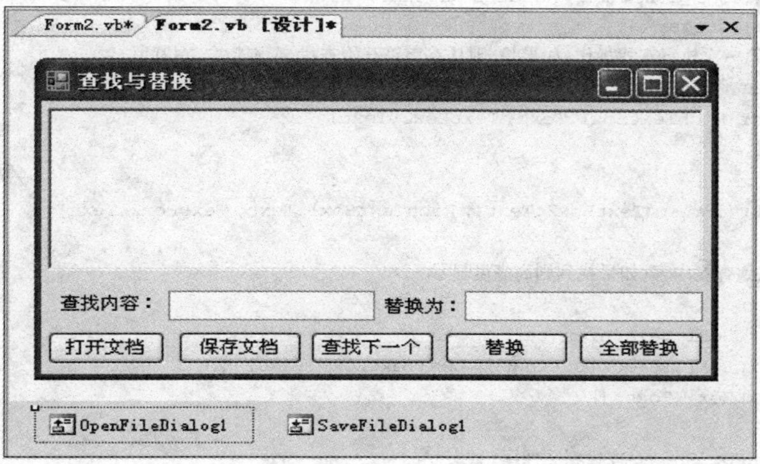

图 3-18 查找与替换程序的设计界面

2. 文字查找和替换

在本例的程序中主要使用了查找（Instr）、取子串（Left、Mid）、替换（Replace）等字符串操作函数。在界面上各按钮的功能实现中，有一些技巧值得注意：

1）由于 Instr 函数只能找到符合条件的第一个字符串，所以对下一个查找的起始位置就必须重新设置，而不能又从首字符开始搜索。假定上一次找到字符串的位置为 i，那么下一次搜索的起始位置应从 i + Len（查找字符串）开始。

2）文字的高亮度显示，需要设置文本框的属性 SelectionStart（所选文本的起始位置），SelectionLength（所选文本的长度），并调用 Focus 方法使文本框获得焦点。

3）替换操作实质上是一个连接操作，可参考例 3-8。

4）由于查找和替换操作都需要知道查找字符的位置，所以保存查找字符串位置的变量必须声明在过程外，允许多个事件处理过程调用，如本例程序代码中的变量 i。

3.5.4 实现代码

程序的实现代码如下：

（1）打开和保存文件

```
Private Sub Button1_Click(……) Handles Button1.Click
    OpenFileDialog1.Filter = "RichText Files(*.rtf)|*.rtf"                    '只打开 rtf 文件
    OpenFileDialog1.FileName = ""                                              '清除文件名
    OpenFileDialog1.ShowDialog()                                               '显示打开文件对话框
    '打开文件 End Sub
    RichTextBox1.LoadFile(OpenFileDialog1.FileName, RichTextBoxStreamType.RichText)
Private Sub Button2_Click_1(……) Handles Button2.Click
    OpenFileDialog1.Filter = "RichText Files(*.rtf)|*.rtf"                    '只保存 rtf 文件
    OpenFileDialog1.FileName = ""                                              '清除文件名
    SaveFileDialog1.ShowDialog()                                               '显示保存文件对话框
    RichTextBox1.SaveFile(SaveFileDialog1.FileName)                            '保存文件
End Sub
```

（2）查找字符串位置

```
Dim i As Integer '查找字符串的位置
Private Sub Button3_Click(……) Handles Button3.Click
    Static n As Integer
    '判断是否为第一次执行查找操作,如果是,则从首字符开始查找,否则指定查找的位置
    If n = 0 Then
        i = InStr(RichTextBox1.Text, TextBox2.Text)
        n = n + 1
    Else
        i = InStr(i + Len(TextBox2.Text), RichTextBox1.Text, TextBox2.Text)
    End If
    '判断是否找到查找内容,如果找到则高亮度显示
    If i > 0 Then
        RichTextBox1.SelectionStart = i - 1
        RichTextBox1.SelectionLength = Len(TextBox2.Text)
        RichTextBox1.Focus()
    Else
        MessageBox.Show("查找到文件尾")
        n = 0
    End If
End Sub
```

（3）替换字符串

```
Private Sub Button4_Click(……) Handles Button4.Click
    Dim s As String
    s = RichTextBox1.Text
    RichTextBox1.Text = Microsoft.VisualBasic.Left(s, i - 1) & TextBox3.Text & Mid(s, i + Len
(TextBox2.Text))
End Sub
```

（4）替换全部字符串

```
Private Sub Button5_Click(……) Handles Button5.Click
    RichTextBox1.Text = Replace(RichTextBox1.Text, TextBox2.Text, TextBox3.Text)      '替换文本
End Sub
```

习题

一、测试题

1. 以下可以作为变量名的是 ________。

   (A) A#A　　(B) ConstA　　(C) 3A　　(D) ?A

2. 下面正确定义两个整型变量和一个字符串变量的语句是________。

   (A) Dim n, m as Integer, s As String　　(B) Dim n%, m $, s As String

   (C) Dim n As Integer, m, s As String　　(D) Dim n, m As Integer, s

3. 设 a = 4、b = 3、c = 2、d = 1，表达式 a > b + 1 Or c < d And b Mod c 的值是________。

   (A) True　　(B) 0　　(C) 1　　(D) −1

4. 可以从字符串"Visual Basic" 中，取出字符串"Basic" 的函数是________。

   (A) Left　　(B) Mid　　(C) Instr　　(D) Str

5. 将数学表达式 Sin(2π) + [2a(7 + b) + c]，写成 VB.NET 表达式应该是________。

   (A) Sin(2*π) + (2a(7 + b) + c)　　(B) Sin(2*3.14159) + [2*a*(7 + b) + c]

   (C) Sin(2*π) + (2*a*(7 + b) + c)　　(D) Sin(2*3.14159) + (2*a*(7 + b) + c)

6. 可以产生 30 ~ 50（含 30 和 50）之间的随机整数的表达式是________。

   (A) Int(Rnd*21 + 30)　　(B) Int (Rnd*20 + 30)

   (C) Int(Rnd*50 − Rnd*30)　　(D) Int(Rnd*30 + 50)

7. 下列代码执行后，从键盘上输入数据 10，以下说法错误的是________。

```
Dim x
x = InputBox("输入","输入整数")
MsgBox("输入的数据是",,"输入数据:" + x)
```

   (A) x 的值是数值 10　　(B) 输入对话框的标题是“输入整数”

   (C) 提示框的标题是“输入数据：10”　　(D) 提示框中显示的是“输入的数据是”

8. 下列语句的执行结果是________。

```
Dim X, A, B As String, Y As Integer
X = "123": Y =123 : A = X + Y : B = X & Y
MsgBox(A & Space(2) & B)
```

   (A)"246"、"123123"　　(B) 246、"123123"

   (C) 123123、"123123"　　(D) 出错

二、思考题

1. 为什么要定义数据类型？有哪些常用的数据类型？Object 类型能存放任意数据，程序中是否可以全部用 Object 类型代替其他类型呢？
2. VB.NET 有哪些算术运算符、关系运算符和逻辑运算符，其优先级顺序如何？
3. Dim 和 Static 都可以用来声明变量，它们有什么区别？Dim 声明的变量在过程内定义和在过程外定义有何区别？

第 4 章　基本的程序结构

第 2 章介绍的控件可以用来设计程序界面，然而，要实现程序的功能，则需要编写可执行的程序代码。编程就是用计算机语言的语句来描述问题的解决步骤，因而一个 VB .NET 程序总是由若干条语句构成。结构化程序设计目前被广泛使用，它采用顺序、选择和重复三种基本程序结构，可以设计结构清晰、易于阅读的程序。本章主要介绍 VB.NET 的各种常用语句。

4.1　顺序结构

顺序结构是最基本、最简单的程序结构。顺序结构中的语句总是按自上而下的排列顺序依次执行。对于如图 4-1 所示的两个具有顺序执行关系的语句，语句 A 总是先于语句 B 执行。显然，这个顺序结构只有一个入口和一个出口。

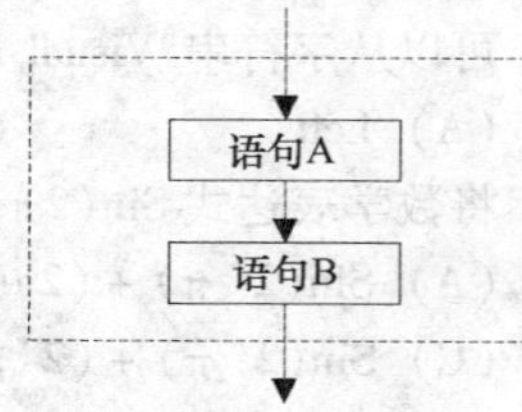

图 4-1　顺序结构流程图

4.1.1　赋值语句

赋值语句是最基本、最常用的语句，其作用是执行变量的赋值操作。赋值操作包括：计算赋值运算符（=）右侧表达式的值，并将该值存储到赋值运算符左侧的变量中。赋值语句的格式为：

```
变量名 = 表达式
```

说明：

1）变量名：包括已声明的变量名称和对象的属性名。

2）表达式：可以是算术表达式、关系表达式或逻辑表达式，其数据类型应与赋值运算符左侧变量的类型一致。

若定义如下变量：

```
Dim a As Integer, b As Single, c As Char, d As String e As Boolean
Dim Label1 As Label
```

则下列语句都是合法的 VB.NET 赋值语句：

```
a = 1 * 100 + 2 * 10 + 3                'a 的值为整数 123
b = a                                   'b 的值为实数 123.0
c = "T"                                 'c 的值为字母 "T"
d = "Visual Basic .NE"&c                'd 的值为字符串 "Visual Basic .NET"
e = a = 123                             'e 的值为逻辑值 True
Label1.Text = d                         'Label1 的 Text 属性值为 "Visual Basic .NET"
```

初学者很容易将赋值运算符号与关系表达式中的等号混淆。实际上，两者出现的位置是不同的。相等关系表达式是语句的构成成分，语义是比较等号左右的表达式值是否相等。例如，“a = 123”是相等关系表达式，其值为 True，因而变量 e 被赋值为 True。

一般而言，被赋值变量与表达式的值在数据类型理应保持一致。当两者不一致时，系统在程序运行时会试图对表达式的值进行类型自动转换，以适应被赋值变量。若这种转换失败，则会导致程序运行错误。VB.NET 常见的表达式数据类型的自动转换包括：

（1）数值类型

被赋值变量类型也是数值但与表达式精度不同时，系统强制将表达式精度转换成变量的精度，例如：

```
a% =2.5                '系统将2.5四舍五入后存入a中,a的值为3
```

显然，当高精度类型数据转换为低精度数据类型时，将损失数据精度。

（2）字符串类型

被赋值变量类型为数值类型时，系统自动将字符串表达式转换成数值，例如：

```
a% = "123"             '系统将字符串"123"转换成数值123,并赋值给变量a
a% = ""                '系统无法转换,执行时出现"类型不匹配"错误
a% = "abc"             '系统无法转换,执行时出现"类型不匹配"错误
```

为避免程序运行时出错，可用函数进行对字符串类型进行显式转换，例如：

```
a% = Val(InputBox("请输入数值"))
```

可保证程序不会因为用户输入非数值字符而出现运行错误，但非法字符串将被转换为数值0。

（3）逻辑型

被赋值变量类型为数值时，True转换为-1，False转换为0。反之，当数值型表达式赋值给逻辑型变量时，0转换为False，其余值转换为True。

【例4-1】 2011年3月11日人民币对美元、欧元和日元的汇率中间价为6.5750，试设计程序，将人民币按该汇率兑换成美元。

分析： 设计程序，首先考虑程序输入什么，输出什么，如何由输入数据经过处理得到输出数据。在本例中，输入量为人民币数量，输出量为美元数量。人民币与美元的兑换比例为6.5750:1，即：美元数量=人民币数量/汇率中间价。在程序中为存储美元数量和人民币数量，可定义dollar和rmb两个Single型变量，而不变的汇率则用常数表示。

程序的运行界面如图4-2所示，主要代码如下：

```
Private Sub Button1_Click(……) Handles Button1.Click
    Dim dollar, rmb As Single              '定义变量
    Const EXCHANGE_RATE = 6.5750           '汇率常量
    rmb = Val(TextBox1.Text)               '输入要兑换的人民币数量
    dollar = rmb/EXCHANGE_RATE             '计算兑换的美元数量
    TextBox2.Text = dollar                 '输出美元数量
End Sub
```

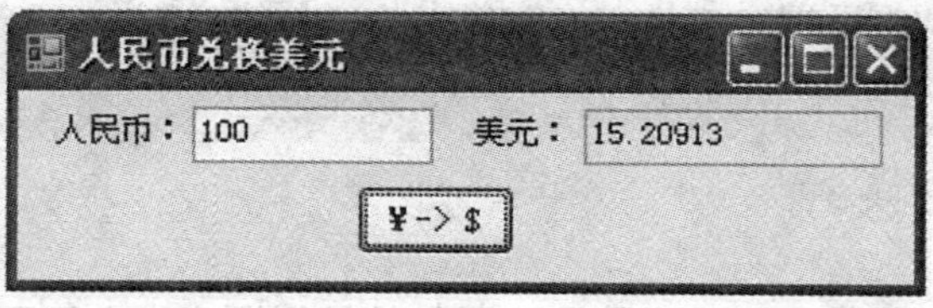

图4-2 例4-1的程序运行界面

程序使用Val函数对用户在文本框TextBox1中输入的人民币（Text属性为字符串类型）进行显式转换，避免了因用户输入了非数字字符而导致的程序运行错误。

【例 4-2】编写程序，将任意一个四位正整数分解，分别输出其个位、十位、百位和千位上的数字。

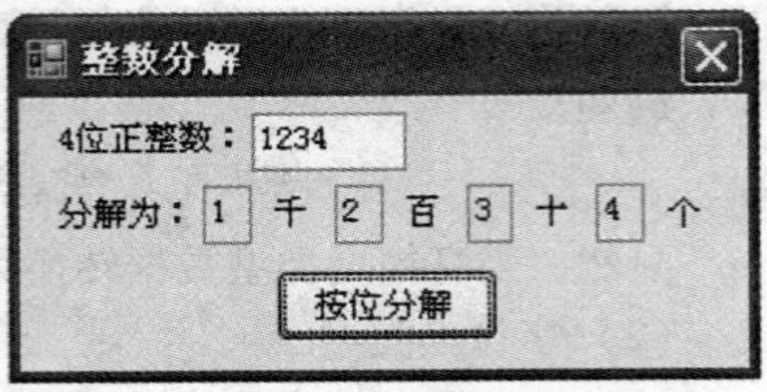

图 4-3 整数分解程序运行界面

分析：把一个正整数用 10 取模，可得到该数的个位数字。将整数整除 10 后再用 10 取模，则可得到十位的数字。以此类推，可得到百位、千位上的数字。程序输入为正整数，输出为 4 个被分解的数字。程序的运行界面如图 4-3 所示。

程序主要代码如下：

```
Private Sub Button1_Click(……) Handles Button1.Click
    Dim a As Integer, b As Integer, c As Integer, d As Integer
    Dim number As Integer
    number = Val(TextBox1.Text)              '得到一个 4 位正整数
    a = number Mod 10                        '计算其个位数码
    b = number \ 10 Mod 10                   '计算其十位数码
    c = number \ 100 Mod 10                  '计算其百位数码
    d = number \ 1000 Mod 10                 '计算其千位数码
    TextBox2.Text = d                        '显示分解的结果
    TextBox3.Text = c
    TextBox4.Text = b
    TextBox5.Text = a
End Sub
```

4.1.2 程序结束语句

End 语句的功能是结束程序的运行，其格式如下：

```
    End
```

End 语句终止程序运行，关闭所有窗口和对话框，释放所占用的资源。下面重新改写例 4-1 的程序，采用 InputBox 函数输入数据，使用 MsgBox 函数显示结果，在 Form1_Load 事件处理程序中使用 End 语句在窗体显示之前结束程序。改写的程序如下所示：

```
Private Sub Form1_Load(……) Handles MyBase.Load
    Dim dollar, rmb As Singl                                              '定义变量
    Const EXCHANGE_RATE = 6.575                                           '汇率常量
    rmb = Val(InputBox("输入要兑换的人民币(元):", "人民币兑换美元"))          '输入
    dollar = rmb / EXCHANGE_RATE                                          '计算兑换的美元数量
    MsgBox(rmb & "元人民币兑换" & dollar & "美元", , "人民币兑换美元")       '输出
    End                                                                   '终止程序
End Sub
```

4.2 选择结构

计算机在执行程序时，默认情况下总是按语句的排列顺序自上而下逐句执行。然而，实际问题往往比较复杂，仅靠顺序结构是不够的。很多情况下，程序需要对一些“条件”进行判断，有选择地决定执行哪些语句。**选择结构**就是根据给定“条件”从两条或多条可能的分支中选择一个分支执行。

4.2.1 If 语句

If 语句的功能是在程序中根据条件是否满足来选择执行哪些语句。它有多种形式，包括单

分支、双分支和多分支结构等。

1. If …Then（单分支结构）

If-Then 单分支选择语句有两种格式：

① If 表达式 Then 语句

② If 表达式 Then

语句块

End If

说明：

1）表达式：用来描述某个条件，如果其值为 True，则表示条件满足，否则为不满足。表达式一般为关系表达式或逻辑表达式，但也可是数值表达式。对于数值表达式，若其值为 0，则按 False 处理，否则按 True 处理。

2）语句块：可以是一条或多条语句。格式①中的“语句”只能写在一行上，若要写多条语句，这些语句必须用冒号分隔。

If-Then 单分支条件选择语句的作用可描述如下：计算表达式的值，如果结果为 True，则执行 Then 后面的语句块（或语句），否则跳过本语句，执行后续语句。

语句的执行流程如图 4-4a 所示。

【例 4-3】 编写程序比较两个输入数值的大小。

分析： 要确定两个数值的大小，必须对其进行比较。比较可以通过构造 If 语句的条件表达式来实现。两个值 a,b 相比较，共有三种可能的结果：a = b、a > b 或 a < b。对每一种情况都可以用一个 If 语句来处理。程序运行界面如图 4-5 所示，程序代码如下：

```
Private Sub Button1_Click(……) Handles Button1.Click
    Dim a, b As Single
    a = Val(TextBox1.Text)                    '第 1 个输入值
    b = Val(TextBox2.Text)                    '第 2 个输入值
    If a = b Then Label1.Text = "="           '如果 a = b,显示 = 号
    If a > b Then Label1.Text = ">"           '如果 a > b,则显示 > 号
    If a < b Then Label1.Text = "<"           '如果 a < b,则显示 < 号
End Sub
```

程序通过在标签上输出关系运算符来表示两个输入数值 a 和 b 的大小。显然，对于每一个 If-Then 语句，都有两个执行路径。

2. If … Then …Else（双分支结构）

If-Then-Else 双分支条件选择语句的两种形式如下：

① If 表达式 Then 语句 1 Else 语句 2

② If 表达式 Then

语句块 1

Else

语句块 2

End If

If-Then-Else 双分支选择语句的执行流程如图 4-4b 所示，其作用为：计算表达式的值，如果结果为 True，则执行语句 1（或语句块 1），否则执行语句 2（或语句块 2）。

使用 If-Then-Else 语句可以将例题 4-3 的代码重写如下：

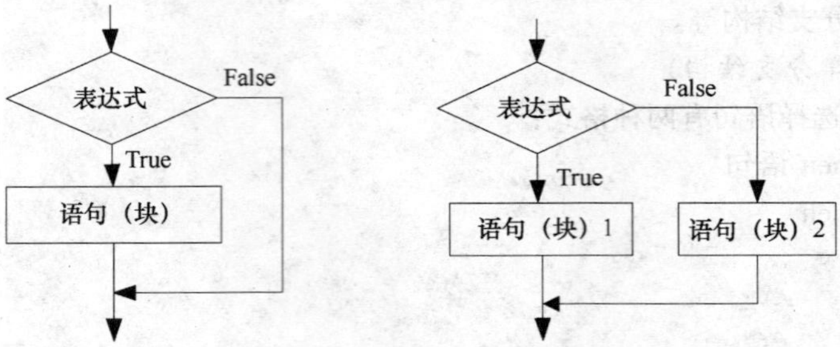

a）单分支结构执行流程　　b）双分支结构执行流程

图 4-4　分支结构程序的执行流程图

```
Private Sub Button1_Click(……) Handles Button1.Click
    Dim a, b As Single
    a = Val(TextBox1.Text)                    '第 1 个输入值
    b = Val(TextBox2.Text)                    '第 2 个输入值
    If a = b Then
            Label1.Text = " = "               '如果 a = b,显示 = 号
    Else
        If a > b  Then                        '如果 a > b,则显示 > 号
        Label1.Text = " > "
        Else                                  'a < b,则显示 < 号
            Label1.Text  =  " < "
        End If
    End If
End Sub
```

显然，在描述多选择问题时，双分支结构较单分支结构更自然，清晰。代码中使用了 If 语句的嵌套，即 If 语句块内包含其他 If 语句。事实上，无论是单行形式还是多行形式的 If 语句都允许嵌套，但在嵌套时由于有多个 Then 和 Else，为避免混淆，VB.NET 规定 Else 总是和最近的 Then 结合构成一个完整的语句。

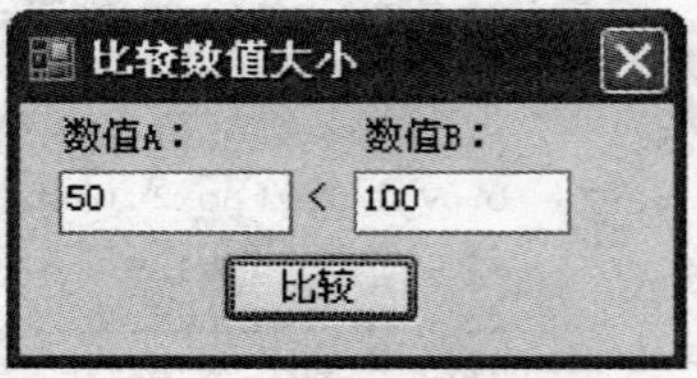

图 4-5　例 4-3 程序运行界面

3. If … Then … ElseIf 语句（多分支结构）

If-Then-ElseIf 多分支结构选择语句的格式如下：

If 表达式 1　Then
　　语句块 1
ElseIf 表达式 2　Then
　　语句块 2
　　…
[Else
　　语句块 n + 1]
End If

If-Then-ElseIf 语句的流程如图 4-6 所示，其执行过程如下：

1）计算“表达式 1”，若结果为 True（条件满足），则执行“语句块 1”，接着执行 If 语句的后继语句；若值是 False（条件不满足），则转到步骤 2）。

2）计算“表达式 2”，若结果为 True，则执行“语句块 2”，接着执行 If 语句的后继语句；若结果为 False，则转步骤 3）

3）按 1）、2）的方式进行下去，若所有的条件均不满足，则执行“语句块 n + 1”。接着执行 If 语句的后继语句。

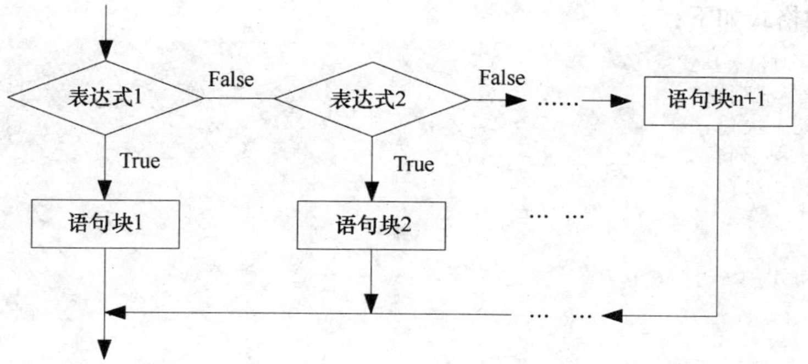

图 4-6　多分支结构程序的执行流程图

【例 4-4】编写程序，将百分制成绩（Mark）转换成等级制（Grade），转换关系如表 4-1 所示。

分析：若百分制分数保存在 mark 变量中，则可以将 Mark 范围作为多分支选择语句的表达式。程序运行界面如图 4-7 所示。

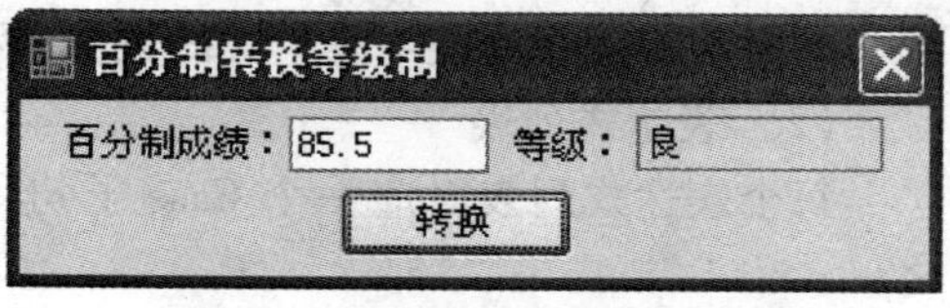

图 4-7　例 4-4 程序运行界面

表 4-1　百分制与等级制转换关系

序号	Mark 范围	Grade
1	mark≥90	优
2	80≤mark<90	良
3	70≤mark<80	中
4	60≤mark<70	及格
5	mark<60	不及格

部分程序代码如下：

```
Private Sub Button1_Click(……) Handles Button1.Click
    Dim mark As Single, grade As String
    mark = TextBox1.Text
    If mark >= 90 Then
        grade = "优"
    ElseIf 80 <= mark And mark < 90 Then
        grade = "良"
    ElseIf 70 <= mark And mark < 80 Then
        grade = "中"
    ElseIf 60 <= mark And mark < 70 Then
        grade = "及格"
    Else
        grade = "不及格"
    End If
    TextBox2.Text = grade
End Sub
```

多分支 If 语句如果有多个表达式同时满足，只会执行第一个匹配条件的语句块，因此要注意表达式的书写次序，防止漏掉某些条件。

4.2.2　Select Case 语句

使用 If 语句能方便地实现两者取一的选择。对于多者取一的多重选择情况，使用 If 语句来解决会使程序可读性变差，VB.NET 提供了 Select Case 语句来替代 If 语句，可显著改善程序的可读性。语句的格式如下：

```
Select Case 测试表达式
    [Case 表达式列表 1
        [语句 1 块]]
    [Case 表达式列表 2
        [语句 2 块]]
    ……
    [Case Else
        [语句 n +1 块]]
End Select
```

语句说明：

(1) 测试表达式

测试表达式可以是变量、函数、算术表达式、字符串表达式或逻辑表达式。测试表达式值的类型应与表达式列表中表达式的数据类型一致。

(2) 表达式列表

每个表达式列表对应一个 Case 子句。列表中的表达式由逗号隔开，可以是下列几种形式之一：

1) 常量或枚举值

2) 表达式

3) 常数 1 (表达式 1) To 常数 2 (表达式 2)

4) Is 比较运算表达式

例如，下列 Case 子句都是合法的：

```
Case  1,2,3,4,5       '测试表达式的值为 1 ~5 的整数。
Case  1 to 5          '测试表达式的值在 1 到 5 范围内。
Case  Is < =5         '测试表达式的值小于 2。
Case  True            '测试表达式的值为 True。
Case  "A", "C" To "F"  '测试表达式的值为 A 或 C ~F 的字母
```

(3) 语句执行过程

Select Case 语句的执行流程如图 4-8 所示，主要步骤包括：

1) 首先计算测试表达式的值，依次与每个 Case 子句中表达式的值进行比较。如果相等，就执行与该 Case 相关联的语句，接着执行 Select Case 语句的后继语句。

2) 如果没有一个 Case 子句的表达式的值与测试表达式的值相等，则执行 Case Else 部分的语句，接着执行 Select Case 语句的后继语句。若无 Case Else 部分，则直接执行 Select Case 语句的后继语句。

Select Case 语句的功能是实现多值判别并选择执行相应的语句，在多重选择的情况下，它有时比 If 更能合理、清晰地描述问题。例如，可用 Select Case 重写例 4-4 的程序代码中 If-Then-ElseIf 语句如下：

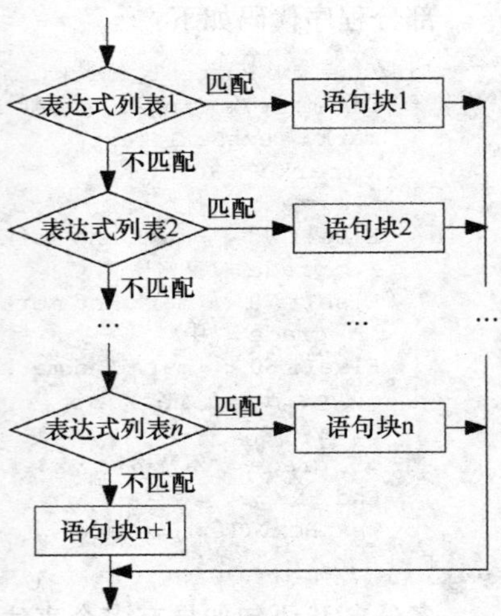

图 4-8 Select Case 语句的执行流程

```
Select Case Int(mark/10)
    Case  9,10
        grade = "优"
```

```
    Case 8
        grade = "良"
    Case 7
        grade = "中"
    Case 6
        grade = "及格"
    Case Else
        grade = "不及格"
End Select
```

【例 4-5】输入由常数、运算符构成的简单算术式，如 5.0+3.2，其中运算符可以是 +、-、*、/。试编写程序，显示该算术表达式及其值。

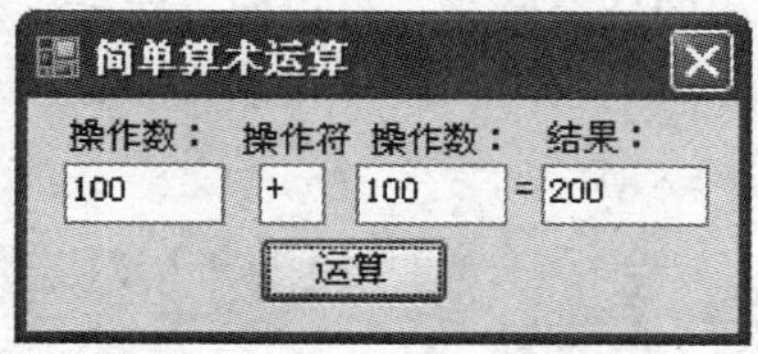

图 4-9　例 4-5 程序运行界面

分析：编程实现算术运算，需将运算转换为实现运算的语句。但程序在运行时既不能执行用户输入的语句，也不能计算用户输入表达式。唯一的办法就是编程对用户输入的表达式进行分析，才能知道用户要进行什么运算。分析表达式的关键是判断运算符类型。程序运行界面如图 4-9 所示，程序代码如下。

```
Private Sub Button1_Click(……) Handles Button1.Click
    Dim a As Single, b As Single, s As Single
    Dim p As String
    a = Val(TextBox1.Text)                    '输入操作数 1,存入变量 a
    p = TextBox2.Text                         '输入操作符
    b = Val(TextBox3.Text)                    '输入操作数 2,存入变量 b
    Select Case p                             '根据操作符不同分情况处理
        Case "+"                              '操作符为 +,执行加法运算
            s = a + b
            TextBox4.Text = s
        Case "-"                              '操作符为-,执行减法运算
            s = a - b
            TextBox4.Text = s
        Case "*"                              '操作符为 ×,执行乘法运算
            s = a * b
            TextBox4.Text = s
        Case "/"                              '操作符为 ÷,执行除法运算
            If b <> 0 Then                    '先判断 b 是否为 0,被除数不能为 0
                s = a / b
                TextBox4.Text = s
            Else
                MsgBox("被除数不能为 0,请重新输入!", , "简单四则运算")
                End If
        Case Else
            MsgBox("本程序不支持您输入的运算符!", "简单四则运算")
    End Select
End Sub
```

4.2.3　Goto 语句

Goto 语句在程序中的作用是无条件转向指定的语句，格式如下：

```
Goto 标号/行号
```

其中：

1）标号/行号用于指明程序将转至的目标语句的逻辑位置。

2）标号是一个以字母开头的字符序列，在模块中标号必须是唯一的；行号是一个数字

序列。

当计算机执行 Goto 语句时，它将无条件改变执行语句的次序，不执行后继语句，而去执行由 Goto 语句的标号或行号所标识的语句。

【例 4-6】 使用 Goto 语句，编程计算整数的阶乘并显示结果。

分析： 正整数 n 的阶乘公式为：$n! = 1\times2\times3\cdots\times n$。显然，要计算 n 的阶乘，必须从 1 开始到 n 为止进行连续相乘。由于在编程时不知道 n 的具体值，因而无法为每一个乘法运算都编写语句。在默认情况下，程序执行总是从顶向下依次执行的，但 Goto 语句能够控制程序执行流程的任意转移，可以向上跳转，从而能够重复执行已经执行过的语句。程序代码如下所示：

```
Private Sub Form1_Load(……) Handles MyBase.Load
        Dim i, n, p As Integer
        i = 1:p = 1
        n = Val(InputBox("请输入要计算阶乘的整数", "计算阶乘"))
Again:
        p = p * i              '累乘
        i = i + 1              '计数
        If i < = 5 Then
           GoTo Again
        Else
           GoTo 100
        End If
100:
        MsgBox(i - 1 & "! = " & p, , "计算阶乘")
        End
End Sub
```

在这个例子中，用标号 Again 和行号 100 分别标志了 2 个语句，行号和被标志语句之间用冒号或空格分隔。计算机执行该程序的过程是：

1）利用 InputBox 函数对变量 n 赋值；

2）将变量 i 的值累乘到变量 p 中；

3）变量 i 本身自加 1；

4）若 i 的值小于 n，则转移到 Again 标志的语句继续执行；否则转移到 100 标示的语句开始执行，显示计算结果，结束。

转移语句 Goto 能灵活地改变程序流程，给程序设计带来某些方便。但过多使用 Goto 语句，会使程序结构变得杂乱无章，影响程序的可读性和正确性。因此，在程序设计中，应尽量少用甚至不用 Goto 语句。结构化程序设计方法不使用 Goto 语句。

4.2.4 选择和分组控件

VB.NET 的选择、分组控件为制作直观、方便的可视化选择、分组界面提供了手段。这些控件包括单选按钮、复选框和分组框等。

1. 单选按钮

单选按钮控件（RadioButton）提供由两个或多个互斥选项组成的选项集，只允许用户选择其中之一，即当用户选择某个单选按钮时，同一组中的其他单选按钮不能同时选定。

（1）主要属性

- Text：按钮上显示的文本，用来说明本选项的内容。
- Chcked：单选按钮当前被选择的状态值，若被选中，其值为 True，否则为 False。当某个按钮被选中时，按钮圆圈内有黑点。

（2）主要事件

- Click：用户点击按钮时触发，同时按钮被选中。
- CheckedChanged：按钮被选中的状态（Checked 属性值）发生变化时触发。

2. 复选框

复选框（CheckBox）用于在窗体上显示一组选项，允许用户选择其中一个或多个。用户点击一个复选框，会使选项的状态在“选中”和“未选中”两种状态之间切换。

（1）主要属性

- Text：显示的文本，用来说明本选项的内容。
- Chcked：表示当前被选择的状态值，若被选中，其值为 True，否则为 False。
- CheckState：可被赋予 CheckState.Checked、CheckState.UnChecked 和 CheckState.UnDetermined 三个枚举值，分别表示复选框的选中、未选中和无效三种状态，如图 4-10 所示。本属性是对 Checked 属性功能的扩展，两者在功能上有重复部分。当两者的状态有冲突时，以最后设置的属性为准，另外一个属性的值会自动调整。

图 4-10　复选框的三种状态

（2）主要事件

- Click：用户点击按钮时触发。
- CheckedChanged：按钮被选中的状态（Checked 属性值）发生变化时触发。

3. 分组框

分组框（GroupBox）用于将窗体上的控件隔离分组，既能提供在视觉上的区分，也能阻隔不同组中控件之间的相互影响。例如，一组单选按钮只能有一个被选中，要在一个窗体上显示多组单选按钮，可以用组框来分隔这些按钮组。使用时，需先在窗体上创建分组框控件，然后再将组内控件放置其中。

分组框控件的主要属性是 Text 属性，其值被作为分组框的标题，显示在分组框边框左上部。分组框控件也支持 Click 和 DoubleClick 事件，但很少被使用。

【例 4-7】使用分组框、单选按钮和复选框设计一个演示字体设置的程序，其用户界面如图 4-11所示。

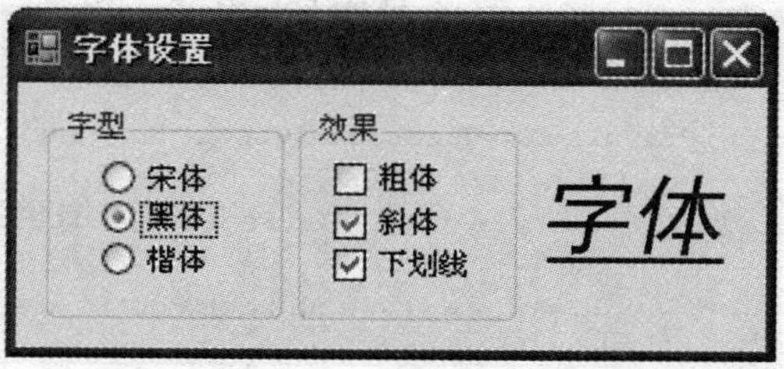

图 4-11　例 4-7 的程序运行界面

分析：单选按钮和复选框都可利用其 CheckedChanged 事件编程。在 VB.NET 中要设置字体的样式，需生成一个 Font 类型的对象。例如，设置 label1 控件字体为宋体的代码为：

```
Label1.Font = New Font("宋体", Label1.Font.Size, Label1.Font.Style)        '设置宋体
```

创建新字体需指定的参数包括字体类型、字体大小和字体样式。其中，字体大小可以是一个数值，字体样式则是一组枚举常数的组合。例如，定义字体样式变量 style：

```
Dim style As FontStyle = FontStyle.Regular
```

则 style 变量存储的样式为正常字体。若要加上粗体样式，可使用语句：

```
style = style Or FontStyle.Bold
```

若要从 style 减去粗体样式，可使用语句：

```
style = style And Not FontStyle.Bold
```

常用的字体样式见表4-2。

表4-2 常用的字体样式

序号	字体样式	说明
1	FontStyle.Bold	加粗文本
2	FontStyle.Italic	倾斜文本
3	FontStyle.Regular	普通文本
4	FontStyle.Strikeout	中间有直线通过的文本
5	FontStyle Underline	带下划线的文本

主要程序代码如下：

```
Dim style As FontStyle = FontStyle.Regular                    '字体效果变量,常规效果
Private Sub RadioButton1_CheckedChanged(……) Handles RadioButton1.CheckedChanged
    Label1.Font = New Font("宋体", Label1.Font.Size, style)      '设置宋体
End Sub
Private Sub RadioButton2_CheckedChanged(……) Handles RadioButton2.CheckedChanged
    Label1.Font = New Font("黑体", Label1.Font.Size, style)      '设置黑体
End Sub
Private Sub RadioButton3_CheckedChanged(……) Handles RadioButton3.CheckedChanged
    Label1.Font = New Font("楷书", Label1.Font.Size, style)      '设置楷书
End Sub
Private Sub CheckBox1_CheckedChanged(……) Handles CheckBox1.CheckedChanged
    If CheckBox1.Checked Then                                   '选中宋体字
        style = style Or FontStyle.Bold                         '加粗体效果
    Else
        style = style And Not FontStyle.Bold                    '删粗体效果
    End If
    Label1.Font = New Font(Label1.Font.Name, Label1.Font.Size, style)
End Sub

Private Sub CheckBox2_CheckedChanged(……) Handles CheckBox2.CheckedChanged
    If CheckBox2.Checked Then                                   '选中黑体字
        style = style Or FontStyle.Italic                       '加斜体效果
    Else
        style = style And Not FontStyle.Italic                  '删斜体效果
    End If
    Label1.Font = New Font(Label1.Font.Name, Label1.Font.Size, style)
End Sub
Private Sub CheckBox3_CheckedChanged(……) Handles CheckBox3.CheckedChanged
    If CheckBox3.Checked Then                                   '选中黑体字
        style = style Or FontStyle.Underline                    '加下划线效果
    Else
        style = style And Not FontStyle.Underline               '删下划线效果
    End If
    Label1.Font = New Font(Label1.Font.Name, Label1.Font.Size, style)
End Sub
```

4.3 循环结构语句

程序中常需要重复执行一组连续的语句（或程序段），这种被重复执行的语句称为**循环体**。

控制重复执行循环体的操作可由循环控制语句来实现。VB.NET 提供了两种类型的循环控制：计数循环控制与条件循环控制。

4.3.1 计数循环控制语句

计数循环控制语句也被称为 For-Next 语句，它按指定的次数重复执行某些语句，其语法格式为：

```
For 循环变量 = 初值 To 终值 [Step 步长]
    语句块
    [Exit For]
    语句块
Next [循环变量]
```

For-Next 语句用“循环变量”和“步长”的值来控制循环次数，“步长”默认值为 1。语句执行流程如图 4-12 所示，其步骤如下。

1）将初值赋予循环变量。

2）判断循环变量的值是否在终值的范围内（只有在以下三种情况下，结果为真：若步长为正，初值≤循环变量≤终值，结果为真；若步长为负，初值≥循环变量≥终值，结果为真；若步长为 0，结果为真），如果结果为真，则执行循环体内的语句块；否则循环结束，执行 Next 语句的后继语句。

3）当执行到 Next 语句时，循环变量将加上一个步长值，并再次与循环终值比较，若其值仍在终值范围内继续循环，否则循环结束，执行 Next 语句的后继语句。

4）当存在并执行到 Exit For 语句时，退出（或结束）循环。

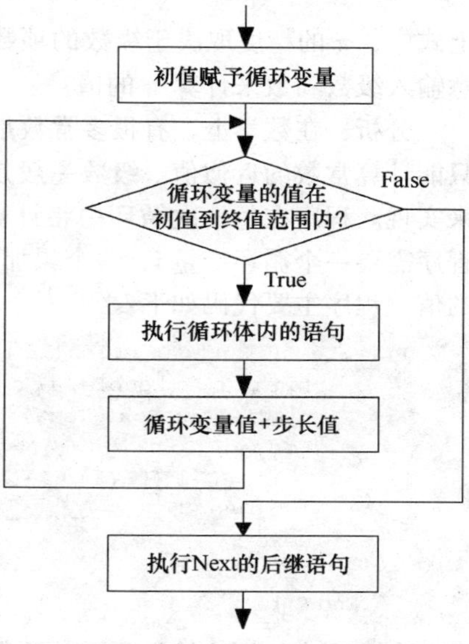

图 4-12 For-Next 语句循环过程流程图

在使用 For-Next 语句时，应注意以下事项：

- 循环变量必须是数值型变量。
- 初值、终值、步长值可以是表达式，但表达式的值只会计算一次，并且在循环过程中保持不变。它们的类型必须与循环变量的类型相同。步长不应为 0，否则将导致死循环。
- 步长值可以是正数或负数。若步长为正数，终值应大于初值；若步长为负数，则初值应当大于终值。当步长值缺省时，按默认值 1 处理。
- For 与 Next 中间的语句被称为循环体，可以包含多个语句。

循环语句的原理是重复进行相同模式的操作，即执行循环体内的语句，虽然每次循环执行的语句是相同的，但循环体中的变量值可能发生变化，因此每次操作结果一般是不同的。例如，下列程序段将 1 ~ 10 内的奇数共 5 个数累加到变量 s 中：

```
Dim i,s As Integer
For i =1 To 10 Step 2
    s = s + i
Next i
```

该程序段执行 5 次循环，每次循环时变量 i 和 s 值的变化为：

循环次数：　1　2　3　4　5

变量 i 中的值变化：1　3　5　7　9

变量 s 中的值变化：1　4　9　16 25

显然，在上述循环过程中，循环变量 i 从 1 变化到 11，每次执行到 Next i 时加 2（步长），当 i 为 11 时，超出了初值到终值的范围，因此循环结束。

For-Next 循环语句的循环次数可由下式计算：

$$循环次数 = \mathrm{int}\left(\frac{终值 - 初值}{步长} + 1\right)$$

【例 4-8】莱布尼茨的 π 计算公式如下所示：

$$\pi = \frac{4}{1} - \frac{4}{3} + \frac{4}{5} - \frac{4}{7} + \cdots + (-1)^{n+1}\frac{4}{2n-1}$$

上式中，π 的精度取决于级数的项数，项数越多，结果越精确。试编写一段程序，允许用户任意输入级数项数来计算 π 的值。

分析：在数学上，有很多常数是通过无穷级数计算出来的。由于级数有无穷多个项，因此只能计算常数的近似值。级数一般是有规律的，每一项的构成模式相同，非常适合用循环语句来实现。程序在每一次循环中将计算级数的一项，并将该项累加起来，总共循环 n 次。显然，程序需要一个循环变量 i，一个累加和变量 p。为了提高程序可读性，另设一个变量 t 保存每项的值。程序主要代码如下：

```
Private Sub Button1_Click(……) Handles Button1.Click
        Dim p, t As Double, i, n As Integer
        n = Val(TextBox1.Text)                       '输入要计算的项数
        For i = 1 To n                               '循环变量 i 从 1 变化到 n,共 n 次
            t = (-1)^(i + 1) * 4 / (2 * i - 1)       '计算级数第 i 项的值,赋值给变量 t
            p = p + t                                '将每一项 t 累加到变量 p 中
        Next i                                       '下一项
        TextBox2.Text = p                            '显示 π 的值
    End Sub
```

在本例中，用户输入不同的项数，可以得到不同精度的 π 值。图 4-13 是当项数为 900 万时得到 π 值（精确到小数点后 7 位）。

循环语句允许嵌套，所谓嵌套就是在一个循环结构的循环体内包含另一个或多个循环结构，也称为多重循环。嵌套循环变量名不能相同，内外层循环也不能交叉。利用多重循环可以处理更复杂的问题。

【例 4-9】编写程序，利用 For 循环结构语句，显示图 4-14 所示的的图案。

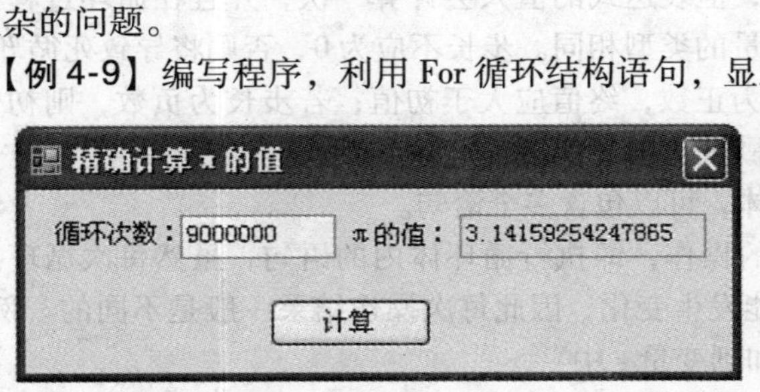

图 4-13　例 4-8 程序的运行结果（n = 9000000）

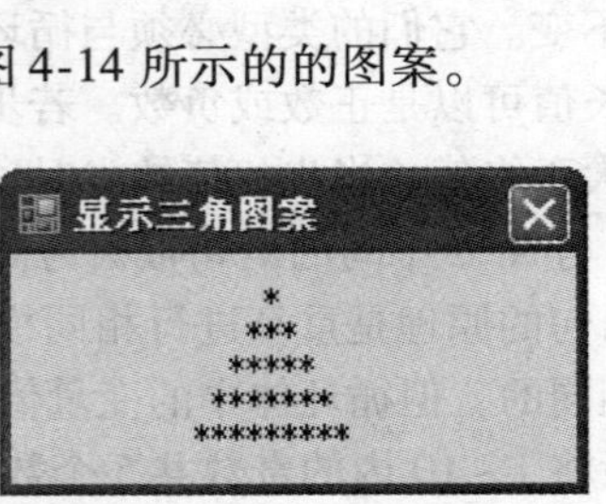

图 4-14　由星号字符组成图案

分析：要用一个 For 循环显示上面的三角型图案显然是非常困难的，比较好的思路是用内外两层循环来实现：外层循环重复显示多行，内层循环则显示每行的多个“*”。为了得到倾斜的效果，可以在“*”前面输出不同个数的空格。实现上述功能的程序代码如下：

```
Private Sub Form1_Load(……) Handles MyBase.Load
    Dim i As Integer, j As Integer
    Const LINES = 5                                             '图案的行数
    Label1.Text = ""
    For i = 1 To LINES                                          '外层循环,共显示 LINES 行
        Label1.Text = Label1.Text & Space(LINES - i)            '每行前面显示空格
        For j = 1 To 2 * i - 1                                  '内层循环,显示 2i-1 个星号
            Label1.Text = Label1.Text & "*"
        Next j
        Label1.Text = Label1.Text & vbCrLf                      '换行
    Next i
End Sub
```

程序中使用 Space 函数输出空格以确定每行输出的起始位置。内外层循环间的语句起到了换行的作用。实际上，修改程序中的常数“5”为其它正整数，可以得到不同行数的类似图案。

【例 4-10】 编写程序找出并显示 2 到 50 之间的所有素数。

分析： 素数指在大于 1 的自然数中，只能被 1 和自身所整除的数。要找出 2 ~ 50 的素数，最简单的方法是对其中每个数 i 用 2 到 $i-1$ 之间的每个数分别去除，如果没有一个数能除尽 i，则 i 为素数，否则不是素数。事实上，只要用 2 到 $\sqrt{i}$ 之间的数进行除尽测试，就可以判断 i 是否是素数。

```
Private Sub Form1_Load(……) Handles MyBase.Load
    Dim i, j As Integer, isPrime As Boolean, str As String = ""
    For i = 2 To 50                                    '用变量 i 遍历假设 2-50 内的所有整数
        isPrime = True                                 '设置标志,i 是素数
        For j = 2 To Int(Math.Sqrt(i))                 '用 2 ~√i的整数去测试 i
            If i Mod j = 0 Then notPrime = False       '能除尽,不是素数,设置标志
        Next j
        If isPrime Then str = str & Space(1) & I       '没有被除尽的数,是素数
        Next i
    MsgBox(str, , "显示 50 以内的素数")                 '显示素数
    End                                                '程序结束
End Sub
```

程序执行后，输出结果如图 4-15 所示。

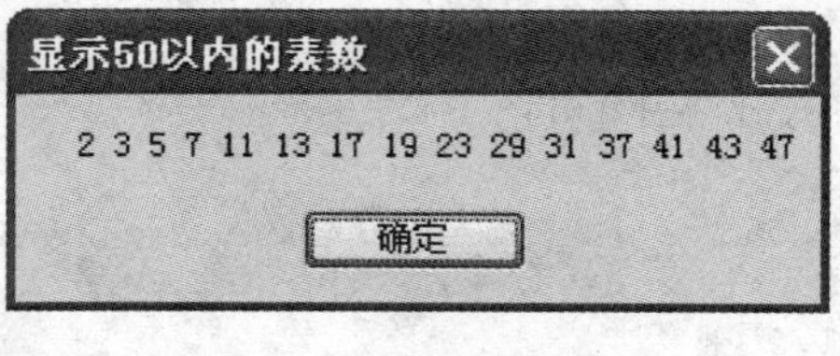

图 4-15　例 4-10 程序的运行结果

4.3.2　条件循环控制语句

在程序设计中，许多循环处理算法无法预先确定循环次数。在这种情况下，采用**条件循环控制语句**描述算法比较方便。条件循环控制有两种形式的语句，其语法格式如下：

形式 1

```
Do
    循环体
Loop [{While|Until} 条件表达式]
```

形式 2

```
Do [{While|Until} 条件表达式]
    循环体
Loop
```

形式1先执行循环体内语句，然后再进行条件判断；而形式2则先进行条件判断，再决定是否执行循环体中的语句。

可选关键字While和Until在语义上是不同的。While的语义是若条件满足（条件表达式为True），则执行循环体内的语句，否则结束循环；Until的语义是若条件满足，则循环结束，否则执行循环体内的语句。

条件表达式可以是关系表达式、逻辑表达式，也可以是数值表达式（非0为True；0为False）。图4-16是条件循环控制语句的流程图。

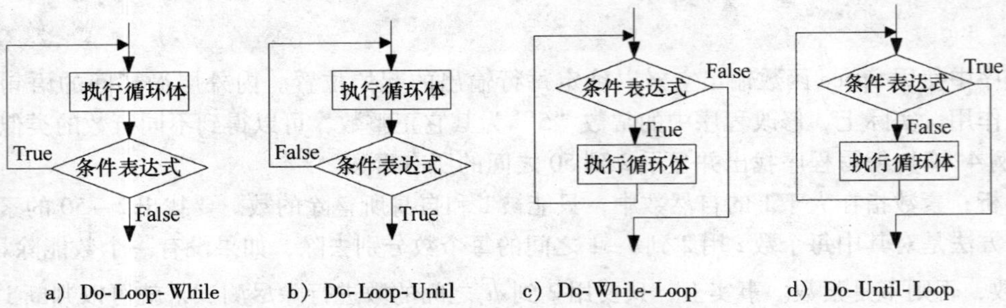

图4-16　条件循环控制语句执行流程

为说明条件循环语句各种形式之间的差别，可将阶乘计算问题用四种形式改写如下。

（1）Do-Loop-While语句

```
Dim i, n, p As Integer
p = 1 :i = 1
n = Val(InputBox("请输入 n", "阶乘计算"))
Do
   p = p * i
   i = i + 1
Loop While i < = n
MsgBox(n & "! = " & p, , "阶乘计算")
```

（2）Do-Loop-Until语句

```
Dim i, n, p As Integer
p = 1 :i = 1
n = Val(InputBox("请输入 n", "阶乘计算"))
Do
   p = p * i
   i = i + 1
Loop Until i > n
MsgBox(n & "! = " & p, , "阶乘计算")
```

（3）Do-While-Loop语句

```
Dim i, n, p As Integer
p = 1 :i = 1
n = Val(InputBox("请输入 n", "阶乘计算"))
Do While i < = n
   p = p * i
   i = i + 1
Loop
MsgBox(n & "! = " & p, , "阶乘计算")
```

（4）Do-Until-Loop语句

```
Dim i, n, p As Integer
p =1:i =1
n = Val(InputBox("请输入 n", "阶乘计算"))
Do Until i >n
    p =p * i
    i = i +1
Loop
MsgBox(n & "! = " & p, , "阶乘计算")
```

【例 4-11】使用条件循环控制语句改写例 4-8 的程序代码，要求使用级数项的大小作为控制计算精度的条件。

分析：莱布尼茨采用无穷级数和来计算 π 的值，第 n 项的值可用如下公式来表示：

$$(-1)^{n+1}\frac{4}{2n-1}$$

根据数学原理，随着 n 的增大，级数项的值越来越小，π 的值也越来越精确。用户可以为级数项任意指定一个较小的值，一方面用来控制 π 的精度，一方面也可作为循环计算的结束条件。程序主要代码如下：

```
Private Sub Button1_Click(……) Handles Button1.Click
    Dim p, t, s As Double, i As Long =1
    s = Val(TextBox1.Text)                      '输入最后一项指定精度
    Do
        t = (-1)^(i +1) * 4 /(2 * i -1)         '计算级数第 i 项的值,赋值给变量 t
        p =p +t:i =i +1                         '将每一项 t 累加到变量 p 中
    Loop While Math.Abs(t) >s                   '|t|>s,第 i 项的值小于精度即停止
    TextBox2.Text = p                           '显示 π 的值
End Sub
```

程序运行界面如图 4-17 所示。

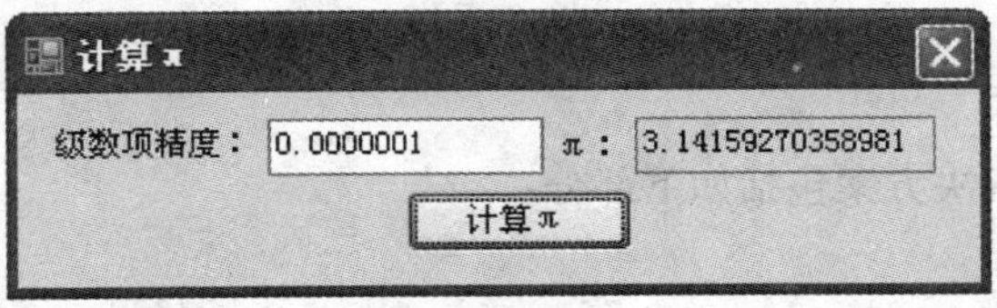

图 4-17　例 4-11 的程序运行界面

注意：Do While...Loop 语句与 Do Until...Loop 语句对条件的逻辑设置是相反的。例如，Math.Abs(t) >s 的相反条件是 Not Math.Abs(t) >s。

4.4　综合实例

本节将利用本章介绍的条件语句、循环语句等知识，通过编程解决一个实际问题。在解决问题过程中，学习分析问题的思路和解决问题的方法。

4.4.1　问题及分析

本节要求制作一个用于播放图片、产生动画效果的简易程序，动画效果由若干图片连续显示来实现。程序允许设置播放参数，如播放速度、播放方式等。程序运行界面如图 4-18 所示。

图 4-18 简易动画播放器

简易播放器界面大致由播放设置、画面和播放控制三部分构成。界面上控件的功能如下：

1）“▷”按钮：点击后，画面组框内按一定时间间隔播放预置的一组图片，形成动画效果。每张图片以文件形式存储在磁盘中，文件名编号为：0. jpg、1. jpg …… n. jpg，其中，n 为正整数。

2）“◁”按钮：点击后，画面组框内按一定时间间隔逆序播放预置的一组图片。

3）“||”按钮：点击后，动画暂停播放。点击“▷”或“◁”按钮后可继续播放。

4）“▣”按钮：点击后，动画播放终止。

5）“播放设置”组框：单选按钮可用于选择不同的播放速度；若选中“循环播放”复选框，图片序列将被循环播放。

4.4.2 解决方案

简易动画播放器的解决方案包括如下部分：

1. 界面设计

组框和按钮控件都是容器控件，即可以将其他控件放置其中。容器控件必须先于放置其中的其他控件之前创建。根据图 4-18，可以容易地选择并设置控件，其中显示画面用 PictureBox 控件。为保证画面恰好充满整个控件显示区，应设置 SizeMode 属性为 StretchImage。

PictrueBox1.SizeMode = StretchImage。

另外，要使界面大小固定，应设置窗体边界风格属性 FormBorderStyle 为 FixedSingle。

Form1.FormBorderStyle = FixedSingle

2. 确定图像文件数

按约定将要播放的图片文件名编成一个序列，但运行前，播放器需要知道实际要播放的图像文件数量。访问文件，可以通过 System. IO 命名空间中的 File 类来实现。其方法为：

1）定义整型变量 pictureFileCount，赋值为 0。

2）使用 pictureFileCount 值生成文件名字符串，例如，pictureFileCount 为 0 时，生成“0. jpg”。

3）根据第 2）步生成的文件名，用 System.IO.File.Exist( )方法判断该文件是否存。若文件存在，则将 pictureFileCount 加 1，转 2，否则文件数即为 pictureFileCount 的值。

上述方法可以用循环语句实现，由于文件数不确定，可采用 Do-While 循环语句。在 Form_Load 事件处理过程中实现上述算法后，播放器会在启动时自动计算图片文件数。

3. 动画播放

计算机动画的原理：每隔一定时间显示一幅画面帧，利用观看者眼睛的视觉残留现象产生动画的效果。视觉残留的时间约为0.1秒，所以每秒钟播放12帧就可以形成连续动画，而电影的播放频率是24帧/秒。

要实现图片定时播放，需要使用定时器控件。设置定时器控件的Interval属性，使其每隔一定时间产生一次Tick事件，并在每个Tick事件处理过程中显示一帧图片。

使用PictureBox显示图片，可通过对其Image属性赋值来实现。例如，下列语句将“0.jpg”文件在图片框中显示出来：

```
PictureBox1.Image = Image.FromFile("0.jpg")
```

当然，每次Tick事件中要显示的图片是不同的，这需要动态产生要显示的图片文件名。

4.4.3 实现代码

简易动画播放其程序的主要实现代码如下：

(1) 定义控制变量

```
Dim currentNumber As Integer                    '当前帧号
Dim pictureFileCount As Integer                 '图片文件数
Dim playBackFlag As Boolean                     '向后播放标志
```

(2) 初始化，确定图片总数

```
Private Sub Form1_Load(……) Handles MyBase.Load
    Do While System.IO.File.Exists(pictureFileCount & ".jpg")    '判断图片是否存在?
        pictureFileCount = pictureFileCount + 1                  '下一张图片
    Loop
    Timer1.Interval = 167                                        '每秒钟播放6帧
End Sub
```

(3) 在Tick事件处理程序中播放图片

```
Private Sub Timer1_Tick(……) Handles Timer1.Tick
    If playBackFlag = True Then                                  '向后播放
        If currentNumber < = 0 Then                              '已播放到第1帧
            If CheckBox1.Checked Then                            '循环播放
                currentNumber = pictureFileCount - 1             '前一帧
            Else                                                 '不循环播放
                Timer1.Enabled = False                           '停止播放
                currentNumber = 0                                '帧号设置为0
            End If
        Else                                                     '不是第1帧
            currentNumber = currentNumber - 1                    '前一帧
        End If
    Else                                                         '向前播放
        If currentNumber > = pictureFileCount - 1 Then
            If Not CheckBox1.Checked Then                        '循环播放
                Timer1.Enabled = False
            End If
        End If
        currentNumber = (currentNumber + 1) Mod pictureFileCount '后一帧
    End If
    PictureBox1.Image = Image.FromFile(currentNumber & ".jpg")   '显示图片
    TextBox1.Text = currentNumber                                '显示帧号
End Sub
```

（4）设置播放速度

```
Private Sub RadioButton1_CheckedChanged(……) Handles RadioButton1.CheckedChanged
    Timer1.Interval = 167                                    '每秒钟播放 6 帧
End Sub
Private Sub RadioButton2_CheckedChanged(……) Handles RadioButton2.CheckedChanged
    Timer1.Interval = 83                                     '每秒钟播放 12 帧
End Sub
Private Sub RadioButton3_CheckedChanged(……) Handles RadioButton3.CheckedChanged
    Timer1.Interval = 42                                     '每秒钟播放 24 帧
End Sub
```

（5）控制按钮的代码

```
Private Sub Button2_Click(……) Handles Button2.Click          '"◁"按钮
    Timer1.Enabled = True                                    '启动定时器
    playBackFlag = True                                      '设置向后播放标志
End Sub
Private Sub Button3_Click(……) Handles Button3.Click          '"||"按钮
    Timer1.Enabled = False                                   '启动定时器
End Sub
    Private Sub Button4_Click_1(……) Handles Button4.Click    '"▷"按钮
    Timer1.Enabled = True                                    '启动时钟
    playBackFlag = False                                     '设置向后播放标志
End Sub
Private Sub Button5_Click_1(……) Handles Button5.Click        '"▣"按钮
    PictureBox1.Image = Nothing                              '清除显示画面
    Timer1.Enabled = False                                   '关闭时钟
    TextBox1.Text = ""                                       '清除帧序号
End Sub
```

习题

一、测试题

1. 按结构化程序设计的要求，语句__________是非结构化语句。

（A）If　　　　（B）For

（C）Goto　　　　（D）Select Case

2. 如对于语句 If x = 1 Then y = 1，下列说法正确的是__________。

（A）x = 1 和 y = 1 均为赋值语句

（B）x = 1 和 y = 1 均为关系表达式

（C）x = 1 为关系表达式；y = 1 为赋值语句

（D）x = 1 为赋值语句；y = 1 为关系表达式

3. 对于 Select Case 语句，下列说法中错误的是__________。

（A）Is 关键字配合比较运算符来指定测试表达式的数值范围

（B）最多只能有一个 Case 子句被执行

（C）若没有其他 Case 子句被执行，则 Case Else 子句将被执行

（D 测试表达式的值只能是整数类型

4. 在“单选按钮在任何时候只有一个被选中”的说法中，单选按钮的范围是指__________。

（A）一个组（Group）内的单选按钮

（B）一个窗口（Form）内的单选按钮

（C）一个应用程序（Application）内的单选按钮

（D）距离较近的单选按钮

5. 下列程序段被正确执行后，变量count的值应为__________。

```
Dim i, count as Integer
For i =1 To 10 Step 3
    count = count + i
Next i
```

（A）3　　（B）10　　（C）22　　（D）33

6. 下列说法正确的是________。

（A）Do While…Loop 和 Do…Loop Until 循环都至少执行一次

（B）Do While…Loop 和 Do…Loop Until 循环可能都不执行

（C）Do While…Loop 循环可能一次都不执行，而 Do…Loop Until 循环至少执行一次

（D）Do While…Loop 循环至少执行一次，而 Do…Loop Until 循环可能一次都不执行

二、思考题

1. 结构化程序设计方法不允许使用Goto语句，为什么？
2. 和If语句相比，Select Case 语句有什么优点？
3. VB.NET 提供了两类循环语句：计数循环语句和条件循环语句。它们分别适合在什么条件下使用？

第 5 章　数　　组

一个简单变量对应一个内存中的存储单元，可用来保存单个数据。但当有大批量数据需要保存和处理时，为每个数据都定义变量的做法显然既繁琐又低效。数组是一种用来保存群体性数据的数据结构，可用于存储大量同类型的数据。而且，若在编程时将数组和循环配合使用，用简短的代码就可以对大量数据进行高效处理。

5.1　数组的概念

数组是同类型数据元素的有序集合，数组名是这些数据元素共同的名称。这些数据元素连续存储，靠序号来区分。在数组中，序号是一个表示位置次序的整数量，称为下标。数组由若干数组元素构成，每个数组元素用数组名和括号括起的下标表示，其作用相当于一个简单变量。例如，数组 prime 保存了 1 到 100 之间的所有素数，其组织结构如图 5-1 所示。

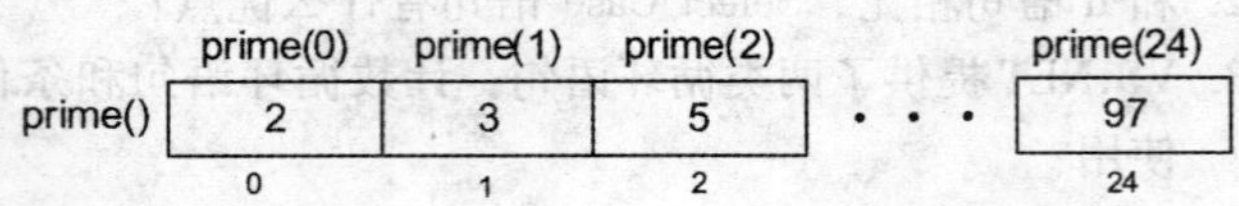

图 5-1　数组的组织结构

图中，prime 是数组名，每个矩形框代表一个存储单元，存放一个数组元素；方框下的数字是数组元素的下标。Prime 数组共占用 25 个连续的存储单元，这些数组元素依次为 prime（0）、prime（2）、prime（3）、……prime（24）。

数组允许使用数组名和下标来引用一系列变量，因此可利用数组的下标作为索引值，通过循环语句来对数组元素进行高效处理，在许多情况下，使用数组可以显著缩短或简化程序代码。例如，下列循环语句可将 prime 数组中的所有 25 个数组元素赋值为 0。

```
For i = 0 to 24
    prime(i) = 0
Next i
```

VB.NET 规定数组的下标必须从 0 开始，这样，数组 Prime 的下标变动范围为 0 ~ 24。由于每个数组元素都需分配存储空间，为避免浪费，声明的数组长度最好不要大于应用程序中所用到的最大长度。另外，程序只能访问自己定义的数组元素，若试图访问未定义的数组元素，将导致数组访问越界的错误。例如，若 prime 数组定义了 25 个元素，试图访问并不存在的数组元素 prime（30），将导致程序运行错误。

数组要求所有元素具有相同的数据类型，用户可以声明任意类型的数组。由于 Object 是各种类型的基类，当一个数组类型声明为 Object 时，其数组元素能够存储不同种类的数据，如对象、字符串及数值等。

5.2　数组的声明

数组必须先声明才能使用，其声明方法与变量声明类似，可以使用 Dim 语句。只是在变量名后加上一对圆括号，表示它是数组而不是仅包含单个值的变量。

5.2.1　数组声明

数组可以是一维，也可以是多维的。数组的维数取决于数组下标个数，一维数组只有一个下标，二维数组有两个下标，显然，N 维数组则有 N 个下标。数组声明语句的格式为：

```
Dim 数组名(下标上界1[,下标上界2]……) [as 类型]
```

其中，下标上界可以是一个整型常数或表达式。由于 VB.NET 规定下标的下界为 0，则数组各维度的大小为：下标上界 +1，整个数组的元素个数为各维度大小之积。特别地，一维数组大小为：下标上界 +1。如果未指定数组类型，则默认的类型为 Objcet。另外，也可以用 Public、Private 或 Static 来声明数组。

下面是几个数组声明的实例：

```
Dim a(2) As Integer                    '一维数组,声明了 2 +1 =3 个整型单元
Dim b(2,2) As Integer                  '二维数组,声明了(2 +1) ×(2 +1) =9 个整型单元
Dim c(2,2,2) As Integer                '三维数组,声明了(2 +1) ×(2 +1) ×(2 +1) =27 个整型单元
```

一般来说，一维数组是一个线性表；二维数组可以表示表格或矩阵；三维数组可以用来存储三维空间数据。若用下列代码段对数组 a、b 和 c 的元素赋值：

```
Dim i,j,k as Integer
For i =0 to 2
    a(i) =i +1                          '对数组 a 元素赋值
  For j =0 to 2
     b(i,j) =i *3 +j +1                 '对数组 b 元素赋值
     For k =0 to 2
        c(i,j,k) =i *3 *3 +j *3 +k +1   '对数组 c 元素赋值
     Next k
  Next j
Next i
```

则三个数组及其存储内容的结构可用图 5-2 说明，其中带下划线的数字表示第 1 维下标。显然，二维数组 b 可以看成一个 2 行 2 列的表格，数组元素也可按表格方式访问，如数组元素b(1,2)对应表格的第 1 行第 2 列，其存储的值为 6；数组元素 c(1,2,2)的值为 18。

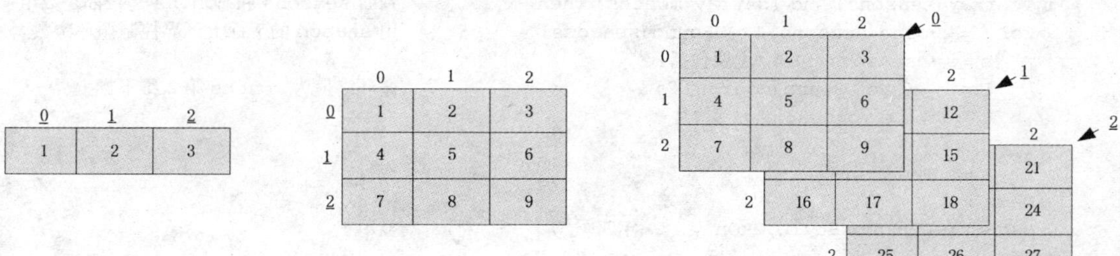

a) 一维数组a　　b) 二维数组b　　c) 三维数组c

图 5-2 不同维数的数组结构示意图

一般而言，数组和循环结合时，用不同的循环变量遍历数组的不同维度，从而达到访问所有数组元素的目的。例如，在代码中，外层循环变量 i 用来从 0 变化到 2，则可以依次访问数组元素 a(0)、a(1)和 a(2)。

5.2.2 数组初始化

数组在声明的时候可以进行初始化赋值。下面代码段分别声明一个一维数组和一个二维数组，并对它们进行初始化：

```
Dim seasons() As String = {"春天", "夏天", "秋天", "冬天"}
Dim months(,) As Integer = {{3, 4, 5}, {6, 7, 8}, {9, 10, 11}, {12, 1, 2}}
```

其中，第 2 条语句中括号内的逗号用于分隔维数，表明这是一个二维数组。经过上述声明，seasons 被定义为一个包含 4 个数组元素的一维字符串数组；months 被定义为一个 4 行 3 列的二维数组整型。对其他数据类型和更多维数的数组，其声明和初始化方法类似。

在同时进行初始化的数组声明中，用户不能指定数组下标，而由 VB.NET 编译程序自动计算出来。为了能让用户较容易地得到数组下标的大小，VB.NET 提供了几个相关函数，如表 5-1 所示。

表 5-1 数组相关函数

函数名	格式	用途	返回值
IsArray	IsArray（标识符）	判断一个标识符是否为数组	True/False
UBound	UBound（数组名［，维号］）	获得数组指定维下标上界	下标上界
LBound	LBound（数组名［，维号］）	获得数组指定维下标下界	下标下界

下面代码用于显示一年四季包括的月份（假设 seasons 和 month 已按上述方式声明），程序演示了表 5-1 中三个函数的用法，其运行结果如图 5-3 所示。

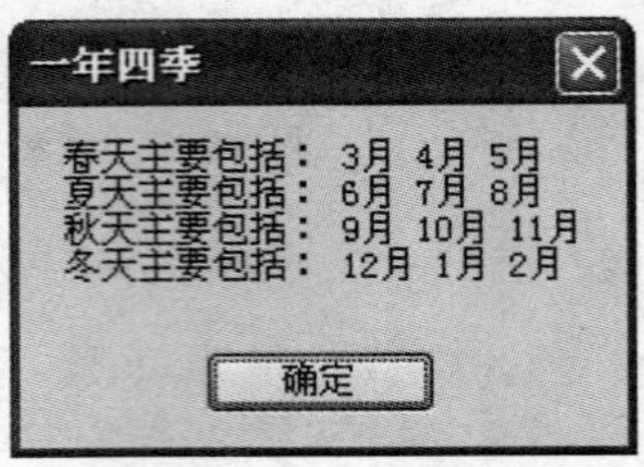

图 5-3 一年四季程序运行结果

```
Dim i, j As Integer, s As String = ""
If IsArray(seasons) And IsArray(months) Then          '判断 seasons 和 months 是否都是数组
   For i = LBound(seasons) To UBound(seasons)         '用 season 的下标上下界控制循环次数
      s = s & seasons(i) & "主要包括："
      For j = 0 To UBound(months, 2)                  '循环终值为 months 第 2 维下标上界
         s = s & months(i, j) & "月 "
      Next j
      s = s & vbCrLf                                  '换行
   Next i
   MsgBox(s, MsgBoxStyle.OkOnly, "一年四季")           '显示
End If
```

5.2.3 重新声明数组

VB.NET 使用 ReDim 语句重新声明数组，以改变已声明数组的大小。ReDim 语句的格式为：

```
ReDim [Preserve]数组名(下标边界列表)[,数组名(下标边界列表),[,…]]
```

ReDim 语句的用法如下例所示：

```
Dim a(50) as Integer                   '定义了长度为 50 的数组 a
ReDim a(100) as Integer                '重新定义了数组 a,长度为 100
```

对于 ReDim 语句的使用，以下几点需要说明：

1）ReDim 语句是一个可执行语句，它只能出现在过程中。

2）ReDim 语句只能更改已被正式声明的数组的一个或多个维度的大小，但不能更改该数组的维数和数据类型。

3）当使用 ReDim 语句改变数组大小时，数组原有数据通常会丢失。但可以在语句中使用

Preserve 关键字部分或全部保留这些值。

下列代码能使数组 municipality 最终存储我国所有4个直辖市名称。

```
Dim municipality () As String = {"北京","上海","天津"}
ReDim Preserve Municipality(3)
Municipality(3) = "重庆"
```

由于数组元素在内存中连续存储，使用 ReDim 语句时，如果重定义数组大小比原来数组大，则极可能要将所有原来数组元素搬移到一个较大的内存区域，因而造成系统开销，导致程序运行变慢，所以 ReDim 要尽可能少用。

5.3 数组的访问

声明和初始化数组以后，就可以通过下标作为索引来访问数组。数组中的每一个元素都可以作为单独的变量被引用。因此，数组元素的赋值、输出，以及运算操作的规则和方法都与简单变量相似，只是必须加上数组下标。

5.3.1 数组的基本操作

在数组中，数组名代表数组的全体，但具体操作是针对每个数组元素进行的。由于数组元素的下标是有序的，将数组和循环结合起来，可以用较少的代码高效地解决许多实际问题。数组的基本操作包括数组元素值的输入、输出，数组元素的增加、删除和查找等。

1. 数组的输入

数组元素的值可以通过 Textbox 控件或 Inputbox 函数输入，下面以 InputBox 函数为例，说明如何编程将数据输入到数组中，并进行处理。

【例5-1】 已知某学生选修5门课程，请将5门课成绩输入到 Grade 数组，并计算总成绩和平均成绩。

分析： 当数组元素个数确定时，可采用计数循环语句进行数组元素值的输入、输出和计算。在循环语句中，使用循环变量作为数组的下标，则可访问多个数组元素。在本例中，可定义一个大小为5，类型为 Single 的数组存放学生成绩。程序代码如下：

```
Private Sub Form1_Load(……) Handles MyBase.Load
Dim grade(4) As Single                                                   '定义一个5个元素的数组
Dim sum As Single, i As Integer                                          '定义变量
sum = 0                                                                  '初始化累计和变量
For i = 0 To 4
    grade(i) = Val(InputBox("请输入第"&i +1&"门成绩:","成绩输入",0))     '输入成绩
    sum = sum + grade(i)                                                 '将每门成绩累加到 sum 中,计算总分
Next i
MsgBox("该生总分为" & sum & ";平均分为" & sum /5 , vbOKOnly, "成绩")'输出成绩
End                                                                      '程序结束,退出
End Sub
```

代码中，当循环控制变量 $i=0$ 时，grade（i）代表 grade（0）；$i=1$ 时，Grade（i）代表 Grade（1）；以此类推，$i=4$ 时，grade（i）代表 grade（4）。这样，从键盘输入的5个数据将分别存放在 Grade(0) ~ Grade(4)中，并进行求和的计算。显然，在 For-Next 循环中，随着循环变量 i 值的变化，grade（i）遍历了数组 Grade 的所有元素。

2. 数组的输出

数组输出操作与输入操作类似，可以用 TextBox、Label 控件或 MsgBox 函数输出，下面以 TextBox 为例，说明数组的输出方法。

【例5-2】 使用随机数发生器生成一个由2位正整数组成的 $N \times N$ 矩阵，输出该矩阵及其转

置矩阵。

分析：生成的数据矩阵可存储在一个二维数组中。二维数组可以被看成一个表格，数据既可按行存储，也可以按列来存储。事实上，数据输出与其存储的方式无关，即使不改变其物理结构，也可以用不同形式输出。一般来说，对于循环和数组相结合的程序设计模式，数组的维数和循环变量个数应相同，才能保证能遍历数组所有元素。在遍历过程中，将代表行和列的变量互换，即可达到矩阵转置的效果。数组的行列数 N 可通过文本框输入。程序运行结果如图 5-4 所示，程序主要代码如下所示。

图 5-4 二维矩阵输出程序运行界面

```
Private Sub Button1_Click((……) Handles Button1.Click
  Dim n, i, j As Integer
  Randomize()                                       '初始化随机数发生器
  n = Val(TextBox3.Text)                            '得到矩阵维度的大小 N
  TextBox1.Text = ""                                '清空文本框,利于重复显示不同矩阵
  TextBox2.Text = ""
  Dim squre(n, n) As Integer                        '定义存储矩阵的数组
  If n > 0 Then                                     '只有输入的维度大小是正数才开始产生矩阵
    For i = 0 To n - 1
          For j = 0 To n - 1
                squre(i, j) = Int(Rnd() * 90 + 10)             '产生两位随机整数
          Next j
    Next i
    For i = 0 To n - 1
          For j = 0 To n - 1
                TextBox1.Text = TextBox1.Text & squre(i,j) & Space(1) '显示生成矩阵
                TextBox2.Text = TextBox2.Text & squre(j,i) & Space(1) '显示转置矩阵
          Next j
          TextBox1.Text = TextBox1.Text & vbCrLf                '矩阵显示换行
          TextBox2.Text = TextBox2.Text & vbCrLf                '转置矩阵显示换行
     Next i
 End If
End Sub
```

本例中，生成的矩阵按行存储在二维数组中 squre 中，显示矩阵时是按行显示的，但在显示转置矩阵时将下标变量 i 和 j 调换，即行变成了列，列变成了行，达到矩阵转置的效果。

3. 数组特定值的查找

【例 5-3】在一场歌唱比赛中，某歌手的一组得分为：95，92.3，98.5，96.5，80，87.5，89，99，90。请编程去掉该歌手的最高、最低分，求出平均分。

分析：若把歌手的得分保存在一个数组中，则可通过循环语句在数组中查找最大值和最小值并将其置 0，然后求出其余分数的平均值。程序运行界面如图 5-5 所示，依次用 TextBox1 ~ TextBox4 显示各种分数，点击"统计成绩"按钮计算并显示结果。另外，由于文本框不需要输入，可将其 ReadOnly 属性设置为 True。

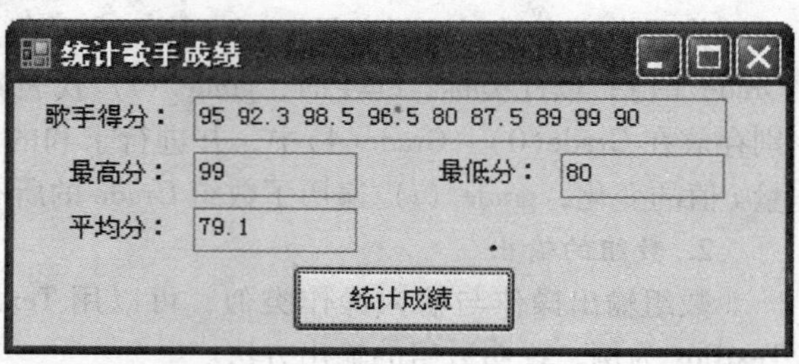

图 5-5 歌手成绩统计程序运行界面

程序主要代码如下：

```
Dim score() As Single = {95, 92.3, 98.5, 96.5, 80, 87.5, 89, 99, 90}  '得分数组
Private Sub Button1_Click(……) Handles Button1.Click
    Dim i, iMax, iMin As Integer                                    '下标变量
    Dim sum As Single                                               '累加变量
    iMax = 0:iMin = 0                                               '赋初值
    For i = 0 To UBound(score)
        If score(i) > score(iMax) Then iMax = I                     '找出最大值下标
        If score(i) < score(iMin) Then iMin = i                     '找出最小值下标
    Next i
    TextBox2.Text = score(iMax):TextBox3.Text = score(iMin)        '显示最大、最小值
    score(iMax) = 0:score(iMin) = 0                                 '将最大值、最小值置 0
    For i = 0 To UBound(score)
        sum = sum + score(i)                                        '求得分和
    Next i
    TextBox4.Text = sum/(UBound(score)) - 2                         '显示平均
End Sub
Private Sub Form1_Load(……) Handles MyBase.Load
    Dim i As Integer
    For i = 0 To UBound(score)
        TextBox1.Text = TextBox1.Text & score(i) & Space(1)        '显示得分
    Next i
End Sub
```

显然，在数组中查找一个特定数组元素，最基本的方法是用循环语句遍历数组中每一个数组元素，通过目标值与数组元素值的比较来确定目标位置（下标）。

5.3.2　数组的排序与快速查找

排序是将一组数据按其大小进行有序排列的过程，是计算机技术中最常用的算法之一。常用的排序方法包括选择法、冒泡法、插入法等。

1. 选择法排序

选择法排序的基本思路是：在所有尚未排序的数中，找到最小（大）的一个和位于第 1 个位置的数交换位置，直到所有的数都排好序为止。下面通过一个例子说明排序的实现过程。

【例 5-4】 将一组整数 {4，8，2，6，5，7} 按由小到大的排序进行排序。

分析： 按照选择法排序的思路，首先要将待排序的数保存在一个一维数组中，数组的下标代表了数的排列次序。开始时总是假定所有数都是未排序的。由于在排序过程中第 1 个未排序数的位置是不断递增的，所以必须有一个变量来跟踪这种变化。同时，要找出尚未排序数的最小（大）值，必须对除第 1 个未排序数之外的所有未排序数进行扫描，因而还需要一个变量。这样，使用循环语句对数据进行排序，需使用两个循环变量，因而需要两层循环。具体排序过程如 5-6 图所示。

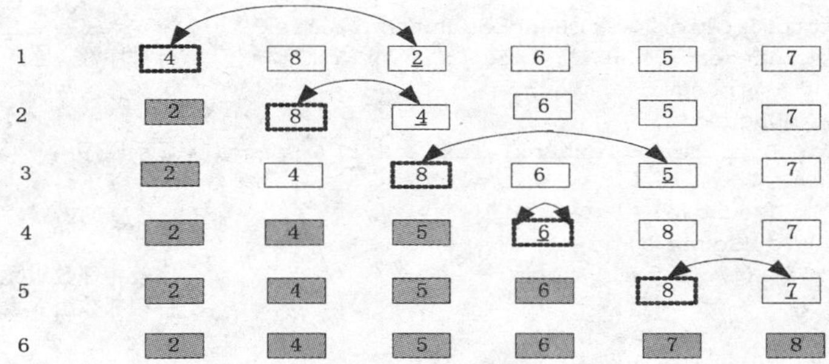

图 5-6　排序示意图

图中，左边序号为排序步骤，深色矩形框内为已排好序的数，其余为未排序数，而虚线框内的数是尚未排序数的第 1 个。带双箭头的线表示要交换所指的两个数组元素的值。有下划线的数是未排序数中最小的一个。程序的主要实现代码如下：

```
Dim a() As Integer = {4, 8, 2, 6, 5, 7}                              '待排序数
Private Sub Button1_Click(……) Handles Button1.Click
    Dim i, j, iMin, t As Integer
    For i = 0 To UBound(a)
        iMin = i                                                     '暂时假设待排序数中 a(i)最小
        For j = i + 1 To UBound(a)
            If a(iMin) > a(j) Then                                   '待排序数和暂时最小数比较
                iMin = j                                             '确定新的最小数下标
            End If
        Next j
        t = a(i)                                                     '将 a(i)和待排序数中最小数交换
        a(i) = a(iMin)
        a(iMin) = t
    Next i
    For i = 0 To UBound(a)
        TextBox2.Text = TextBox2.Text & a(i) & Space(1)              '显示排好序的数
    Next i
End Sub
Private Sub Form1_Load(……) Handles MyBase.Load
    Dim i As Integer
    For i = 0 To UBound(a)
        TextBox1.Text = TextBox1.Text & a(i) & Space(1)              '显示原序
    Next i
End Sub
```

程序的运行结果如图 5-7 所示。

图 5-7 选择法排序程序运行结果

2. 冒泡法排序

冒泡法排序基本思路是：对尚未排序的各元素从头到尾依次比较相邻的两个元素是否逆序（与排序次序相反），若逆序就交换这两个元素，直到所有元素都排好序。这种排序方法实质上是将较小（大）的元素一步步交换到上面来，就像水中的气泡向上慢慢冒出一样，因而得名。

【例 5-5】将例 5-4 中的整数序列用冒泡法排序。

分析：冒泡法与选择法类似，区别在于前者比较相邻两个元素，若逆序则交换，而后者是将待排序数中的第 1 个元素和最小（大）元素比较，若逆序则交换。冒泡法的程序代码如下所示：

```
Private Sub Button1_Click(……)) Handles Button1.Click
    Dim a() As Integer = {4, 8, 2, 6, 5, 7}                          '待排序数
    Dim i, j, t As Integer
    For i = 0 To UBound(a)
        TextBox1.Text = TextBox1.Text & a(i) & Space(1)'显示原序
    Next i
    For i = 0 To UBound(a) - 1
      For j = 0 To UBound(a) - i - 1
            If a(j) > a(j + 1) Then                                  '比较相邻数组元素 a(j)和 a(j + 1)
                t = a(j)                                             '将相邻数组元素 a(j)和 a(j + 1)交换
                a(j) = a(j + 1)
                a(j + 1) = t
            End If
```

```
        Next j
    Next i
    For i = 0 To UBound(a)
        TextBox2.Text = TextBox2.Text&a(i)&Space(1)                    '显示排好序的数
    Next i
End Sub
```

3. 快速查找

例5-3介绍了数组元素的查找方法，然而，通过逐个数组元素的比较查找目标的方法比较低效。事实上，如果数组已经排序，可使用折半法快速查找目标。折半查找的算法思想是将数列按有序化（递增或递减）排列，查找过程中采用跳跃式方式查找，即先以有序数列的中点位置为比较对象，如果要找的元素值恰好找到，则查找结束；如果小于该中点元素，则将待查序列缩小为左半部分，否则为右半部分，继续进行这一过程，直到找到目标或因查找目标不存在而停止。通过每一次比较，将查找区间缩小一半。折半查找是一种高效的查找方法。它可以明显减少比较次数。下面通过一个例子来说明：

【例5-6】在已按汉字编码排序的歌手列表：｛"刘德华"，"周杰伦"，"林俊杰"，"王力宏"，"王心凌"，"邓丽君"，"金莎"｝中，使用折半查找算法确定某位歌手是否存在，若存在，则确定其位置。

分析：折半查找法的先决条件是数组内的数已经排好了顺序。在这个前提下，每查找一次，就缩小一半查找范围，从而有效地减少了查找的次数。利用折半法的查找步骤为：

1）对于n个数，设第一个数的位置为start，初值为0；最后一个数的位置为finish，初值为$n-1$；中间位置的数为mid，每次查找位置的计算公式为mid =(start + finish)\2。

2）将被查找数据x与mid位置的数组元素值比较，若相等，则找到。若x值小于mid位置的数组元素值，则在mid之前的范围继续查找。若x值大于mid位置的数组元素值，则在mid之后的范围继续查找。

3）重复步骤1和2，直至找到或找不到（start > finish）为止。

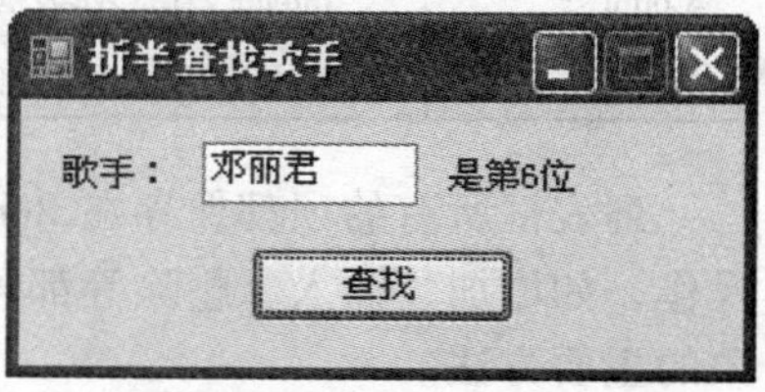

图5-8　歌手查找结果

主要程序代码如下所示，程序运行界面如图5-8所示。

```
Private Sub Button1_Click(……) Handles Button1.Click
Dim start As Integer, finish As Integer, mid As Integer              '位置变量
Dim name As String                                                   '查找歌手名变量
Dim find As Boolean                                                  '用于标记是否找到的变量
Dim singer() As String = {"刘德华","周杰伦","林俊杰","王力宏","王心凌","邓丽君","金莎"}
name = TextBox1.Text                                                 '要查找的歌手名
start = 0:finish = UBound(singer)                                    '位置变量赋初值
find = False                                                         '标记为未找到
Do
    mid = (start + finish)\2                                         '折半,找中间位置
    If name = singer(mid) Then                                       '判断是否找到
        Label2.Text = "是第" & mid +1 & "位"                          '找到,显示其位置
        find = True                                                  '置找到标志
    Else
        If name < singer(mid)Then                   '将要找对象和中间对象比较，以确定其大体位置
            finish = mid - 1                        '要找的对象在前半部分
        Else
            start = mid + 1                         '要找的对象在后半部分
        End If
    End If
```

```
    Loop Until start > finish Or find                    '只有找到或搜索完 毕才停止
    If Not find Then Label2.Text = "找不到"               '找不到
  End Sub
```

本例中歌手姓名列表应按汉字字符编码的顺序从小到大输入，否则可能会产生错误的结果。显然，在上述程序代码中，利用折半查找方法最多只要比较 3 次就能给出 x 是否找到的答案，而用普通顺序查找法最多要比较 7 次。

5.4　列表框和组合框

在 VB.NET 中，有许多控件内部是以数组方式组织数据的，而外部则通过可视化形式直观显示其中的数据项，如列表框、组合框等。本节将结合数组的应用介绍这两个控件。

5.4.1　列表框

列表框控件（ListBox）用于向用户显示项目列表，便于用户选择其中一项或多项，但用户不能修改列表中的内容。表 5-2 列出了列表框的主要属性。

表 5-2　列表框的主要属性

属性名	值类型	说明	属性设置/引用
Items	Object	保存列表框的所有项目的数组	设计阶段、运行阶段
SelectedIndex	Integer	列表框中当前选中项的序号，-1 表示没有选中项	运行阶段
SelectedItem	Object	列表框中的当前选中项，Nothing 表示没有项被选中	运行阶段
Count	Integer	列表框中所有项的总数。	运行阶段
Sorted	Boolean	确定列表框中的项在程序运行时是否排序	设计阶段

列表框所有的项都保存在 Items 属性中，Items 本身可以看成一个数组对象，列表框的基本操作，如增加、插入、删除等都可以通过 Items 对象进行。表 5-3 列出了列表框 Items 属性中对象的主要方法。

表 5-3　列表框 Items 属性中对象的主要方法

方法名	格式	说明
Add	Add（item As Object）	向列表框添加项
Clear	Clear（）	删除列表框的所有项
Insert	Insert（index As Integer, Item As Object）	将项插入列表框的指定序号处
Remove	Remove（Item As Object）	从列表框中删除指定的项
RemoveAt	RemoveAt（index As Integer）	删除列表框中指定序号的项

列表框的主要事件包括 Click、DoubleClick 和 SelectedIndexChanged 等，其中后者在列表框选中项目发生变化时触发。

下面通过一个例子介绍列表框的基本操作：

【例 5-7】编写一个大学计算课程列表维护的程序，如图 5-9 所示，该程序具有添加，修改和删除课程的功能。

分析：要使程序启动时列表框已添加了内容，应将这部分代码加到 Form 的 Load 事件中。当用户选中列表框中的某项，该项的序号会保存到列表框的 SelectedIndex 属性中，同时，该项的内容会保存在 SelectedItem 和 Text 属性中。利用这些事实，可以用户可以对选中项进行读取和删除。要修改一个选中项，可将该项显示到文本框中修改，再删除原选项，并在原来位置插入修改后的项。程序主要代码如下所示：

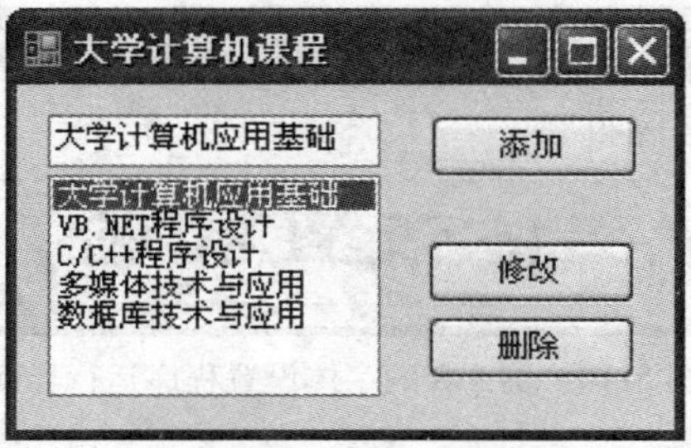

图 5-9 大学生计算机课程维护界面

```
Private Sub Form1_Load(……) Handles MyBase.Load                    '初始化
        ListBox1.Items.Clear()                                    '清空列表框
        ListBox1.Items.Add("大学计算机应用基础")                   '向列表框添加项目
        ListBox1.Items.Add("VB.NET 程序设计")
        ListBox1.Items.Add("C/C + +程序设计")
        ListBox1.Items.Add("多媒体技术与应用")
        ListBox1.Items.Add("数据库技术与应用")
End Sub
Private Sub Button1_Click(……) Handles Button1.Click               '添加
        ListBox1.Items.Add(TextBox1.Text)                         '添加新项到列表中
End Sub
Private Sub Button2_Click(……) Handles Button2.Click               '删除
        If (ListBox1.SelectedIndex > = 0) Then                    '判断是否有项被选中
             ListBox1.Items.RemoveAt(ListBox1.SelectedIndex)'删除选中项
        End If
End Sub
Private Sub Button3_Click(……) Handles Button3.Click               '修改
        Dim index As Integer = ListBox1.SelectedIndex             '保存选中序号
        Dim s As String
        s = TextBox1.Text                                         '保存文本框修改内容到 s 中
        If (index > =0) Then
             ListBox1.Items.RemoveAt(index)                       '删除选中项
             ListBox1.Items.Insert(index, s)                      '插入修改内容
        End If
End Sub
Private Sub ListBox1_SelectedIndexChanged(……) Handles ListBox1.SelectedIndexChanged
        TextBox1.Text = ListBox1.SelectedItem                     '选中项内容显示在文本框中
End Sub
```

5.4.2 组合框

顾名思义，**组合框**控件（ComboBox）是文本框和列表框的组合。组合框具有列表框的属性和方法，而且组合框被选中的项会出现在其附带的文本框中。另外，组合框可以通过 DropDownStyle 属性设置三种不同的样式：

- DropDown：下拉式组合框，由一个文本框和一个下拉列表构成（默认样式）。
- Simple：简单组合框，与下拉式组合框类似，但直接显示多个项目。
- DropDownList：下拉式列表框，没有文本框，只能显示和选择。

下面通过一个例子来说明组合框用法：

【例 5-8】 编写一个使用系统支持的字体、字号设置文本框的程序。

分析： 系统支持的字体名称可以通过 FontFamiy 类的 Families 属性获得。该属性是一个字符串

数组。由于不允许用户输入字体，因而需将 ComboBox1 的 DropDownStyle 属性设置为DropDownList，而字号则允许用户输入。该组合框的 DropDownStyle 属性选择为 DropDown。

图 5-10　例 5-8 的字体设置程序运行界面

程序部分代码如下所示：

```
Private Sub Form1_Load(……) Handles MyBase.Load
      Dim i, n As Integer
      TextBox1.Text = "字体设置实验"
      n = FontFamily.Families.Length                                  '字体个数
      For i = 0 To FontFamily.Families.Length - 1
            ComboBox1.Items.Add(FontFamily.Families(i).Name)        '向字体列表中添加字体名
      Next i
      ComboBox1.Text = "隶书"                                          '先选用最后一个字体
      For i = 10 To 28 Step 2
            ComboBox2.Items.Add(i)                                    '建立字体大小列表
      Next i
      ComboBox2.Text = 28                                             '先设置字体大小为 28
      TextBox1.Font = New Font(ComboBox1.Text, ComboBox2.Text)      '设置初始字体和字号
End Sub
Private Sub ComboBox1_SelectedIndexChanged(……) Handles ComboBox1.SelectedIndexChanged
      If ComboBox1.Text <> "" And ComboBox2.Text <> "" Then
            TextBox1.Font = New Font(ComboBox1.Text, ComboBox2.Text)  '创建字体
      End If
End Sub
```

本例为避免问题复杂化，字号大小只选择 10～28 之间的数，实际上每种已安装字体都有自己的大小范围，用户可以使用专门的字体选择控件设置字体样式。

5.5　结构类型及结构数组

数组解决了同类型群体数据的存储问题，然而一个数组元素只保存一个简单类型的数据，对许多实际问题是不够的。VB.NET 为用户提供了 Structure 语句，使用户能根据已有的数据类型自定义新的数据类型，从而构造具有复杂数据类型的数组。

5.5.1　结构类型

结构类型定义的格式为：

```
Structure 结构类型名
      成员名声明
End Structure
```

结构类型可以包含多个成员，这些成员可以用 Dim、Public、Private 或 Static 来声明，用 Dim 语句声明的成员默认是 Public 的。另外，结构类型是不能在过程内部定义的。

结构类型一但定义，就可以用来声明变量了，声明的方法和普通类型变量声明一样。下列语句定义了结构类型 Student，并用它声明了变量 stu1：

```
Structure Student                                      '定义结构 Student
      Dim Name As String
```

```
        Dim Number As Long
        Dim Score As Single
    End Structure
    Dim stu1 As Student                                '声明变量 stu1,类型为 Student
```

结构体变量不能像简单变量和数组一样在声明时赋初值。对结构类型变量中成员的一般访问形式为：

```
结构类型变量名.成员名
```

例如：

```
stu1.Name = "李频": stu1.Number = 1000001: stu1.Score = 85
```

另一种访问方法是使用With语句，其格式为：

```
With 对象名
    语句块
End With
```

With语句用于对指定对象执行一系列语句，避免反复书写对象名。使用With语句，stu1变量的赋值可写成：

```
With stu1
    .Name = "李频"
    .Number = 1000001
    .Score = 85
End With
```

在VB.NET中，同一类型的结构变量可以直接赋值，如：

```
Dim stu2 As Student                 '声明变量 stu2,类型为 Student
stu2 = stu1                         '将 stu1 中的所有成员值赋给 stu2
```

5.5.2 结构数组

每个元素的类型都是结构类型的数组称为结构数组，它在解决很多实际问题时很有用。本节通过一个例子介绍结构数组的声明和使用方法。

【例5-9】 编写程序用于输入和保存学生信息（包括姓名，学号和成绩），并按成绩由高到低排序。

分析： 要保存大量学生信息，需要用数组。为避免浪费存储空间，用户最好先估计学生人数，以确定数组大小。由于学生信息包括多个不同类型的数据项，可以定义学生信息结构，从而将每个学生的信息组织在一起。另外，学生的基本信息及排名可以用列表框显示，如图5-11所示。

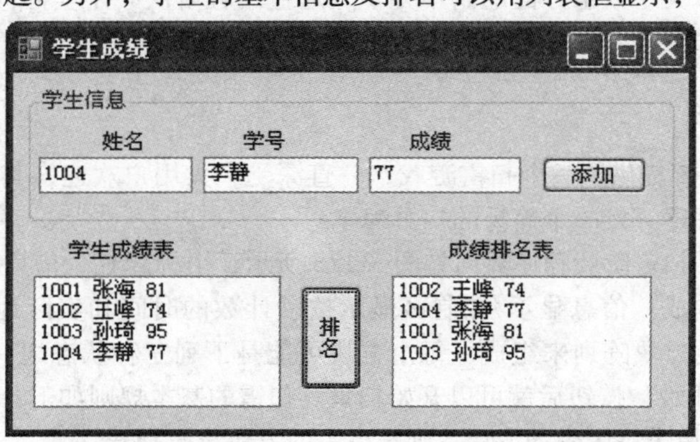

图5-11 例5-9的程序运行界面

程序的部分代码如下：

```
Structure Student                                                  '定义学生信息结构类型
    Dim Name As String                                             '姓名
    Dim Number As Long                                             '学号
    Dim Score As Single                                            '分数
End Structure
Dim stu() As Student                                               '学生数组,类型为 Student
Dim n As Integer = 0                                               '学生个数
Private Sub Button1_Click(……) Handles Button1.Click              '添加
        ReDim Preserve stu(n)                                      '添加一个学生,重新定义数组大小
        stu(n).Number = TextBox1.Text                              '学生学号
        stu(n).Name = TextBox2.Text                                '学生姓名
        stu(n).Score = TextBox3.Text                               '分数
        REM 将文本框中的学生信息添加学生信息列表中
ListBox1.Items.Add(stu(n).Number & Space(1) & stu(n).Name & Space(1) & stu(n).Score)
        n = n + 1
End Sub
Private Sub Button2_Click(……) Handles Button2.Click              '排名
     Dim i, j As Integer
     Dim s As Student
     REM 对所有学生按成绩采用冒泡法排序,
     For i = 0 To stu.Length - 2
         For j = 0 To stu.Length - 2
             If stu(j).Score > stu(j + 1).Score Then               '相邻学生分数比较
                 s = stu(j)                                        '交换 stu(j)和 stu(j + 1)
                 stu(j) = stu(j + 1)
                 stu(j + 1) = s
             End If
         Next j
     Next i
     ListBox2.Items.Clear()                                        '清除成绩列表框
     For i = 0 To stu.Length - 1
         REM 将按成绩排序的学生信息添加到成绩列表中显示
     ListBox2.Items.Add(stu(i).Number & Space(1) & stu(i).Name & Space(1) & stu(i).Score)
     Next i
End Sub
```

事实上，对于例 5-9，也可以分别定义大小相同，类型不同的数组 name( )、number( )和 score( )来保存学生信息，然而，在排序过程中可以看出，将学生信息定义在结构中，作为一个整体来处理的方法，无论在理解上还是在操作上都很方便、合理。

5.6 综合实例

本节将利用本章关于数组方面的基本知识，通过编程解决一个实际问题。在解决问题过程中，帮助学生拓展知识面、提升学生通过编程解决实际问题的能力。

5.6.1 问题及分析

Windows 操作系统提供了一个扫雷游戏，一直深受广大用户欢迎，其界面如图 5-12a 所示。本节准备仿照这个程序开发一个简易的扫雷程序。

【例 5-10】 简易扫雷游戏程序界面如图 5-12b 所示，由标题栏、信息显示/控制区和用方块表示的雷区三部分构成。信息显示/控制区显示按秒计数的时间和实际地雷数，并可以启动游戏。雷区由一个白色方块阵列来组成，每个方块可能是下列三种状态之一：有地雷、有数字和空白。用户点击“开始”按钮后就可以开始扫雷。扫雷的基本规则如下：

1）用户用鼠标单击雷区中的方块，则被点中的方块将被翻开。

2）如果翻开的是地雷，则输掉游戏，游戏结束。

3）如果方块上出现数字，则该数字表示在其周围的八个方块中地雷总数。

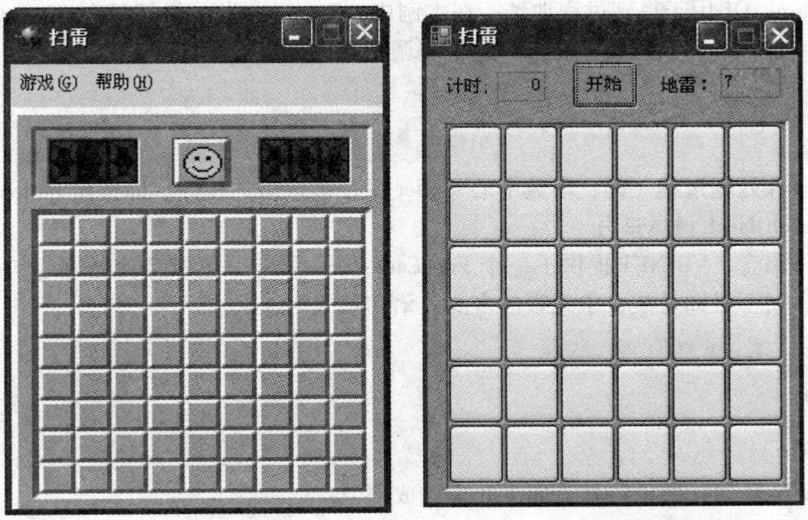

a) Windows XP 的扫雷游戏　　b) 简易扫雷程序

图 5-12 扫雷游戏界面

4）如果翻开的方块无雷也无数字，则所有与之相邻的无雷方块自动翻开，直到遇到有数字的方块为止。

5）如果最后只有有雷方块没翻开，则程序翻开所有方块，用户赢得游戏。

扫雷程序中的小方块，可以用按钮来表示。这些按钮可以用循环语句和 New 操作符生成，存放在一个按钮数组中，同时每个方块的状态信息，如是否被翻开，可以用一个同样大小的数组保存。计时器可以用 VB.NET 提供的 Timer 控件实现。另外，还应为所有代表方块的按钮准备一个统一的事件处理程序，根据方块的当前状态对用户点击做出响应。

5.6.2 相关知识

实现本实例，需要了解一些相关的知识和程序设计技巧。例如，如何创建控件数组，如何为控件添加事件处理程序，以及如何使用更方便的循环语句对控件集合进行处理等。

1. 控件数组

对于本例中的雷区方块，可以用多个按钮控件表示。但如果手工创建如此多控件及其事件处理程序，工作量将非常大。为了解决这种问题，VB.NET 提供了一种在程序中动态创建控件数组的方法。例如，要创建 10 个按钮，可以用下列语句实现：

```
Dim i as Integer, buttons(9) as Button
For i =0 To 9
    buttons(i) =New Button()
Next i
```

其中 New 操作符用于根据其后的类型创建实例。创建的 10 个按钮控件保存在 buttons 数组中，其中每个数组元素都可以像手工创建按钮一样使用。例如，下列语句将在第 2 个按钮上显示“确定”：

```
Buttons(2).Text ="确定"
```

2. 控件的事件处理程序

对于程序创建的控件，需要为控件添加事件处理程序。例如，要给数组 buttons 的第 2 个按钮添加事件处理程序，可以 AddHandler 语句：

```
AddHandler buttons(2).Click, AddressOf Buttons_Click
```

其中 AddressOf 用于得到过程地址。在本例中，Buttons_Click 是按钮 buttons（2）的单击事件处理程序。这样，当该按钮被点击，系统将调用事件处理程序 Buttons_Click：

```
Private Sub Buttons_Click(ByVal sender As System.Object, ByVal e As System.EventArgs)
    ……
End Sub
```

和其他点击事件处理过程一样，参数中的 sender 保存被点击的控件，即按钮 buttons（2）。

3. For-Each-Next 循环语句

对于控件集合，VB.NET 提供了一个 For-Each-Next 语句，可较其他循环语句更简单地处理每一个元素，而不必知道集合中元素的多少。语句格式为：

```
For Each 元素 [As 数据类型 ]In 组
    [语句块]
    [Exit For]
    [语句块]
Next[元素]
```

For-Each-Next 语句的语法具有以下几个组成部分：

1）元素：用来遍历集合或数组中所有对象的变量。

2）组：对象集合或数组的名称，组中的元素通常属于 Object 类型，但是可以是任何运行时数据类型。

3）语句块：针对组中的每一元素执行的一条或多条语句。

例如，要将数组 buttons 中每个按钮的背景颜色设为红色，可使用下列语句：

```
Dim b as Button
For Each b in buttons
    b.BackColor = Color.Red
Next
```

5.6.3　解决方案

本例中需要解决的问题主要包括界面的设计，内部数据的表示及算法设计。

1. 界面设计

程序界面如图 5-12b 所示，界面中的雷区方块用按钮阵列表示。用按钮的不同样式表示方块是否被翻开。设置一个定时器 Timer1，计时单位为秒（Interval = 1000），用于记录用户玩游戏的时间。地雷数用一个随机整数表示，地雷的分布也是随机的。在程序界面上，拖放了一个 Panel 控件，用于作为放置按钮的容器，并可用来计算每个按钮的大小和位置。

2. 数据结构

雷区的按钮用一个按钮数组 buttons 存储，大小为 6×6。为了在程序内部记录方块的状态，声明一个与按钮数组同样大小的方块状态数组 states。states 中的元素与 buttons 中的相同下标的元素相对应。states 数组中的状态：

0：表示该对应方块是空

-1：表示该对应方块是地雷。

1~8：表示该对应方块周围有 1~8 个地雷。

3. 算法设计

本例的基本算法可参照游戏基本规则。其中最困难的部分是如何在用户点击一个空白方块后，找到并展开所有与之相邻的空白按钮，直到碰到边缘数字按钮为止。如图 5-13 所示，当用户点击第 3 行第 3 列方块后，所有与之连通的空白方块和边缘数字方块将被展开。

这个空白方块展开过程实际上是个递归过程。考虑到递归过程比较复杂，本例中我们采用循环来实现。其算法如下：

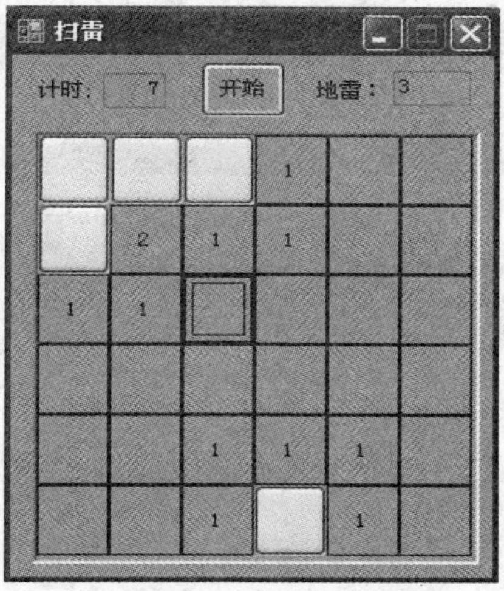

图5-13 空白方块和边缘数字方块展开

1）将用户点击的空白方块翻开（设置按钮的 FlatStyle 属性为 FlatStyle.Flat 样式）。

2）对按钮数组中的所有元素，进行第3~4步操作，直到没有任何元素能够进行这些操作之一。

3）若当前元素是未翻开的空白方块，如果在与其相邻的方块（最多8个）中有空白方块，则翻开此方块。

4）若当前元素是未翻开的数字方块，如果在与其相邻的方块中有空白方块，则翻开此方块。

5.6.4 实现代码

根据上述算法，简易扫雷程序的实现代码包括如下几个部分：

(1) 常量和变量的定义

```
Const ROWS = 5                                              '方块总数为 ROWS * ROWS
Const MAX_MINE_NUMBER = 4                                   '最大地雷数
Dim timeCounter As Integer                                  '计时器
Dim buttons(ROWS, ROWS) As Button                           '定义按钮(方块)数组
Dim states(ROWS, ROWS) As Integer                           '定义方块状态数组
Dim totalMineNumber, unRevealedNumber As Integer            '地雷总数,未翻开方块数
```

(2) 初始化代码

```
Private Sub Form1_Load(……) Handles MyBase.Load             '初始化
      Dim i, j As Integer
      REM 生成按钮数组,并设置其大小、样式等
      For i = 0 To ROWS
            For j = 0 To ROWS
                buttons(i,j) = New Button()
                buttons(i, j).Tag = i * 1000 + j          '用行列值设置标识,以按位置区分按钮
                buttons(i, j).FlatStyle = FlatStyle.System '按钮风格,未翻开
                buttons(i, j).Width = Panel1.Width / (ROWS + 1) - 1
                buttons(i, j).Height = Panel1.Height / (ROWS + 1) - 1
```

```
            buttons(i, j).Left = buttons(i, j).Width * j
            buttons(i, j).Top = buttons(i, j).Height * i
            AddHandler buttons(i, j).Click, AddressOf Buttons_Click
            '设置按钮数组的 Click 事件处理处理程序
            Panel1.Controls.Add(buttons(i, j))                  '将按钮添加到 Panel1 控件上
        Next j
    Next i
End Sub
```

(3) 定时器 Tick 事件处理代码

```
Private Sub Timer1_Tick(……) Handles Timer1.Tick             '定时
    timeCounter = timeCounter + 1                            '定时器计数值 +1
    TextBox1.Text = timeCounter                              '显示当前定时器计数值
End Sub
```

(4) “开始”按钮事件处理代码

```
Private Sub Button1_Click(……) Handles Button1.Click          '单击开始按钮
    Dim i, j, x, y As Integer, b As Button
    timeCounter = 0                                          '计时,开始为 0
    TextBox1.Text = timeCounter
    totalMineNumber = Int(Rnd() * MAX_MINE_NUMBER + 1)       '随机产生地雷总数
    TextBox2.Text = totalMineNumber
    For i = 0 To ROWS
        For j = 0 To ROWS
            states(i,j) = 0                                  '方块的初始状态:0 表示空
        Next j
    Next i
    REM 设置每个按钮的初始样式、文本、颜色
    For Each b In buttons
        b.FlatStyle = FlatStyle.System:b.Text = "":b.BackColor = Me.BackColor
    Next
    REM 共设置 totalMineNumber 个地雷,地雷位置随机产生。
    For i = 1 To totalMineNumber
        Do
            x = Int(Rnd() * (ROWS + 1))                      '随机生成 x
            y = Int(Rnd() * (ROWS + 1))                      '随机生成 y
        Loop Until states(x, y) < > -1                       '直到找到一个无雷的方块停止
        states(x, y) = -1                                    '设置方块状态, -1 表示有雷
    Next i
    REM 设置所有与有雷方块相邻的方块状态
    For i = 0 To ROWS
        For j = 0 To ROWS
            If states(i, j) = -1 Then
              For x = i - 1 To i + 1
                For y = j - 1 To j + 1
                    If x < 0 Or x > ROWS Then
                        Continue For                         '不是方块坐标,跳过
                    End If
                    If y < 0 Or y > ROWS Then
                        Continue For                         '不是方块坐标,跳过
                    End If
                    If x = i And y = j Then
                        Continue For                         '被点击方块,跳过
                    End If
                    If states(x, y) < > -1 Then
                        states(x, y) = states(x, y) + 1      '周围发现地雷,计数 +1
                    End If
                Next y
```

```
            Next x
          End If
        Next j
    Next i
    Timer1.Start()                                        '启动定时器
End Sub
```

(5) 方块点击事件处理代码

```
Private Sub Buttons_Click(……)                             '单击数组按钮
    Dim b As Button,x, y, i, j, s, t As Integer,flag As Boolean = False
    If Not Timer1.Enabled Then
        Return                                            '若定时器停止,返回
    End If
    '从按钮的 Tag 属性中分离被点击方块坐标
    x = sender.Tag \1000                                  '方块方阵中按钮的横坐标
    y = sender.Tag Mod 1000                               '方块方阵中按钮的纵坐标
    If sender.FlatStyle = FlatStyle.Flat Then
        Return                                            '若方块已翻开,返回
    End If
Select Case states(x, y)
    Case -1                                               '点中了地雷按钮
        sender.FlatStyle = FlatStyle.Standard             '翻开地雷方块
        sender.Text = "¤"                                 '显示地雷
        sender.BackColor = Color.Red                      '红色背景
        Timer1.Enabled = False                            '定时器停止工作
    Case 1 To 8                                           '点中数字方块
        sender.FlatStyle = FlatStyle.Flat                 '翻开数字方块
        sender.Text = states(x, y)                        '显示数字
    Case 0                                                '点中空白方块
        sender.FlatStyle = FlatStyle.Flat                 '翻开方块
        REM 循环将所有与点中空白方块连通的空白方块和数字方块翻开
        Do While Not flag                                 '标志 Flag 为 False
            flag = True
            For i = 0 To ROWS
                For j = 0 To ROWS
                    If buttons(i, j).FlatStyle < > FlatStyle.System Then
                        Continue For
                    End If
                    For s = i - 1 To i + 1
                        For t = j - 1 To j + 1
                            If s = i And t = j Then
                                Continue For
                            End If
                            If s < 0 Or s > ROWS Or t < 0 Or t > ROWS Then
                                Continue For
                            End If
                If states(s, t) = 0 And buttons(s, t).FlatStyle = FlatStyle.Flat Then
                                buttons(i, j).FlatStyle = FlatStyle.Flat
                            If states(i, j) < > 0 Then buttons(i, j).Text = states(i, j)
                                flag = False
                                Exit For
                            End If
                        Next t
                    Next s
                Next j
            Next i
    Loop
End Select
```

```
REM 如果定时器停止,将所有方块翻开
If Not Timer1.Enabled Then
      For i = 0 To ROWS
          For j = 0 To ROWS
                buttons(i, j).FlatStyle = FlatStyle.Flat
                    If states(i, j) = -1 Then
                        buttons(i, j).Text = "¤"
                        buttons(i, j).BackColor = Color.Red
                    ElseIf states(i, j) < > 0 Then
                        buttons(i, j).Text = states(i, j)
                    End If
                  Next j
            Next i
      End If
      REM 统计未翻开方块的数量
      unRevealedNumber = 0
      For Each b In buttons
            If b.FlatStyle = FlatStyle.System Then
                  unRevealedNumber = unRevealedNumber + 1
            End If
      Next
      If unRevealedNumber = totalMineNumber Then                '结束
            For Each b In buttons
                  If b.FlatStyle = FlatStyle.System Then
                        b.FlatStyle = FlatStyle.Flat
                        b.Text = "¤"
                        b.BackColor = Color.Gold
                  End If
            Next
            Timer1.Enabled = False
      End If
End Sub
```

本实例较完整地实现了一个简易扫雷游戏，图 5-14 是一个赢得游戏的界面。程序使用的主要数据结构是数组。程序中使用的 For-Each-Next 语句和自定义按钮事件处理程序都不是必须的，但却可以大大简化程序代码。

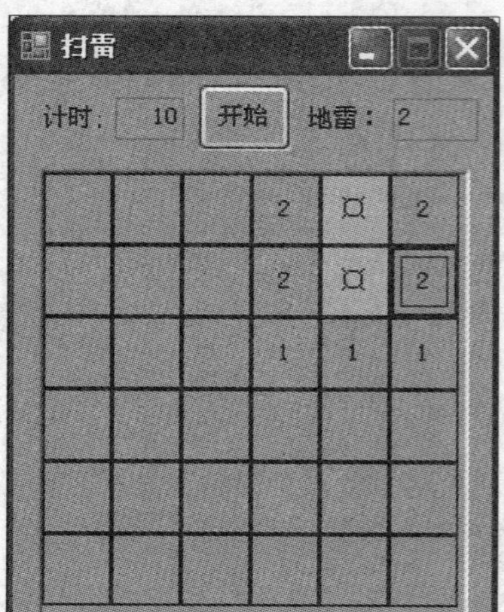

图 5-14　一个扫雷成功例子

习题

一、测试题

1. 设组合框 ComboBox1 中有 3 个项目，则以下能删除最后一项的语句是____________。
   (A) Combo1.Items.RemoveAt Text
   (B) Combo1.Items.RemoveAt 2
   (C) Combo1.Items.RemoveAt 3
   (D) Combo1.Items.RemoveAt Combo1.Listcount
2. 在 VB.NET 中，声明 Dim a（5，0，5）As Integer 表明数组 a 包含____________个数组元素。
   (A) 10　(B) 16　(C) 25　(D) 36
3. 如下数组声明语句，____________是正确的。
   (A) Dim a［3，4］　(B) Dim a（3，4）
   (C) Dim a {3，4}　(D) Dim a（3）（4）
4. 对于一个正在使用的数组 a（N），若要在其后部增加两个数组元素，并且保存元数组存储的内容，以下语句正确的是____________。
   (A) Dim a（N+2）　(B) ReDim a（N+2）
   (C) Dim Preserve a（N+2）　(D) ReDim Preserve a（N+2）
5. 下来关于列表框和组合框的说法中，____________是错误的。
   (A) 组合框有 Text 属性，而列表框没有
   (B) 列表框支持多列显示
   (C) 组合框的 DropDownStyle 属性可设置有三种不同的风格
   (D) 列表框的项不能直接修改
6. 若有如下定义，下列语句正确的是____________。

```
Structure Student
    Dim name As String
    Dim score As Integer
End Structure
Dim s as Student
```

   (A) s.score = 78　(B) Student = s
   (C) Student.name = "Li Ming"　(D) score = 78

二、思考题

1. 在程序调试过程中，运行程序有时会显示“索引超出了数组界限”，请问这会是什么原因造成的？
2. 既然可以用 ReDim 语句重新定义数组大小，为什么还是推荐在数组声明时确定数组大小？
3. 数组用来存放一组性质相同的数据，而结构体用来将不同数据类型，但相互关联的信息组织在一起。数组在声明的时候可以初始化，结构体可以吗？

第 6 章　自定义函数和过程

通过前几章的学习可以看出，在设计 VB.NET 应用程序时，除了定义常量和变量外，大部分工作就是编写事件处理过程。事实上，在编写功能复杂的程序时，多个不同的事件处理过程经常需要使用一段相同的程序代码。将这些代码独立出来，作为一个独立的过程供多个过程调用，这样的过程叫做通用过程。在 VB.NET 中，通用过程主要包括两种类型：函数过程和子程序过程。本章将详细介绍用户自定义函数过程和子程序过程的定义与使用方法。

6.1　函数过程

函数过程也称为**函数**（Function），虽然 VB.NET 系统提供了许多内部函数，但是在编写一些功能复杂的程序时，仅仅使用内部函数是不够的，编程者需自己定义函数。由编程者自己定义的函数称为自定义函数。

6.1.1　内部函数

VB.NET 提供了很多用于各种数学运算、字符处理以及类型转换的函数，称为**内部函数**，如 Sqrt( )、Mid( )、Str( )等。例如，已知字符串 S，求字符串 S 的长度 K，有

K = Len(S)

其中，Len 就是一个内部函数，其功能是计算并返回 S 中字符的个数。

内部函数的调用非常简单，但使用前必须了解函数的功能，以及函数所需的参数个数和类型。对于上例，首先需要知道 Len( )函数的功能是求取字符串长度，还要知道 Len( )函数需要一个字符串类型的参数，而且其返回值为字符个数。

6.1.2　自定义函数的定义

自定义函数的调用和使用方法与内部函数相同，只是使用前由用户自己定义函数体。

自定义函数和常见的事件处理过程一样可以在代码窗口中定义，但应定义在所有过程之外，与其他事件处理过程或自定义过程并列。自定义函数的格式如下：

```
[Public|Private]Function 函数名([参数表])[As 类型]
      语句块
       ⋮
    [函数名 = 返回值]
    [Exit Function]
      语句块
       ⋮
    函数名 = 返回值
End Function
```

说明：

1）自定义函数以 Function 开头，以 End Function 结束，两者之间是描述函数操作的语句块，称为函数体。

2）Public 表示该函数是全局函数，程序中的任何模块都可以调用它；Private 表示该函数是局部函数，只有本模块中的其他过程可以调用它。Public 和 Private 均可省略，缺省情况下表示全局函数。

3）函数命名规则与变量命名规则相同。

4）参数表是定义参数变量的列表，这些参数称为形式参数。形式参数是函数与主程序之间进行数据传递的介质。在参数表中，需要明确函数有无参数、有几个参数、每个参数的数据类型是什么。定义参数类似于定义变量，但是不使用 Dim 或 Static 等变量定义符。参数使用 ByVal（传值）或者 ByRef（传地址）进行定义（有关 ByVal 和 ByRef 的区别将在 6. 3 节中介绍），其定义格式如下：

```
ByVal |ByRef 参数名[()][As 数据类型]
```

例如：ByVal m As Integer，ByRef n As Single，ByVal a( ) As Integer。

5）无论有无参数，函数名后面的参数表括号不能省略。

6）“As 类型”是自定义函数返回值的数据类型，可以是 Integer、Single、String 等，如果省略，则为 Object 类型。

7）函数体中定义的变量和常量仅在该函数过程中有效。

8）Exit Function 表示退出函数，返回到函数调用点的下一个语句继续执行。

9）在函数体内必须将函数的计算结果值赋予函数名：函数名＝返回值。如果一个函数什么都不返回，就失去了存在的意义。

定义函数的目的就是为了调用，调用函数的程序被看作主程序。显然，这里的主程序是个相对的概念。下面通过一个例子说明如何定义和调用函数。

由于 VB.NET 没有提供用于计算阶乘的内部函数，在一段程序中如果需要多次计算不同数的阶乘，就需要反复编写计算阶乘的程序代码，非常麻烦。但如果用户自定义一个计算阶乘的函数，在程序中调用，就会使程序代码更加简洁。

【例 6-1】 自定义一个计算阶乘的函数 Factorial(x)，使用该函数编程计算组合公式：

$$C_n^m=\frac{n!}{m!\ (n-m)!}$$

分析： 函数定义和使用可以看成两个相对独立的事情，两者之间通过函数的参数和返回值相联系。将函数定义在 VB.NET 项目的代码窗口中，与其他的事件处理过程并列放置。然后在某个过程中像内部函数一样调用即可。程序运行界面如图 6-1 所示。

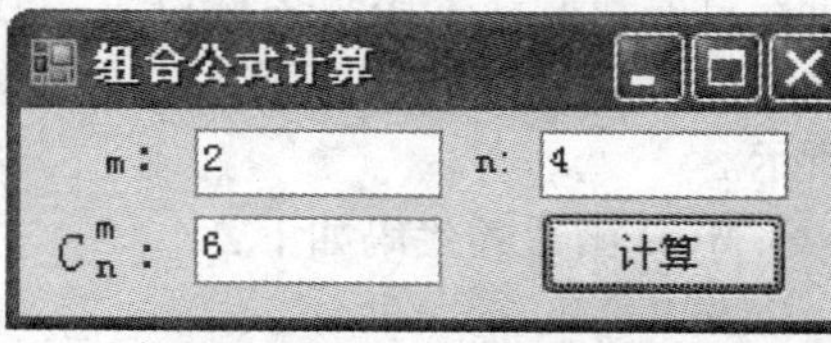

图 6-1　例 6-1 的运行界面

程序代码如下：

```
Public Class Form1
    Function Factorial(ByVal n As Integer) As Long                  '自定义函数过程
        Dim i As Integer, nn As Long
        nn = 1                                                       '阶乘初始值
        If n < 0 Then                                                '不允许负值
          Exit Function
        End If
        For i = 1 To n
          nn = nn * i                                                '计算阶乘
        Next i
        Factorial = nn                                               '返回值
    End Function
    Private Sub Button1_Click(……) Handles Button1.Click             '主程序
        Dim m, n As Integer
        m = Val(TextBox1.Text)                                       '输入 m
        n = Val(TextBox2.Text)                                       '输入 n
        TextBox3.Text = Factorial(n) / (Factorial(m) * Factorial(n - m))  '求组合公式值
```

```
    End Sub
End Class
```

上述程序中，Factorial 函数被主程序 Button1_Click 调用三次，如果调用给定的参数不同，返回的结果也不同，但它总是返回给定参数的阶乘值。

在函数的定义和调用中，参数的含义不同。定义函数时，参数不仅是与主程序传递数据的接口，还在函数体中作为变量参与运算。这些参数称为形式参数，简称形参。主程序调用函数时需要提供的参数称为实际参数，简称实参。在主程序调用函数时，实参的值被传递给相应的形参。

注意： 调用函数时，必须采用表达式的形式或者将函数作为表达式的一部分，如上述代码中调用 Factorial 的方式。

【例 6-2】 编写一个求最大公约数的函数过程 MCD，用于计算两个正整数的最大公约数。

分析： 求最大公约数问题可以这样解决：令 $m = na + r(0 \leqslant r < n)$，即 m 除以 n 的余数为 r，那么 m 和 n 的最大公约数就是 n 和 r 的最大公约数。若 $r = 0$，则 n 就是 m 和 n 的最大公约数。若 $r \neq 0$，再用 n 代替 m，用 r 代替 n，得到新的 r。重复这个过程，直到 $r = 0$ 为止。例如，要求出 121 和 33 的最大公约数，需经过如下步骤：

1）$121 = 3 \times 33 + 22$，因为 $22 \neq 0$，所以 121 与 33 的最大公约数是 33 与 22 的最大公约数。

2）$33 = 1 \times 22 + 11$，因为 $11 \neq 0$，所以 33 与 22 的最大公约数是 22 与 11 的最大公约数。

3）$22 = 2 \times 11 + 0$，所以 22 与 11 的最大公约数是 11，即 121 与 33 的最大公约数为 11。

题目要求编写函数 MCD，求两个正整数的最大公约数，因此定义两个 Integer 类型的形式参数 a 和 b。计算出来的最大公约数也应该是整型变量。在函数体中，使用 a 和 b 两个参数变量进行一系列运算求得两者的最大公约数，最后将结果赋值给函数名 MCD。

MCD 函数定义后，在计算最大公约数时，只要知道这个函数名称以及参数个数和类型就可以直接调用。程序的界面如图 6-2 所示。

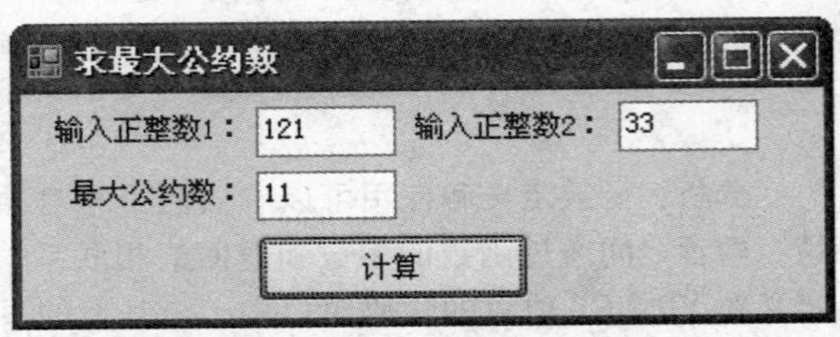

图 6-2　求最大公约数程序的运行界面

MCD 函数的代码如下：

```
Function MCD(ByVal a As Integer, ByVal b As Integer) As Integer
    Dim t As Integer, r As Integer
    If a < b Then                     '若 a < b,则将 a、b 中的值交换,保证 a > b
        t = a : a = b : b = t
    End If
    r = a Mod b                       'r 为 a、b 相除的余数
    Do While r <> 0
        a = b : b = r : r = a Mod b
        Loop
    MCD = b                           '求出的最大公约数,赋值给函数名返回
End Function
```

主程序代码如下：

```
Private Sub Button1_Click...(...) Handles Button1.Click
    Dim m, n, k As Integer
    m = Val(TextBox1.Text)            '输入第 1 个正整数
    n = Val(TextBox2.Text)            '输入第 2 个正整数
    k = MCD(m, n)                     '调用 MCD 函数求最大公约数
    TextBox3.Text = k                 '输出
End Sub
```

程序执行的流程如图6-3所示。

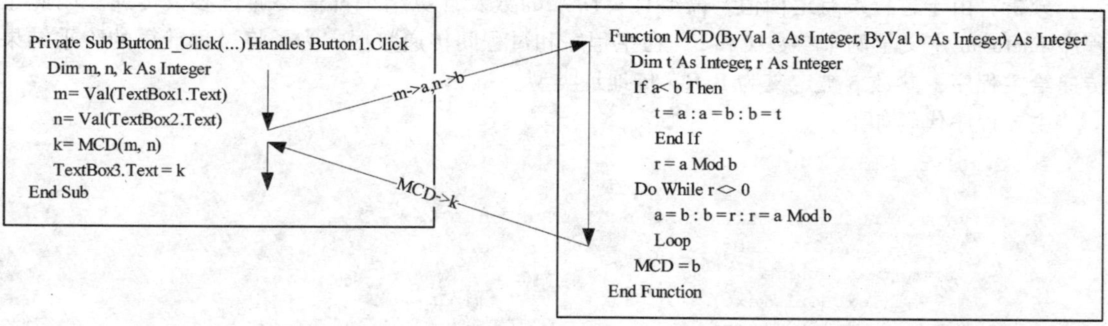

图6-3　求最大公约数程序的执行流程

从图6-3可以看出，主程序在执行过程中遇到函数MCD后，暂时中断，将实参传递给形参，进入函数MCD中执行其代码。函数MCD的函数体执行完成后，将返回结果赋值给变量k，使主程序从中断地方继续执行下去。

6.2　子过程

使用函数将会给程序设计带来很多优点，通过调用函数可以直接获得函数的运算结果。但是在有些情况下，程序并不是为了获得某个函数值，而是要实现某种功能，如在窗体上输出图形，这时可编写**子过程**（Sub）来实现所需的功能。

6.2.1　子过程的定义

子过程的定义方法与函数类似，其格式为：

```
[Private|Public] Sub 过程名([形参表])
    局部变量和常量声明
    语句
      ⋮
    [Exit Sub]
    语句
      ⋮
    End Sub
```

说明：

1）子过程必须以Sub开始，End Sub结束。

2）过程名、形参与自定义函数中对应项的规定相同。

3）子过程本身没有返回值，与函数过程不同。因此过程名没有类型，也不用在过程体内对过程名赋值。过程的运算结果通过ByRef定义的传地址类型参数返回给主程序。

6.2.2　子过程的调用

子过程的调用有两种形式：

```
Call 过程名([实参表])
过程名([实参表])
```

由于调用子过程的主程序是通过参数获得过程的返回值，因此，要获取返回值的实参只能是变量，而不能是常数。

【例6-3】将例6-1中计算阶乘的自定义函数改写为过程Factorial，在功能上同样满足例6-1

的要求。

分析：由于过程没有返回值，需要计算阶乘的数及计算结果都需要通过参数传递。因此子程序 Factorial 定义了两个参数 x 和 p，在主程序和过程间传递数据。为了将过程计算的阶乘结果传递给主程序，参数 p 被定义为 ByRef 传地址类型。

主要程序代码如下：

```
Public Class Form1
    '主程序
    Private Sub Button1_Click(……) Handles Button1.Click
        Dim p1, p2, p3 As Long
        Dim m, n As Integer
        m = Val(TextBox1.Text)                              '输入 m
        n = Val(TextBox2.Text)                              '输入 n
        Call Factorial(n, p1)
        Call Factorial(m, p2)
        Call Factorial(n - m, p3)
        TextBox3.Text = p1 / (p2 * p3)                      '求组合公式值
    End Sub
    '计算阶乘的子程序
    Public Sub Factorial(ByVal n As Integer, ByRef nn As Long)
        Dim i As Integer
        nn = 1                                              '阶乘初始值
        If n < 0 Then                                       '不允许负值
            Exit Sub
        End If
        For i = 1 To n
            nn = nn * i                                     '计算阶乘
        Next i
    End Sub
End Class
```

主程序调用子过程时，给定的实参个数、类型以及前后次序必须和被调子过程中的形参一致。对于例 6-3 编写的子过程 Factorial，如果计算 6 的阶乘，可用如下方式调用：

```
Private Sub Button1_Click(……) Handles Button1.Click
    Dim c As Long, m As Integer
    m = 6
    Call Factorial(m, c)                        '调用子程序 Factorial
    MessageBox.Show(m & "的阶乘为:" & c)
End Sub
```

调用子过程的语句为：

```
Call Factorial(m, c)
```

也可以写成第二种形式：

```
Factorial (m,c)
```

要解决一个问题，用户既可以编写函数，也可以编写过程。两者的主要区别在于函数是通过函数名将计算结果返回给主程序，而子过程则通过传地址类型的参数将计算结果返回给主程序。所以如需要将函数改写为子过程，需增加一个用于返回结果的参数。对于主程序而言，函数和子过程都是子程序。

【例 6-4】 从键盘输入一句英语，其中不含标点符号，如“This is a demonstration of procedure description and procedure call”。编写程序计算语句中英语单词的平均长度。

分析：此例题有两个目标：一是学习如何分析问题，即将一个整体问题分解为主程序和若干子程序；二是练习字符串函数，掌握字符串处理的常用操作。题目要求从键盘输入一个不含标点符号的英文语句，计算英文单词的平均长度。如果能够计算出这句英文中总的字母个数，再计算出这句英文中的单词个数，两者相除则得出平均长度。计算英文句子中字母个数的子程序和计算英文句子中单词个数的子程序可分别由不同人员编写。主程序设计人员只要调用子程序就能够解决问题。

子程序1：

子程序名称：long_string(s,m)

子程序功能：计算英文句子中字母的个数。

形参说明：s 表示英文字符串，m 表示字母个数。

```
Sub long_string (ByVal s As String, ByRef m As Integer)
    Dim k, i As Integer, t As String
    k = Len(s)                        '求字符串的总长度
    For i = 1 To k
        t = Mid(s, i, 1)              '取字符串中第 i 个字符
        If t <> " " Then
            m = m + 1
        End If
    Next
End Sub
```

子程序2：

子程序名称：num_word (s,n)

子程序功能：计算英文句子中单词的个数。

形参说明：s 表示英文字符串，n 表示单词个数。

```
Sub num_word(ByVal s As String, ByRef n As Integer)
        Dim i As Integer
        s = Trim(s)                       '去除字符串 s 两端的空格
        i = InStr(s, " ")                 'i 返回字符串 s 中第一次出现空格的位置
        Do While i > 0                    '当字符串中还有空格
            n = n + 1                     '单词个数增加 1
            s = Mid(s, i + 1)             '取空格后面的子字符串作为新的字符串
            s = LTrim(s)                  '去除这个新字符串中左边的空格
            i = InStr(s, " ")
        Loop
        n = n + 1                         '加上最后一个单词
End Sub
```

子程序调用过程设计如下：

1）程序运行界面如图 6-4 所示。

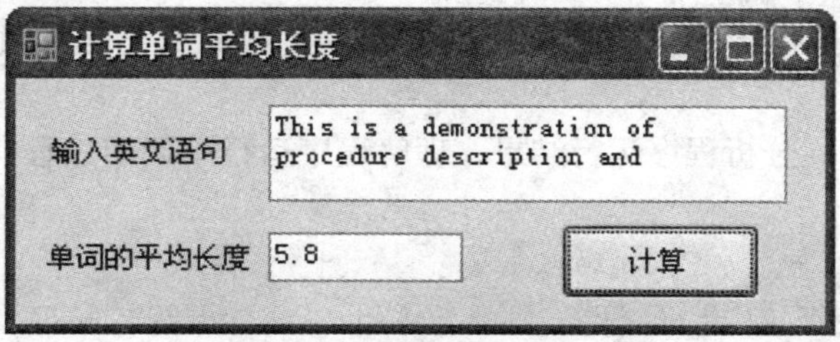

图 6-4　计算单词平均长度程序的运行界面

2）主程序的代码如下：

```
Private Sub Button1_Click(……) Handles Button1.Click
        Dim l As Integer, n As Integer, s As String, evg As Single
```

```
        s = TextBox1.Text
        Call long_string(s, l)                  '调用子程序 long_string 求字符串中字符个数
        Call num_word(s, n)                     '调用子程序 num_word 求字符串中单词的个数
        evg = l / n                             '求单词的平均长度
        TextBox2.Text = evg                     '将平均长度值显示在 TextBox2 中
    End Sub
```

6.3　参数传递

在调用函数或者过程时，必须完成实参与形参的类型匹配和转换，将实参传递到子程序，执行被调程序。

6.3.1　形参和实参

形参（Parameter）是在函数或过程中定义的参数，在子程序中作为变量使用。**实参**（Argument）则是在主程序中定义的常量、变量、表达式或数组。形参和实参必须在顺序和类型上相匹配，如图 6-5 所示的 Test 过程调用形式。

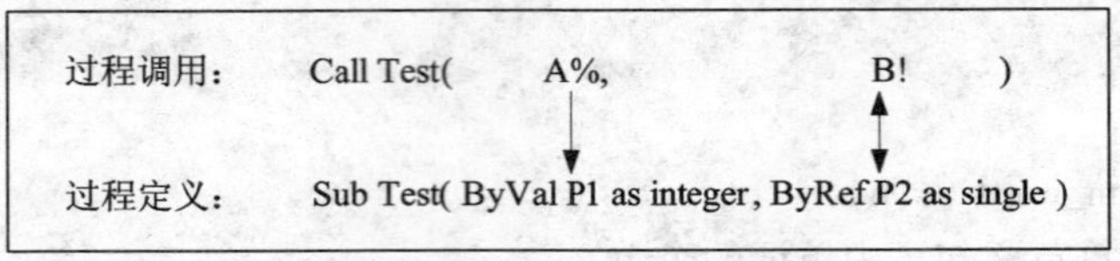

图 6-5　形参与实参的匹配

6.3.2　传值与传地址

在 VB.NET 中，参数传递有两种方法：**传值**（ByVal）和**传地址**（ByRef）。

1. 传值

当使用 ByVal 定义一个形参时，实参和形参之间采用传值方式。主程序调用一个过程时，直接将实参复制给过程中的形参。此后，实参与形参断开了联系。被调过程使用主程序传送来的实际参数值进行各种运算操作，当过程调用结束时，清空其存储单元，不会对主程序产生任何影响。

2. 传地址

当使用 ByRef 定义一个形参时，实参和形参之间采用传地址方式。主程序调用一个过程时，将实参的地址传递给形参。这意味着形参和实参两个变量虽然名称不同，但对应同一个内存单元。被调过程中对形参操作会影响主程序中的实参，实参的值会随着过程中形参值的变化而变化。

【例 6-5】阅读程序，分析程序运行结果，理解程序运行中调用过程所采用的传值方式与传地址方式的差异。

```
Private Sub Button1_Click(……) Handles Button1.Click
    Dim a As Integer, b As Integer, c As Integer, d As Integer
    TextBox1.Text = ""
    a = 2
    b = 3
    c = 0
    d = pd(a, b)
    TextBox1.Text = TextBox1.Text & "a = "& a &"  b = " & b & vbCrLf
    d = pd(a, b)
```

```
        TextBox1.Text = TextBox1.Text&"a = "&a&"b = " &b&vbCrLf
        d = pd(a + b, c)
        TextBox1.Text = TextBox1.Text&"a = "&a&"b = " &b&vbCrLf
    End Sub
    Function pd(ByVal x As Integer, ByRef y As Integer) As Integer
        Dim m As Integer, n As Integer
        m = x + y
        x = x + 1
        y = y + 1
        n = x - y
        TextBox1.Text = TextBox1.Text &"m = " & m&" x = "&x&" y = " &y &" n = "&n
        TextBox1.Text = TextBox1.Text & vbCrLf
        pd = n
    End Function
```

程序运行结果如图6-6所示。

过程分析：

1）当第一次调用函数pd时，实参a取代形参x，形参y等于实参b的地址，即x=2、y=b。由于y是地址传递，所以m=x+y相当于m=x+b、y=y+1相当于b=b+1，pd函数在文本框中显示："m=5　x=3　y=4　n=-1"；返回主程序后，输出"a=2　b=4"。由此可见，值传递时，参数值在子程序中的变化不影响调用该子程序的实参（a还是原来的a）；而地址传递时，参数值在子程序中的任何变化都会返回给调用该子程序的实参（b就不是原来的b了）。

2）第二次调用函数pd时，形参x仍然等于2、形参y等于实参b的地址，即x=2、y=b(b=4)。输出结果为："m=6　x=3　y=5　n=-2"；返回主程序后，输出"a=2　b=5"。

3）第三次调用函数pd时，形参x等于a+b、形参y等于实参c的地址，即x=7、y=c(c=0)。输出结果为："m=7　x=8　y=1　n=7"；返回主程序后，输出"a=2　b=5"。

3. *数组参数的传递*

在定义子过程或函数时，常使用数组作为参数。形参是数组时，则只需用数组名后面加括号的形式表示，不需要给出维数的上界。如果是多维数组，则各维用逗号分隔。数组参数总是传地址，无论前面是用ByVal还是用ByRef说明。

【例6-6】 定义一个过程Sort，用于对给定数组排序，程序界面如图6-7所示。

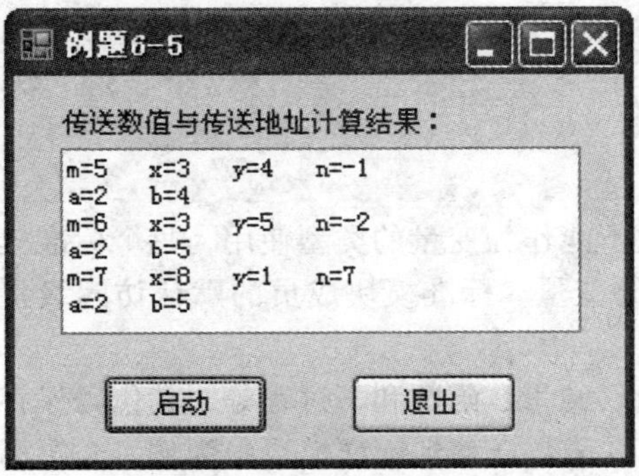

图6-6　例6-5程序的运行结果

图6-7　用子过程对数组排序的程序运行结果

分析： 由于数组作为函数或子过程参数总是采用传地址方式，因而在过程中对数组的修改总是能反映到主程序的数组中。另外，在过程中，可使用Uboud函数来确定数组大小。本例使用例5-4所用的排序法对数组排序。

程序的部分代码如下：

```
Private Sub Button1_Click(……) Handles Button1.Click
    Dim i As Integer
    Dim a() As Integer = {4, 8, 2, 6, 5, 7}                    '待排序数
    For i = 0 To UBound(a)
        TextBox1.Text = TextBox1.Text&a(i)&Space(1)            '显示待排序数
    Next i
    Call Sort(a)
    For i = 0 To UBound(a)
        TextBox2.Text = TextBox2.Text&a(i)&Space(1)            '显示排好序的数
    Next i
End Sub
Sub Sort(ByRef a() As Integer)
    Dim i, j, iMin, t As Integer
    For i = 0 To UBound(a)
        iMin = i                                               '暂时假设待排序数中 a(i)最小
        For j = i + 1 To UBound(a)
            If a(iMin) > a(j) Then                             '待排序数和暂时最小数比较
                iMin = j                                       '确定新的最小数下标
            End If
        Next j
        t = a(i)                                               '将 a(i)和待排序数中最小数交换
        a(i) = a(iMin)
        a(iMin) = t
    Next i
End Sub
```

6.4 模块与作用域

一个应用程序一般由多个模块组成。在 VB.NET 中，窗体、类（Class）、模块（Module）统称模块，为进行区分，常把 Moudle 称为标准模块。变量可以在类、窗体、标准模块或过程中定义，由于定义的位置不同，其有效范围也不同。变量可被访问的范围称为变量的**作用域**。

6.4.1 标准模块

标准模块由 Module 语句声明，其格式一般为：

```
Module 模块名
    ……
End Module
```

标准模块类似于类，但有一些重要的差别。模块不能作为变量的类型使用，每个标准模块均正好有一个实例，并且无需创建此实例或将其赋给变量。标准模块成员的默认访问级别是 Public，但变量和常量除外，它们默认是 Private。

标准模块主要用于定义为整个项目所公用的变量、常量、函数和子过程等，其代码保存在以.vb 为扩展名的文件中。下面通过将例 6-2 中的 MCD 函数迁移到标准模块中为例，介绍标准模块的创建和使用。

1）为项目添加模块。在例 6-2 的项目中，执行“项目|添加模块”命令，在弹出的如图 6-8 所示的“添加新项”对话框中选择“模块”，输入模块名称，单击“添加”按钮。

2）在图 6-9 所示模块代码窗口的 Module 与 End Module 之间书写函数代码。

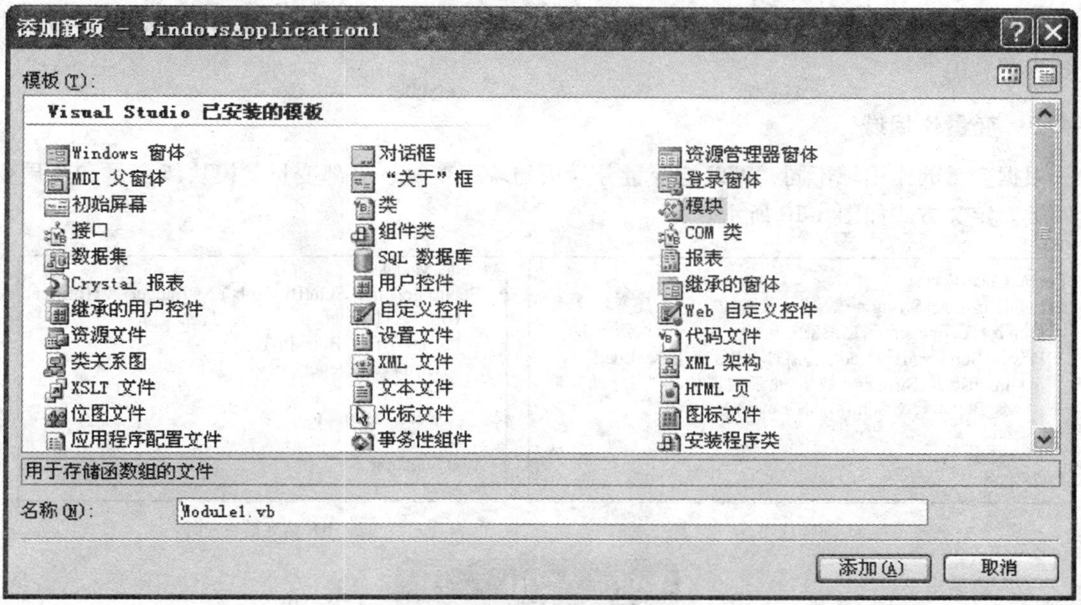

图6-8 添加模块

图6-9 模块代码编辑窗口

Module1.vb 文件中的自定义函数代码如下：

```
Module Module1
    Function MCD(ByVal a As Integer, ByVal b As Integer) As Integer
        Dim t As Integer, r As Integer
        If a < b Then                        '若a<b,则将a,b中的值交换,保证a>b
            t = a : a = b : b = t
        End If
        r = a Mod b                          'r为a、b相除的余数
        Do While r <> 0
            a = b:b = r:r = a Mod b
        Loop
        MCD = b                              '最大公约数
    End Function
End Module
```

保存 Module1.vb 文件后，删除 Form1 代码窗口中的 MCD 函数定义，重新运行程序，仍然能得到正确的结果。

6.4.2　变量作用域

根据变量的作用域不同，可以把变量分为语句块级变量、局部变量、模块级变量和全局变量四类。定义方式如图 6-10 所示。

```
Public Class Form1
  Public msg As String = "数组元素累加"      '全局变量
  Dim a() As Integer = {1, 5, 8, 3, 9, 6}     '模块级变量
  Private Sub Form1_Load(……) Handles MyBase.Load
    Dim msg As String = "数组a元素的累加和="  '局部变量
     MsgBox(msg & Sum(a), , Me.msg)
     End
  End Sub
End Class
```

a）窗体代码

```
Module Module1
  Public Function Sum(ByVal b() As Integer) As Integer
    Dim i As Integer                  '局部变量
    For i = 0 To UBound(b)
      Dim t As Integer                '语句块级变量
        t= b(i)
        Sum= Sum + t
    Next
  End Function
End Module
```

b）标准模块代码

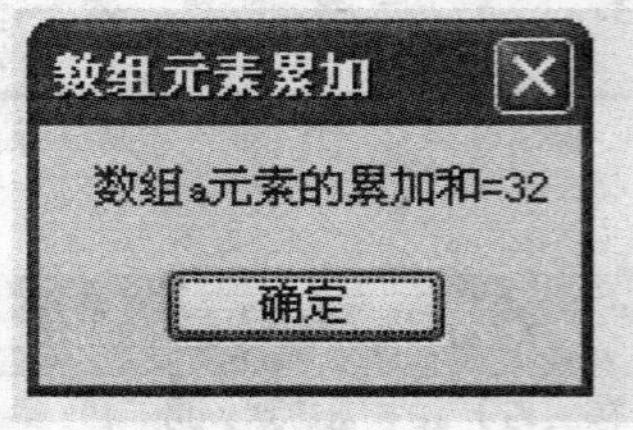

c）程序运行结果

图 6-10　计算数组累加和的例子

（1）语句块级变量

语句块是指一组语句，如 For-Next、If-End If 和 Do-Loop 等都表示一个语句块。在一个语句块中定义的变量就是语句块级变量。这类变量只在该语句块内有效，离开了本语句块将不能使用。

（2）局部变量

局部变量又称过程级变量，是指在一个过程内由 Dim 和 Static 定义的变量。局部变量只能在本过程中使用，其他过程不能访问它。当该过程结束后，变量的存储单元被释放，变量的内容也会自动消失。不同的过程中可以定义相同名称的变量，彼此使用不同的存储单元，互不相干。

（3）模块级变量

在 VB.NET 中，窗体、类、模块都是一种模块类型。模块级变量是指在这些类型的模块内所有过程之外使用 Private 或 Dim 定义的变量，其作用域是本模块内。本模块内的所有过程都可以引用这些变量，但其他模块不能访问此变量。

（4）全局变量

全局变量是指在模块级环境中使用 Public 语句定义的变量，其作用域是当前应用程序的所有过程和函数。

图 6-10 给出一个计算数组累加和的例子，用于说明模块中不同种类变量的定义和使用方法。事实上，全局变量最好定义在标准模块中，这样，它就可以为项目内所有过程直接使用，而不需要指定其所在模块名。而对于窗体中定义的全局变量，在其他模块中使用时，需指明其所在的窗体，如 Form1.msg。

当作用于不同范围内的变量名称相同时，VB.NET 系统优先访问作用域小的变量。例如，图

6-10 中定义了两个 msg 变量，一个是全局变量，一个是局部变量。在全局变量与局部变量同名时，访问局部变量。

6.4.3　过程作用域

过程的作用域可以分成模块级过程和全局过程。

（1）模块级过程

使用 Private 定义的过程属于**模块级过程**，也称私有过程。私有过程可以被本窗体或模块的其它过程调用，但不能被应用程序中的其他窗体或模块调用。

（2）全局过程

使用 Public 定义的过程属于**全局过程**，也称公用过程。公用过程可以被应用程序中的所有窗体或模块调用。

例如，图 6-10 中 Module1 模块中的 Sum 函数就是一个全局过程。

6.5　综合实例

本节将利用本章关于自定义过程方面的基本知识，通过编程解决实际问题。在解决问题过程中，帮助学生拓展知识面、了解 VB 语言的广泛用途。

6.5.1　问题及分析

在日常的工作和学习中，人们常用电子表格保存数据或进行简单的数据处理，如累加、求平均值等。实际上，VB 语言的一个子集（VBA）被嵌入到 Office 软件中，用户可以利用它编写一些自定义过程或函数，对电子表格数据进行更复杂的数据处理。下面通过 Excel 2003 数据表的一个实例，说明如何在 Excel 电子表格中通过 VB 编程进行数据处理。

【例 6-7】在国家统计局网站上可以找到历年的各种统计数据。这些数据可以以 Excel 表格格式下载。图 6-11 所示的 D0301C.xls 文件为从统计局网站下载的人口统计数据文件，包含建国后历年来的人口统计数据。试用 VB 编程计算建国以来我国人口平均增长率，并求出增长率最高和最低的年份。

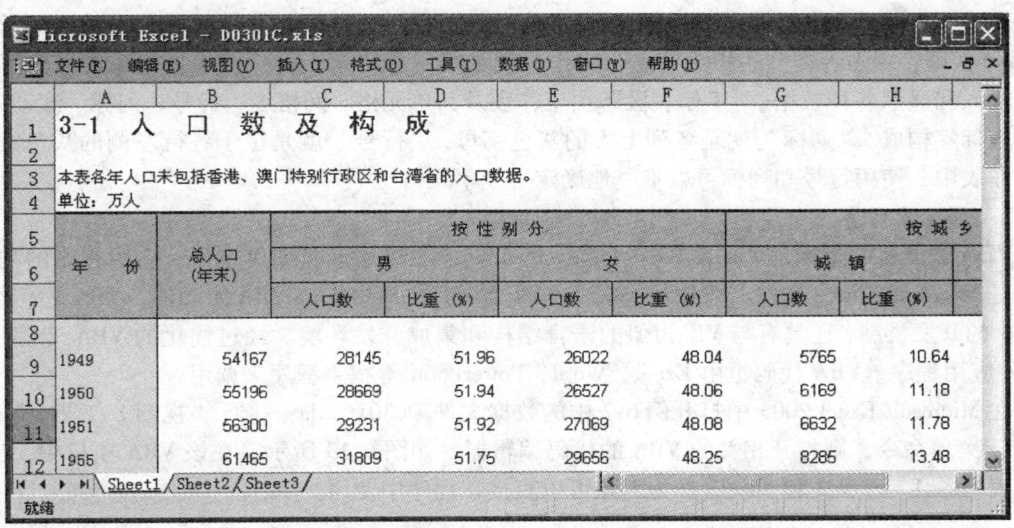

年　份	总人口(年末)	按性别分 男 人口数	男 比重（%）	女 人口数	女 比重（%）	按城乡 城镇 人口数	城镇 比重（%）
1949	54167	28145	51.96	26022	48.04	5765	10.64
1950	55196	28669	51.94	26527	48.06	6169	11.18
1951	56300	29231	51.92	27069	48.08	6632	11.78
1955	61465	31809	51.75	29656	48.25	8285	13.48

图 6-11　建国以来我国人口统计数据

Excel 电子表格中的数据可以通过 VBA 编程来处理。用户可以使用 VBA 的控件工具箱直接在表格上拖放控件，在 Visual Basic 代码编辑器中编写事件处理程序。在编写数据处理程序时，可以将 Excel 的工作表和单元格看成对象，对其单元格进行各种操作。

注意： 国家统计局网址为 *http://www.stats.gov.cn/*。例 6-7 中 D0301C.xls 文件所在的网页为 *http://www.stats.gov.cn/tjsj/ndsj/2010/indexce.htm*。

6.5.2 相关知识

1. Excel 电子表格

Microsoft Excel 是微软办公套装软件的一个重要组成部分，它可以进行各种数据的处理、统计分析和辅助决策操作。Excel 不仅制表容易，还具有自动计算功能。使用 VBA 编程可以扩展 Excel 的功能，特别是执行特定功能或是重复性高的操作。

Excel 电子表格的界面如图 6-12 所示。对 VBA 编程来说，Excel 中最重要的对象是工作表和单元格。

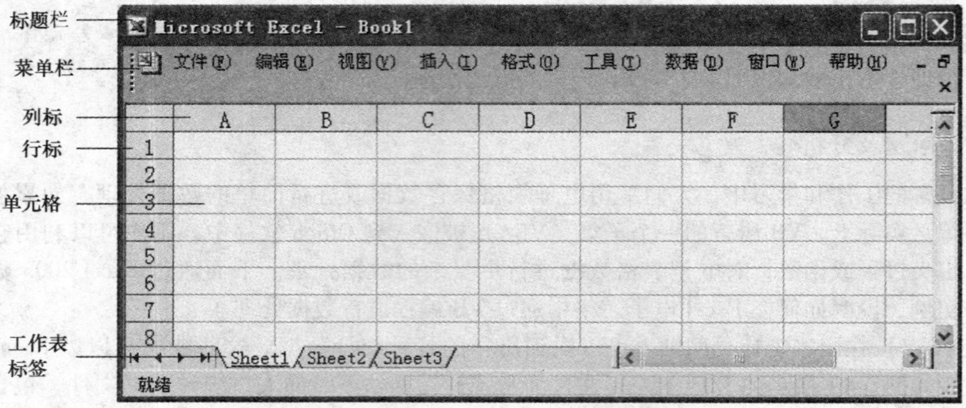

图 6-12 Excel 电子表格的界面

在 Excel 中，工作簿是处理和存储数据的文件，每一个工作簿都可以包含多张工作表(Sheet)，可管理多种类型的相关信息。工作表就是显示在屏幕上的、由表格组成的一个区域，用于输入和显示各种数据。“工作表区”由工作表及其单元格、网格线、行号、列标、滚动条和工作表标签构成。“列标”就是各列上方的灰色字母，“行号”就是位于各行左侧的灰色编号。在工作表中，使用行号和列标可以唯一地确定一个单元格。

2. VBA 宏语言

VBA 宏语言的全称是 Visual Basic for Application，主要用来扩展 Windows 应用程序的功能，特别是 Microsoft Office 软件。微软从 1993 年就开始在 Excel 中支持 VBA 宏功能。VBA 不但继承了 VB 的开发机制，还具有与 VB 相似的语言结构和集成开发环境。经过优化的 VBA 专门用于 Office 应用程序，VBA 代码也由 Excel、Word、PowerPoint 等宿主程序来调用。

在 Microsoft Excel 2003 中打开例 6-7 中的数据文件 D0301C.xls，执行“视图 | 工具 | Visual Basic”菜单命令，则打开相关的 VBA 的代码编辑器，如图 6-13 所示。在该 VBA 项目中，三个工作表 Sheet1、Sheet2 和 Sheet3 作为对象可以直接在程序中使用。

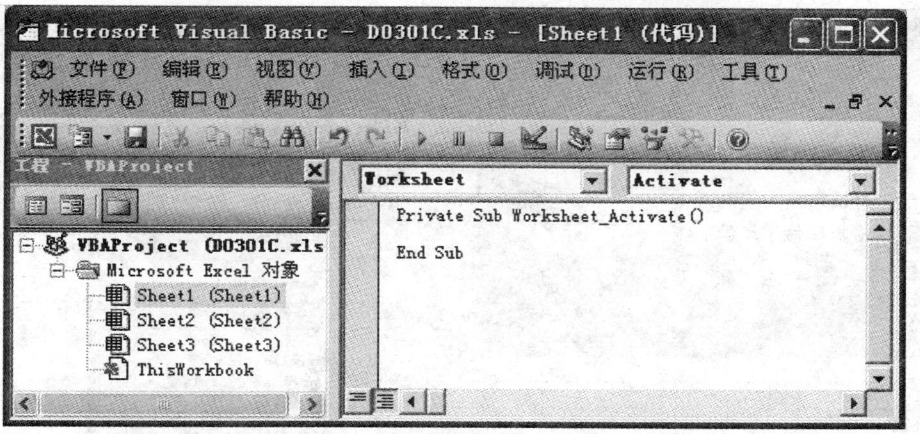

图6-13　VBA的代码编辑器

6.5.3　解决方案

1. 界面设计

在D0301C.xls文件的打开界面中选择Sheet2标签，在Sheet2工作表中选定一个区域，执行右键菜单命令“设置单元格格式”，在图6-14所示的对话框中选择浅灰色，单击“确定”按钮，将选择区域的颜色设置为浅灰色。

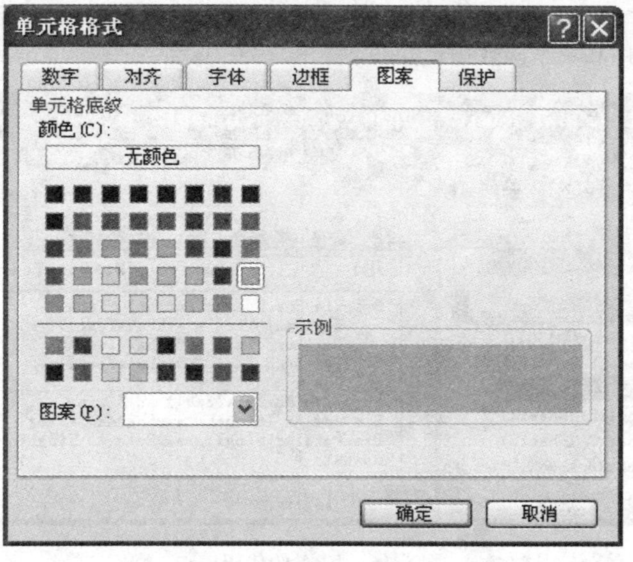

图6-14　单元格格式对话框

在Excel主菜单上，执行“视图 | 工具栏 | 控件工具箱”菜单命令，显示控件工具箱，如图6-15所示。将控件工具箱中的控件拖动到工作表的浅灰色区域，设计如图6-15所示的人口增长率统计界面。其中，属性窗口可通过点击控件工具箱上的按钮打开。

注意： Microsoft Excel 2003中的VBA沿用VB 6.0的语法，通过Caption属性输入控件上的文本，按钮类型为CommandButton，而不是VB .NET中的Button类型。

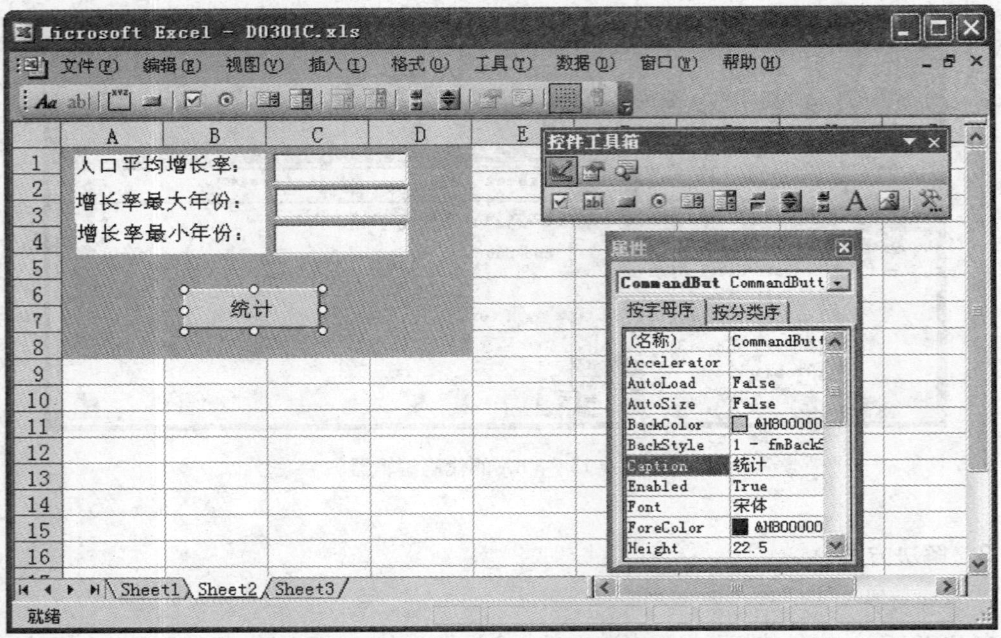

图 6-15 人口增长率统计界面设计

2. 程序设计

双击界面上的"统计"按钮，在代码窗口输入程序代码，如图 6-16 所示。程序包括一个按钮 Click 事件处理程序和三个函数过程。

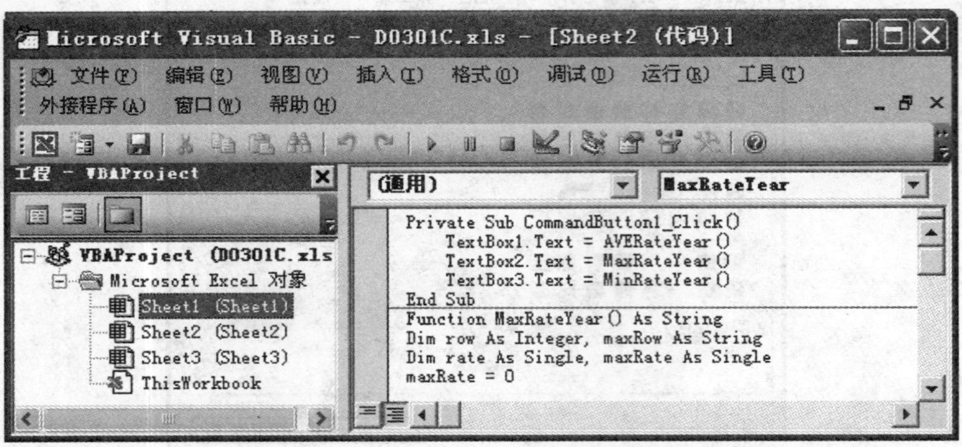

图 6-16 VBA 的代码窗口

在 VBA 程序中，Excel 工作表的单元格可以通过工作表的 Cells 属性访问，单元格可读可写。例如，要向工作表 Sheet1 的第 10 行第 2 列单元格填入一个数字 100，可用下列语句：

```
Sheet1.Cells(10,2)=100
```

程序编写完成后，点击控件工具箱上的按钮，退出设计模式，单击工作表上的"统计"按钮，则 VBA 程序执行，文本框中显示统计结果，如图 6-17 所示。

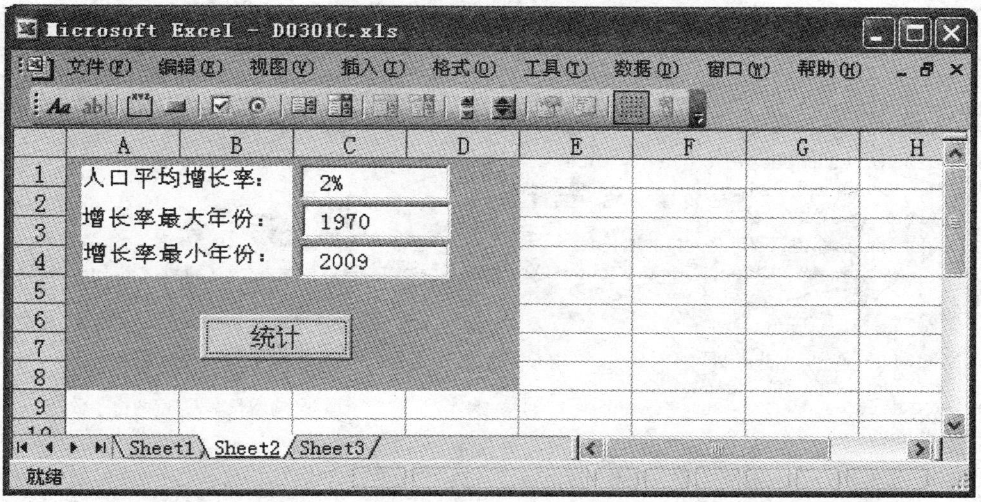

图6-17　例6-17程序的运行结果

6.5.4　实现代码

实现例6-7程序的代码由一个事件处理过程和三个函数过程组成。函数AVERate计算建国以来我国人口的平均增长率；函数MaxRateYear和MinRateYear分别找具有最高和最低人口增长率的年份。总人口数据位于工作表Sheet1的第2列，从第9行开始，到第54行结束，所以函数中的循环变量下界为10，上界为54。程序代码如下：

```
Private Sub CommandButton1_Click()                   '主调程序
    TextBox1.Text = AVERate()                        '输出人口平均增长率
    TextBox2.Text = MaxRateYear()                    '输出增长率最高的年份
    TextBox3.Text = MinRateYear()                    '输出增长率最低的年份
End Sub
Function MaxRateYear() As String                     '求增长率最高年份的函数
Dim row As Integer, maxRow As String
    Dim rate As Single, maxRate As Single
    maxRate = 0
    For row = 10 To 54
        Rem 计算相邻两年总人口的增长率
        rate = (Val(Sheet1.Cells(row, 2)) - Val(Sheet1.Cells(row - 1, 2))) / Val(Sheet1.Cells
(row - 1, 2))
        If rate > = maxRate Then
            maxRate = rate: maxRow = row             '记录当前最高的增长率的行号
        End If
    Next row
    MaxRateYear = Sheet1.Cells(maxRow, 1)            '得到人口增长率最高的年份
End Function
Function MinRateYear() As String                     '求增长率最低年份的函数
    Dim row As Integer, minRow As Integer
    Dim rate As Single, minRate As Single
    minRate = Val(Sheet1.Cells(10, 2)) - Val(Sheet1.Cells(9, 2))
    For row = 10 To 54                               '从第10行到第54行
        Rem 计算相邻两年总人口的增长率
        rate = (Val(Sheet1.Cells(row, 2)) - Val(Sheet1.Cells(row - 1, 2))) / Val(Sheet1.Cells
(row - 1, 2))
        If rate < = minRate Then
            minRate = rate: minRow = row             '记录当前最低的增长率和行号
```

```
        End If
    Next row
    MinRateYear = Sheet1.Cells(minRow, 1)                    '得到人口增长率最低的年份
End Function
Function AVERate() As String                                 '求平均增长率的函数
    Dim row As Integer, count As Integer
    Dim RateSum As Single, rate As Single
    For row = 10 To 54                                       '从第10行到第54行
        Rem 计算相邻两年总人口的增长率
        rate = (Val(Sheet1.Cells(row, 2)) - Val(Sheet1.Cells(row - 1, 2))) / Val(Sheet1.Cells
(row - 1, 2))
        count = count + 1                                    '统计年数
        RateSum = RateSum + rate                             '增长率累加和
    Next row
    AVERate = Int((RateSum / count) * 100) & "% "            '计算平均增长率,保留两位小数
End Function
```

习题

一、测试题

1. 有如下过程定义：Private Sub Fun（ByVal X As Integer，ByVal y As Integer，ByVal z As Integer），下列调用语句不正确的是__________。

（A）Call Fun（a，b，c）　　（B）Fun a，b，c

（C）Call Fun a，b，c　　（D）Call Fun（a，，c）

2. 在 VB.NET 中，编写如下子过程：

```
Sub PJ()
  Dim a as string
  ……
End sub
```

其中变量 a 的作用域属于__________。

（A）语句块级变量　　（B）局部变量　　（C）模块级变量　　（D）全局变量

3. 关于子过程，以下__________是错误的。

（A）子过程是以 Sub 开头，End Sub 结束的

（B）子程序如果没有参数，定义时可以省略子程序名后的括号

（C）子程序体中可以使用 Exit Sub 在运行过程中退出

（D）子程序既可以在窗体代码窗口中编写，也可以在模块代码窗口中编写

4. 下面过程说明最合理的是__________。

（A）Sub f1（ByVal a（）as integer）

（B）Sub（ByRef f1 as integer）as interger

（C）Function f2（ByRef f2 as integer）

（D）Function f2（ByVal n as integer）as integer

5. 下面关于过程作用域的说法，__________是错误的。

（A）模块级过程可以在不同模块之间调用

（B）模块级过程需要使用 Private 关键字进行定义

（C）全局过程可以在整个应用程序内被调用

（D）全局过程定义时可以不使用 Public

6. 关于过程之间传递参数，不正确的是__________。

（A）形参可以是具体数值　　（B）实参必须与形参一一对应

（C）自定义函数可以使用 ByRef 定义参数　（D）子过程名没有返回值

二、思考题

1. 建立过程的目的是什么，过程具有什么优势？
2. 函数过程与子过程分别适用于什么情况，两者在定义过程中有哪些差异？
3. 形参与实参有何不同，传值与传地址有何不同？

第 7 章　用户界面设计

用户界面是应用程序与用户交互的主要载体，是软件的重要组成部分。用户界面设计则是通过在窗体上对各种控件进行组合，设计出美观、简单、易用的界面。本章主要介绍菜单、工具条、对话框、窗体等与用户界面设计相关的控件，通过本章的学习，您可以了解和掌握交互式图形界面设计的基本知识。

7.1　菜单、工具栏和状态栏

7.1.1　引例

前面章节介绍了很多在界面上常见的控件，如窗体、标签、文本框和按钮等。除此以外，菜单、工具栏、通用对话框等也是程序界面的重要组成部分。图 7-1 显示的 Windows 写字板界面就是一个典型的带菜单程序界面。

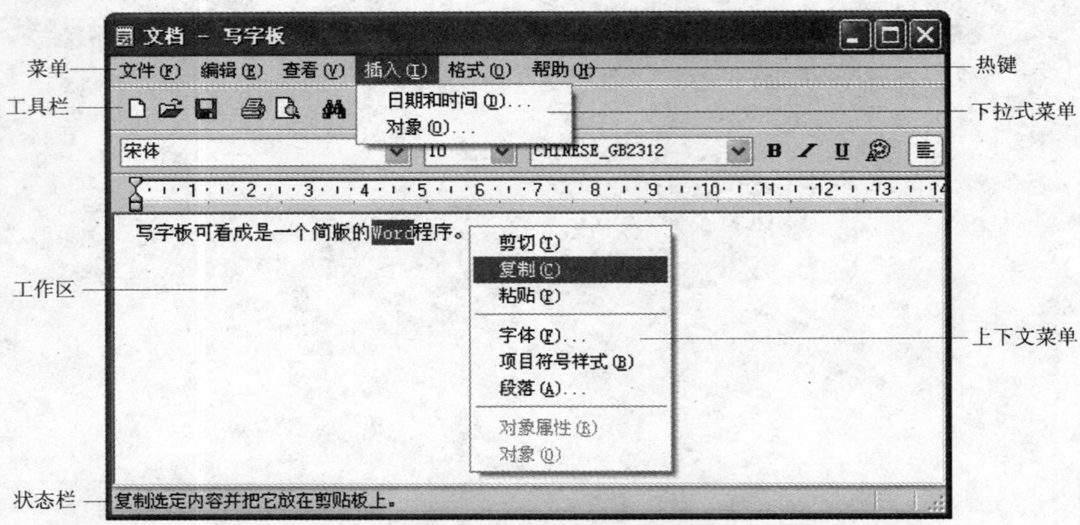

图 7-1　写字板界面

从图 7-1 可以看到，菜单有下拉式菜单和上下文菜单两种主要形式。**下拉式菜单**位于窗体的顶部，包括有主菜单、菜单项、热键和分隔线等。**上下文菜单**，也叫弹出菜单，是用户在某个对象上单击鼠标右键时弹出的菜单。**工具栏**是由一组图标按钮集合而成，点击图标按钮可以执行相应的操作。**状态栏**位于窗体的底部，能动态地显示菜单项和工具栏按钮功能，提供帮助信息。

写字板程序中的“打开”、“字体”菜单项，可以打开 Windows 标准对话框，如图 7-2 所示。常用的对话框有“打开”、“保存”、“字体”、“颜色”等。这些对话框也是程序界面的重要组成部分。

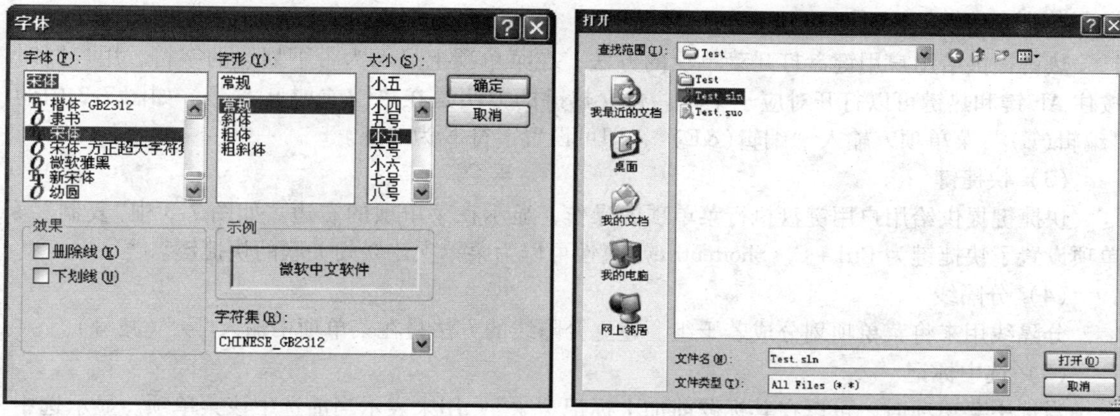

a) “字体”对话框　　b) “打开”对话框

图7-2　“字体”和“打开”对话框

7.1.2 菜单

VB.NET提供了用于设计菜单的**下拉式菜单**控件（MenuStrip）和**上下文菜单**控件（ContextMenuStrip）。从工具箱中将菜单控件拖到窗体上，即可打开可视化的下拉式菜单设计器，如图7-3所示。在标有“请在此处键入”的地方输入菜单项标题，可增加新的菜单项。

单击菜单区右边的智能标记“▸”，可显示“MenuStrip任务”对话框，如图7-4所示。对话框提供了对菜单外观和布局等属性设置的便捷访问，主要有：

1）RenderMode：设置菜单绘制样式，包括System（Windows XP样式）、Professional（Office样式）或ManagerRenderMode（自定义）。

2）Dock：设置ToolStrip停靠在窗体上的位置，默认在窗体顶部。

3）GripStyle：设置菜单栅格的可见性，可选择Hidden和Visible。

4）编辑项：显示MenuStrip项集合编辑器，可在“项集合编辑器”中设置菜单项的属性，以及添加、移除和重新排序项。

图7-3　下拉式菜单设计器

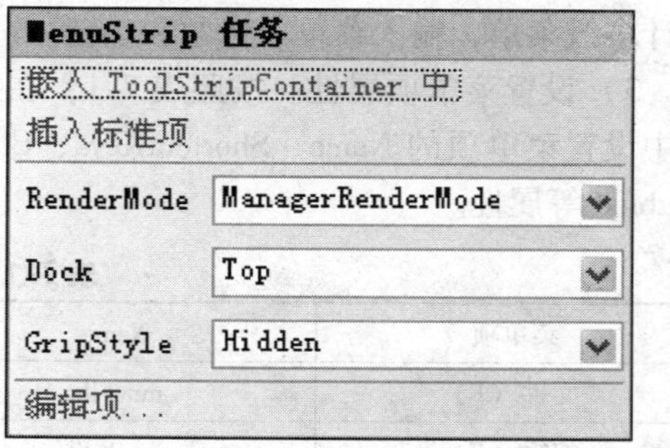

图7-4　“MenuStrip”任务对话框

1. 菜单的组成

设计菜单时，用户可以直接在菜单设计器中输入菜单项标题、热键等，更多的内容可以通过属性面板设置。

（1）菜单项

菜单上显示的标题文本，可直接在菜单上输入，也可在菜单项的Text属性中输入。

（2）热键

热键提供给用户用键盘打开菜单项的方法，在菜单项上显示为带下划线的字符。用户同时按住 Alt 键和热键可以打开对应子菜单。建立热键的方法是在热键前加上 & 号，如图 7-3 中的"编辑(E)"菜单项，输入"编辑(&E)"，即可设置字符 E 为热键。

（3）快捷键

快捷键提供给用户用键盘执行菜单项的操作，显示在菜单项的右边。如图 7-3 中"复制"菜单项设置了快捷键为 Ctrl + C。ShortcutKeys 属性可以为菜单项建立相关联的快捷键。

（4）分隔线

分隔线用来将菜单项划分成若干组。建立分隔线的方法是在菜单项中输入"-"(减号)。

（5）选中标记

当选中菜单项时，可以在其标题前加上标记"✓"，用来表示当前选中该菜单项。显示选中标记的方法是设置菜单项的 Checked 属性值为 True。通常会在程序中设置 Checked 属性，语句形式为：

```
菜单项名.Checked = {True |False}.
```

（6）提示文字

ToolTipText 属性可以设置提示信息，鼠标停在菜单项上，就会浮现文字提示。通常用于说明菜单或者按钮的功能。

除了上述内容外，也经常用到菜单项的 Visible、Enabled 属性，设计出隐藏菜单项和禁用菜单项的效果。

2. 菜单的设计

下面通过一个实例介绍下拉菜单设计的过程。

【例 7-1】使用 MenuStrip 控件设计一个关于文本操作的下拉式菜单，菜单结构如图 7-5 所示，菜单项包括剪切、复制、粘贴操作。

菜单设计的步骤如下：

1）创建控件。在窗体上添加一个 MenuStrip 控件和一个文本框 txtText。

2）设计菜单。使用菜单设计器，按照图 7-5 设计多级菜单，输入菜单项标题和热键。

3）设置菜单项属性。按照表 7-1，在属性窗口中设置菜单项的 Name、ShortcutKeys、Checked、Enabled 等属性。

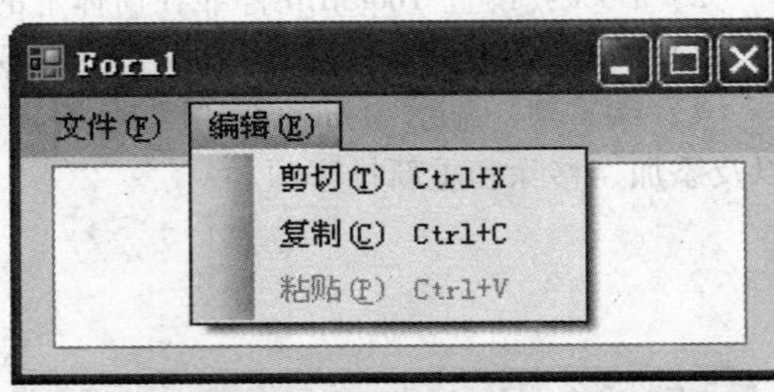

图 7-5　例 7-1 程序界面效果

表 7-1　菜单项属性设置

菜单项	Name	ShortcutKeys	Enabled
文件（F）	mnsFile		
编辑（E）	mnsEdit		
剪切（T）	mnsCut	Ctrl + X	
复制（C）	mnsCopy	Ctrl + C	
粘贴（P）	mnsPaste	Ctrl + V	False

4）编写菜单项的 Click 事件过程。主菜单中的菜单项用于显示下拉菜单，一般不需要编写事件处理过程。下面以"剪切"菜单项的 Click 事件过程为例，实现文本的剪切操作，并显示菜单

项上选中标记等变化。

```
Private Sub mnsCut_Click(……) Handles mnsCut.Click          '剪切操作
    txtText.Cut()
    mnsCut.Checked = True                                    '设置菜单项选中标记
    mnsCopy.Checked = False
    mnsPaste.Checked = False
    mnsPaste.Enabled = True                                  '设置粘贴菜单项可用
End Sub
```

上下文菜单与操作环境、对象相关联，在不同的对象上单击鼠标右键，会出现不同的菜单命令。因此，在上下文菜单设计时，除了上述步骤外，还需要建立菜单与对应控件的关联。例如，在例7-1的窗体上添加一个上下文菜单ContextMenuStrip1，其菜单项内容与“编辑”主菜单相同，包括了复制、剪切、粘贴。设置文本框ContextMenuStrip属性的值为ContextMenuStrip1，关联菜单与文本框，则在文本框中单击鼠标右键，可弹出上下文菜单。

另外，由于上下文菜单的菜单项功能往往与主菜单上同名项菜单项一致，因此可重用代码，只要适当修改代码即可。例如，上下文菜单中“剪切”菜单项的事件过程形式如下：

```
Private Sub cmsCut_Click(……) Handles cmsCut.Click
    txtText.Cut()
    cmsCut.Checked = True
    cmsPaste.Enabled = True
    cmsCopy.Checked = False
    cmsPaste.Checked = False
End Sub
```

如果上下文菜单项的功能与下拉菜单完全相同，也可以用调用事件过程或者共享代码的方式。要注意的是，在调用事件过程中，由于Click事件过程中本身带有形参，所以调用语句中不能省略对应的实参值。

```
Private Sub cmsCut_Click(……) Handles cmsCut.Click
    Call mnsCut_click(nothing,nothing)                '调用下拉菜单项的事件处理过程
End Sub
Private Sub mnsCut_Click(ByVal sender As System.Object, ByVal e As System.EventArgs) Han-
dles mnsCut.Click, cmscut.Click
    ……
End Sub
```

注意： 例7-1中对菜单项的名称进行了重新命名，没有使用系统默认的名称。事实上，当控件数量较多时，对每个控件给出一个有意义的名称，不仅方便对控件的管理，也使程序可读性增强。匈牙利命名法是一个常用的命名规范。该方法对控件命名一律使用控件类型缩写+控件用途的命名方式，类型缩写应控制在3个字母以内。例如，表7-2列出了几个常用的控件名称和类型缩写。

表7-2　控件名称和类型缩写

控件名称	类型缩写	控件名称	类型缩写
Button	btn	Label	lab
CheckBox	chk	ListBox	lst
ContextMenuStrip	cms	MenuStrip	mns
Dialog	dlg	PictureBox	pic
Form	frm	TextBox	txt

7.1.3　工具栏

工具栏形象地体现了应用程序的常用功能，进一步简化了用户对菜单的操作。用户可单击工具栏上的图标按钮来完成常用操作。使用 VB.NET **工具栏**控件（ToolStrip）可以便捷地建立工具栏，并从工具栏的下拉菜单中，选择添加按钮、标签、文本框、组合框、进度条等控件，如图 7-6 所示。

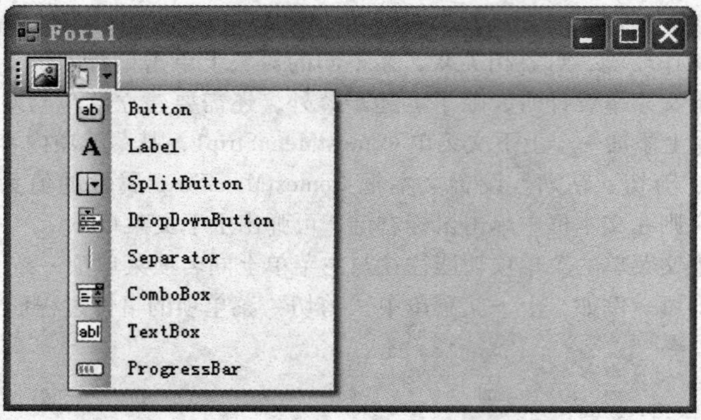

图 7-6　工具栏及其下拉菜单

控件说明如下：

1）Button：按钮，通常通过 Image 属性添加图像，设置为图标按钮。

2）Label：标签。

3）SplitButton：右端带有下拉按钮的按钮，单击下拉按钮可显示下拉菜单。

4）DropDownButton：类似于 SplitButton，区别是单击按钮任意部分均可打开菜单。

5）Separator：水平或垂直分隔符。

6）ComboBox：组合框。

7）Textbox：文本框。

8）ProgressBar：进度条。

【例 7-2】在例 7-1 的基础上，添加菜单项“视图（V）”，及其下拉子菜单“工具栏（T）”。并在菜单下添加工具栏，如图 7-7 所示。按钮的功能分别对应：剪切、复制、粘贴、文字颜色和字体设置。单击“工具栏（T）”菜单项，可以显示或者隐藏工具栏。

工具栏设计步骤为：

1）建立工具栏。在窗体上添加一个 ToolStrip 控件。

2）添加控件。在工具栏上添加三个 Button、一个 Separator、一个 SplitButton、一个 ComboBox。在 SplitButton 按钮下输入菜单项“红色”和“黑色”，如图 7-8。

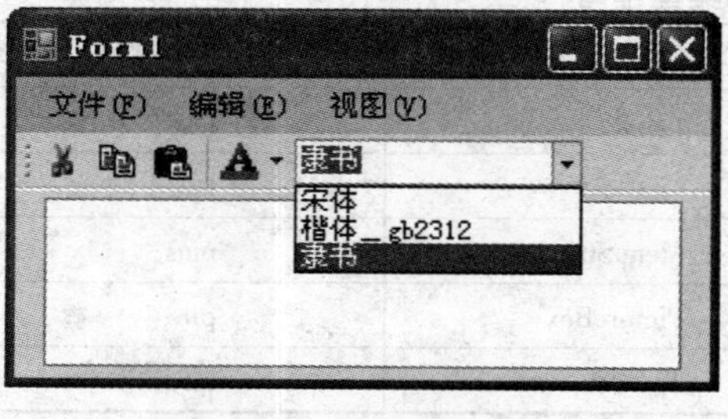

图 7-7　例 7-2 程序运行界面效果

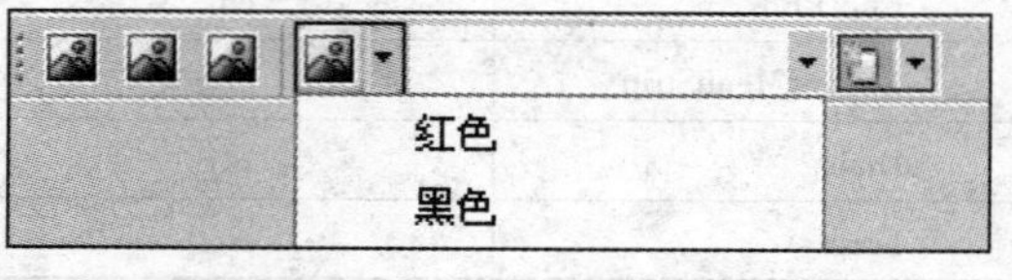

图 7-8　在工具栏上添加控件和菜单项

3）设计工具栏的外观。单击工具栏上的智能标记“▶”，打开如图7-9任务对话框。在对话框中设置“插入标准项”、系统标准工具栏（System）、停靠位置Top。

4）设置属性。从ToolStrip任务对话框中单击“编辑项…”，打开“项集合编辑器”，如图7-10所示。按表7-3设置控件的Name、Image、ToolTipText属性。其中，Image属性需要的图片，可以从VB.NET的安装路径下找到。对于ComboBox，还需要设置Items属性，输入字符串“宋体，楷体_gb2312，隶书”。

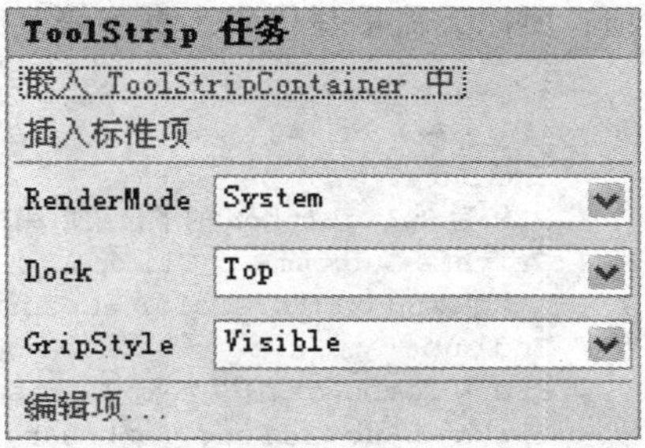

图7-9 工具栏上添加控件

注意： 默认情况下VB.NET将安装“C:\Program Files”目录下，工具栏上的常用图标文件保存在压缩文件“Microsoft Visual Studio 8\Common7\VS2005ImageLibrary.rar”中。展开该文件后，在“VS2005ImageLibrary\bitmaps\commands\24bitcolor”文件夹中可找到24位色的常用图标文件。

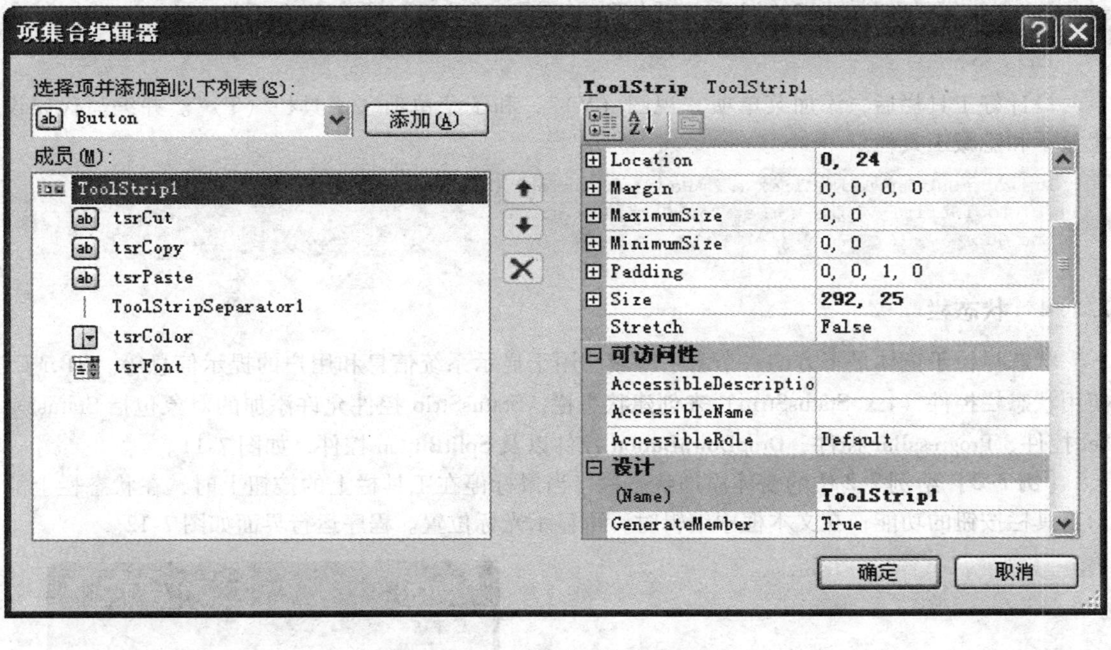

图7-10 工具栏的项集合编辑器

表7-3 工具栏上控件属性设置

控件	Name	Image	ToolTipText
Button	tsrCut		“剪切”
Button	tsrCopy		“复制”
Button	tsrPaste		“粘贴”
SplitButton	tsrColor		“文字颜色”
ComboBox	tsrFont		“字体”

5）编写工具栏控件的事件过程。“剪切”、“复制”、“粘贴”按钮在菜单中均有相应的菜单项，所以无需重写代码，直接修改菜单项的事件，实现代码共享。

```
Private Sub mnsCut_Click(……) Handles mnsCut.Click, tsrCut.Click   '剪切操作
    ……
End Sub
REM 为 SplitButton 的下拉菜单编写 Click 事件处理过程代码,设置文字的颜色为红色和黑色。
Private Sub tsmRed_Click(……) Handles tsmRed.Click
    TextBox1.ForeColor = Color.Red                               '设置文本框文字颜色为红色
End Sub
REM 为 ComboBox 编写 TextChange 事件处理过程代码,设置文字的不同字体效果.
Private Sub tsrFont_TextChanged(……) Handles tsrFont.TextChanged
    Dim i As String
    i = tscbFont.Text
    Select Case i
        Case "宋体"
            TextBox1.Font = New Font(tscbFont.Text, TextBox1.Font.Size)
        Case "楷体_gb2312"
            TextBox1.Font = New Font(tscbFont.Text, TextBox1.Font.Size)
        Case "隶书"
            TextBox1.Font = New Font(tscbFont.Text, TextBox1.Font.Size)
    End Select
End Sub
```

设计好工具栏后，添加菜单项“视图（V）”，和子菜单项“工具栏（T）”。并编写代码设置显示和隐藏工具栏。

```
Private Sub mnsTool_Click(……) Handles mnsTool.Click
    ToolStrip1.Visible = Not ToolStrip1.Visible
End Sub
```

7.1.4　状态栏

状态栏位于窗体最下方的一个水平区域，用于显示系统信息和用户的提示信息等。VB.NET使用**状态栏**控件（StatusStrip）来创建状态栏。StatusStrip 控件允许添加的对象包括 StatusLabel 控件、ProgressBar 控件、DropDownButton 控件以及 SplitButton 控件，如图 7-11。

【例 7-3】 给例 7-2 中的窗体添加状态栏，当鼠标停在工具栏上的按钮上时，在状态栏上显示工具栏按钮的功能；在文本框中编辑时，可显示光标位置。程序运行界面如图 7-12。

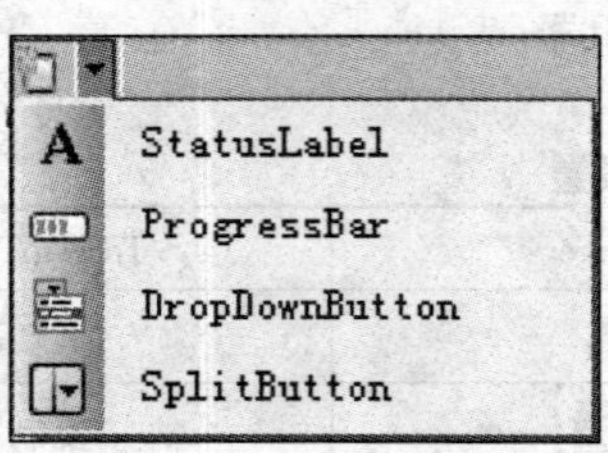

图 7-11　状态栏允许添加的控件

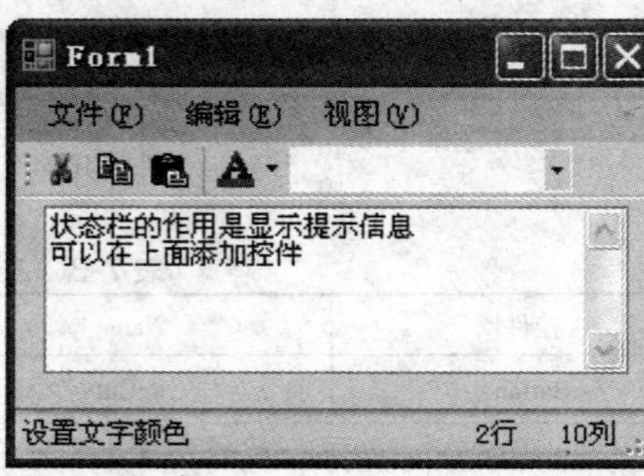

图 7-12　例 7-3 程序运行界面效果

状态栏设计步骤：

1）建立状态栏。在窗体上添加一个 StatusStrip 控件。

2）添加控件。在状态栏上添加两个 StatusLabel，分别用来显示按钮功能和光标位置。设置其

Name 属性分别为 tslButton 和 tslCount。Autosize 属性设置为 True，可根据内容自动调整标签大小。

3）编写工具栏按钮的 MouseHover 事件处理过程代码，在状态栏上显示按钮功能：

```
REM 鼠标停在工具栏上的剪切按钮，状态栏上显示说明信息。
Private Sub tsrCut_MouseHover(……) Handles tsrCut.MouseHover
    tslButton.Text = "剪切选定的内容并把它放到剪贴板上"
End Sub
```

4）编写过程 CursorPos（），用于定位光标位置。

```
Sub CursorPos()
    Dim i, r, c As Integer                          '变量 r 保存行,c 保存列
    r =1:c =1
    For i =1 To TextBox1.SelectionStart
        If Mid(TextBox1.Text, i, 1) = Chr(10) Then  '判断是否换行
            r = r +1:c =1                           '文字换行,行数加 1,列从 1 重新开始统计
        Else
            c = c +1                                '文字没有换行,列数加
        End If
    Next
    tslcount.Text = r&"行"&Space(3)&c& "列"
End Sub
```

5）文本框中编辑文字（TextBox1_KeyUp）和插入光标（TextBox1_MouseUp）事件中可调用 CursorPos 过程来重新定位光标。

```
Private Sub TextBox1_KeyUp(…) Handles TextBox1.KeyUp
    CursorPost()                         '文本框中编辑文字时调用 CursorPos 过程
End Sub
```

运行程序时会发现，由于设置 tslButton 的 AutoSize 属性值为 True，而不同按钮显示的文字长度不同，会使显示光标位置的标签随之移动。为了实现标签在状态栏右侧显示的效果，可以采用以下方式实现：在两个标签中间在添加一个空白的 StatusLabel（Text 属性为空），并将其 Spring 属性设为 True。Spring 属性的作用是设置该项是否填满剩余空间，设为 True 以后，当程序运行时后面的项就都挤到右边，从而实现靠右对齐了。设置 BorderStyle（边框样式）和 BorderSides（显示边框不同的边）属性，可以修改状态栏上标签的外观。

7.2 窗体和对话框

窗体和对话框是重要的应用程序界面组件。在 2.2.2 节已经介绍了窗体控件，本节主要介绍多窗体界面和几个常用的通用对话框。

7.2.1 多窗体界面

1. 多窗体

VB.NET 程序中允许创建多个窗体，用户可执行“项目|添加 Windows 窗体”菜单命令创建窗体。所有窗体的实例化都是由系统自动完成的，用户可以通过窗体名直接使用它们。

程序运行时首先要启动一个窗体，这就是“启动窗体”。系统默认启动窗体为 Form1，若要指定其他窗体为启动窗体，可以执行“项目|属性”菜单命令，在项目属性中设置，如图 7-13。

一个窗体启动后，可用程序语句启动其他窗体，例如，要在 Form1 窗体上的按钮事件过程中打开 Form2 窗体，可用语句：

```
Form2.Show()
```

要在 Form1 窗体上的按钮事件过程中关闭 Form1 自己，语句为：

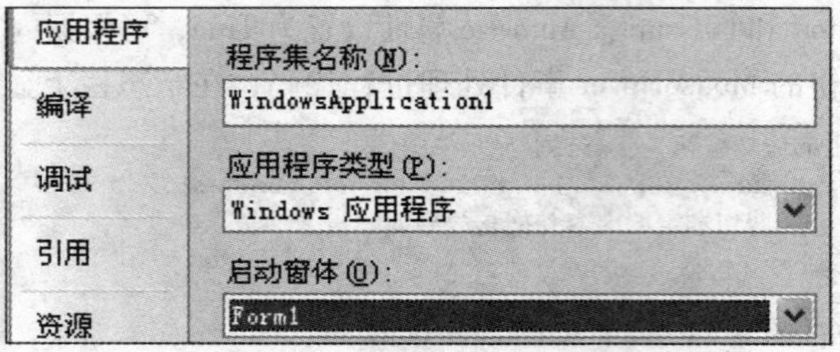

图 7-13　设置启动窗体

```
Me.Close()
```

【例 7-4】要求设计一个包含多个窗体的用户登录程序，如图 7-14 所示。图 7-14a 登录窗体：“身份验证”按钮，可进入“验证”窗体，并且不可再进入登录窗体。“退出系统“按钮，结束程序。图 7-14b 验证窗体：“确定”按钮，可验证输入信息。账号和密码最多输入三次，输入错误给出相应提示，并让焦点回到对应的文本框。三次输入错误，关闭验证窗口，返回登录窗口。输入正确，打开“进入”窗体，隐藏验证窗体。图 7-14c 进入窗体：标签提示已经登录系统。

a) 登录界面　　b) 验证界面　　c) 进入界面

图 7-14　例 7-4 程序的运行界面

项目设计方案和实现步骤如下：

（1）建立三个窗体，窗体的 Name 和 Text 等属性设置见表 7-4。

表 7-4　窗体属性设置

属性名	属性值		
	窗体：登录	窗体：验证	窗体：进入
Name	frmLoad	frmPwd	frmPass
Text	“登录”	“验证”	“进入”
StartPostion	默认值	CenterScreen	CenterScreen
FromBorderStyle	FixedSingle		
MaximizeBox	False		
MinimizeBox	False		

（2）编写登录窗体 frmLoad 上的按钮 Click 事件代码。

```
Private Sub Button1_Click(……) Handles Button1.Click
    frmPwd.ShowDialog()                          '以模式方式打开验证窗体
End Sub
Private Sub Button2_Click(……) Handles Button2.Click
    End                                          '结束程序
End Sub
```

（3）编写验证窗体上的按钮 Click 事件代码。

```
Private Sub button1_Click(……) Handles button1.Click
    Static i As Integer                             '统计错误次数
    If i <3 Then
        If txtId.Text < > "admin" Then
            MessageBox.Show("用户名错误,请重新输入")
            i = i +1
            txtId.Focus()                           '文本框获得焦点
            txtId.Clear()                           '清空文本框
        ElseIf txtPwd.Text < > "123456" Then
            MessageBox.Show("密码错误,请重新输入")
            i = i +1
            txtPwd.Focus()
            txtPwd.Clear()
        Else
            frmPass.Show()                          '输入正确,进入下一窗体
            Me.Hide()                               '隐藏验证窗体
        End If
    Else
        MessageBox.Show("已经连续输错三次,请退出")
        Me.Close()                                  '关闭验证窗体
    End If
End Sub
```

2. 多文档窗体

Windows 应用程序主要有两种类型的窗体界面：**单文档界面**（Single Document Interface，SDI）和**多文档界面**（Multiple Document Interface，MDI）。在一个单文档界面的工作区中，每次只能打开单个文档，想要打开另一个文档时，必须先关闭已打开的文档，如常用的记事本程序。

多文档界面是由一个父窗体和多个子窗体组成的，同时能够打开多个文档，分别显示在不同的子窗体中，用户可以在各文档间随意切换。在多文档界面中，父窗口被称为 MDI 父窗体，它是子窗体的容器，负责管理子窗体。图 7-15 所示的 Excel 程序窗口就是一个 MDI 窗口，它由父子两个窗口构成。

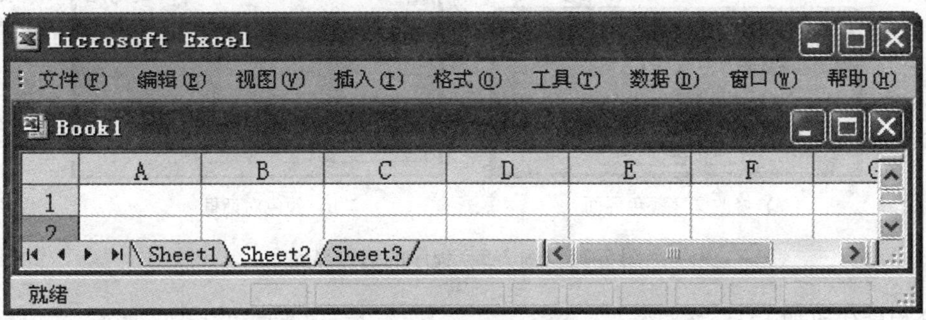

图 7-15　Excel 多文档界面

在 VB.NET 中创建一个 MDI 父窗体，只需将普通窗体的 IsMdiContainer 属性设置为 True。例如，图 7-16 将 Form1 窗体设置为父窗体，父窗体的背景颜色加深，以与普通窗体相区别。选择“项目 | 添加 Windows 窗体”菜单命令，在父窗体 Form1 中添加了子窗体 Form2，在父窗体添加菜单栏，设置菜单项，可打开对应的子窗体。例如，可在 Form1 菜单项的 Click 事件处理程序中编写如下代码打开 Form2 窗体：

```
Form2.MdiParent = Me            '设置子窗体的父窗体
Form2.Show()                    '打开子窗体
```

图 7-16　MDI 窗体

7.2.2　通用对话框

打开文件对话框控件 OpenFileDialog 在 2.3.2 节已经介绍，保存文件对话框控件 SaveFileDialog 与 OpenFileDialog 控件类似，在本书 3.5.2 节使用过。本节只介绍颜色对话框和字体对话框。

1. *颜色对话框*

颜色对话框是通过 ColorDialog 控件  实现的，它既提供基本颜色，也允许用户自定义颜色。用户选择的颜色通过 Color 属性返回。

【例 7-5】 设计程序，界面如 7-17a 所示，打开颜色对话框，设置文字颜色。

分析： 在工具箱中拖动 ColorDialog 控件到窗体上，创建颜色对话框控件的一个实例 ColorDialog1。对话框启动后，点击选择所需颜色即可，如图 7-17b 所示。

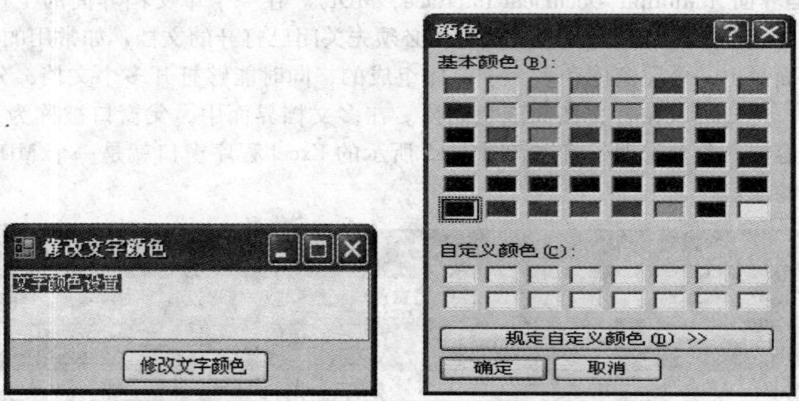

a) 修改文字颜色界面　　b) 颜色对话框

图 7-17　例 7-5　程序的运行界面

部分程序代码如下：

```
Private Sub Button1_Click(……) Handles Button1.Click
    ColorDialog1.ShowDialog()                    '打开颜色对话框
    TextBox1.ForeColor = ColorDialog1.Color      '用选择的颜色设置文本框的前景色
End Sub
```

2. *字体对话框*

字体对话框是通过 FontDialog 控件  实现的，对话框中可以选择文字的字体、字形、大小等，如图 7-2a 所示。对话框的 Font 属性可返回用户选择的字体。例如，为文本框 Textbox1 的文字设置格式：

```
FontDialog1.ShowDialog()                   '打开字体对话框
TextBox1.Font = FontDialog1.Font           '用选择的字体设置文本框的字体
```

字体对话框也可以设置文字的颜色，但要设置 ShowColor 属性为 True，才可以显示出来。选择的颜色通过 Color 属性返回。例如，用字体对话框选择颜色来设置文本颜色的代码如下：

```
FontDialog1.ShowColor = true               '显示对话框中的颜色选项
TextBox1.ForeColor = FontDialog1.Color
```

7.3　键盘和鼠标

键盘和鼠标是人机交互的主要工具，用户可通过键盘或鼠标向计算机输入数据和指令。

7.3.1　键盘

1. 键盘焦点

焦点是接收用户鼠标或键盘输入的能力。当对象具有焦点时，可接收用户的输入。例如，在 Windows 界面中，可同时运行多个程序，但只有具有焦点的应用程序才是活动窗体，才能接受用户的输入或者鼠标操作。使用下列方法都可将焦点赋给对象：

1）程序运行时用鼠标选择对象。

2）程序运行时用 Tab 键选择对象。

3）在代码中调用 Focus 方法。

当文本框获得键盘焦点时，光标出现在文本框中，可以接收键盘的输入内容。按钮获得键盘焦点后，按钮上出现虚线框，这时可以通过键盘 Enter 键来触发按钮的 Click 事件。列表框和组合框获得焦点后，选中框中的第一项，并可以用键盘上的↑↓方向键来选择其他项。标签、图片框、组框等控件由于无法接受键盘的输入，所以不具有键盘焦点。

用 Tab 键选择窗体上的控件时，其焦点切换是有一定顺序的。VB.NET 系统自动按照控件加入窗体的顺序，赋予控件的 TabIndex 属性值依次为 0，1，2，3，……等等。TabIndex 属性值小的控件会先获得焦点。在属性窗口修改这些属性值，可以改变焦点切换的顺序。例如，在例 7-4 中，打开"验证"窗口，可以用 Tab 键在文本框和按钮间进行切换。控件一旦得到焦点，将会触发 GotFocus 事件，失去焦点时触发 LostFocus 事件。

【例 7-6】 修改例 7-4 验证界面，要求输入的密码必须为数字，如果包含其他字符则给出提示，并让焦点回到文本框中，如图 7-18。

图 7-18　例 7-6 程序运行界面

部分程序代码如下：

```
Private Sub txtPwd_LostFocus(……) Handles txtPwd.LostFocus
    If txtPwd.Text < > "" And Not IsNumeric(txtPwd.Text) Then
    MessageBox.Show("包含非法字符")
        txtPwd.Clear()
        txtPwd.Focus()
    End If
End Sub
```

2. 键盘事件

VB.NET 主要的键盘事件如表 7-5 所示。

表 7-5 键盘事件

事件	说 明
KeyPress	按下一个会产生 ASCII 码的键时发生
KeyDown	按下键盘上任意一个键时发生
KeyUp	释放键盘上任意一个键时发生

(1) KeyPress 事件

KeyPress 事件只会对产生 ASCII 码的按键响应，包括数字、字母、Enter、Backspace 等键，而对于功能键（F1 ~ F12、Shift、Ctrl 和 Alt 等）、TAB 键、方向键等不会产生 ASCII 码的键，KeyPress 事件则不会发生。事件处理过程的形式如下：

```
Sub 对象_KeyPress(ByVal sender As Object, ByVal e As System.Windows.Forms. KeyPressEven-
tArgs) Handles 对象.KeyPress
    ……
End Sub
```

其中，参数 e 包含了与 KeyPress 事件相关的数据。

1）e.keychar：获取按下的字符。如果是字母，会根据键盘的输入状态，返回大写或者小写字母。

2）e.Handled：获取或者设置一个 Boolean 值，表示本次按键是否被处理过。若为 True，表示本次按键已经被处理过了，系统不再处理，即此次按键操作被忽略。利用这个特性可以在某些控件中过滤掉不允许的字符。

例如，规定文本框 textbox1 只允许输入数字，如果输入其他字符，则取消当前的输入。

```
Private Sub TextBox1_KeyPress(……) Handles TextBox1.KeyPress
    If Not IsNumeric(e.KeyChar) Then
        e.Handled = True
    End If
End Sub
```

除了设置 e.Handled = True，可以取消当前键盘的输入，也可以设置 e.KeyChar = ""来达到同样的效果。

【例 7-7】 设计程序，使用键盘上的 w、s、a 和 d 键控制图片上下左右移动。

分析： 由于图片框 PictureBox 不能响应键盘事件，所以本例中使用按钮来显示图片。在窗体上拖放按钮实例 Button1，导入图片到按钮的 Image 属性，将图片显示在按钮上。

部分程序代码如下：

```
Private Sub Button1_KeyPress(……) Handles Button1.KeyPress
    Select Case e.KeyChar
        Case "w"
            Button1.Top = Button1.Top - 1
        Case "s"
            Button1.Top = Button1.Top + 1
        Case "a"
            Button1.Left = Button1.Left - 1
        Case "d"
            Button1.Left = Button1.Left + 1
        Case Else
            MessageBox.Show("请用键盘 wsad 键控制图片上下左右移动")
    End Select
End Sub
```

（2）KeyDown 和 KeyUp 事件

KeyDown 和 KeyUp 事件可以捕获键盘的任一按键和各种组合键。事件过程的形式如下：

```
Sub 对象_KeyDown(ByVal sender As Object, ByVal e As System.Windows.Forms.KeyPressEventArgs) Handles 对象.KeyDown
Sub 对象_KeyUp(ByVal sender As Object, ByVal e As System.Windows.Forms.KeyPressEventArgs) Handles 对象.KeyUp
```

其中，参数 e 包含了用户的按键信息，以及 Shift、Ctrl 和 Alt 键的状态。

1）e.Shift、e.Control、e.Alt：获取一个 Boolean 值，指示 Shift、Ctrl、Alt 键是否按下。例如，当按下 Shift 键，则 e.shift 的值为 True。

2）e.Handled：与 KeyPress 事件 e.Handled 意义相同，表示本次按键是否被处理过。

3）e.KeyCode：返回 Keys 枚举类型的一个成员，是用户所操作的键的键盘代码，即用户所操作的物理键。例如，不管键盘处于大写或者小写状态，用户按下键盘“A”键，e.KeyCode 的值都是相同的，都为字母“A”的 ASCII 码。对于有上下挡字符的键，其 e.KeyCode 的值也是相同的，为下挡字符的 ASCII 码。

Keys 枚举类型包含了键盘上的每一个键的常量定义，表 7-6 中列举了一些示例。

表 7-6 KeyCode 属性枚举值

枚举常量	说明	枚举常量	说明
Keys.A-Keys.Z	键 A-键 Z	Keys.ControlKey	Ctrl 键
Keys.D0-Keys.D9	键 0-键 9	Keys.Alt	Alt 键
Keys.F1-Keys.F24	功能键 F1-F12	Keys.Delete	Del 键
Keys.Space	空格键	Keys.Back	Backspace 键

如果要表示组合键，可以用 And 连接枚举常量或者 e.Shift 等值，例如组合键 Ctrl + A，可以表示为 e.Control And Keys.A。

修改例 7-7 的代码，使用键盘上的方向键控制图片运动。程序代码如下：

```
Private Sub Button1_KeyUp(… …) Handles Button1.KeyUp
    Select Case e.KeyCode
        Case Keys.Up
            Button1.Top = Button1.Top - 1
        Case Keys.Down
            Button1.Top = Button1.Top + 1
        Case Keys.Left
            Button1.Left = Button1.Left - 1
        Case Keys.Right
            Button1.Left = Button1.Left + 1
        Case Else
            MessageBox.Show("请用方向键控制图片上下左右移动")
    End Select
End Sub
```

7.3.2 鼠标

当鼠标在窗体或控件上移动、鼠标按键按下或弹起时，都会产生鼠标事件。常用的鼠标事件见表 7-7。通过这些事件，用户可以捕捉鼠标当前的状态。

下面以鼠标的 MouseMove 事件为例，说明应如何处理鼠标事件，获取鼠标状态信息。MouseMove 事件处理过程的形式如下：

```
Sub 对象_MouseMove(ByVal sender As Object, ByVal e As System.Windows.Forms. MouseEventArgs) Handles 对象.MouseMove
```

表 7-7　常用的鼠标事件

序号	事件	说　明
1	MouseDown	按下鼠标时发生
2	MouseUp	释放鼠标按键时发生
3	MouseMove	鼠标移动时发生
4	MouseLeave	鼠标离开时发生
5	MouseHover	鼠标悬停在控件上发生

其中，参数 e 包含了鼠标的当前状态。e.Button 指示用户按下或者释放了哪个鼠标按钮，其意义如表 7-8 所示。从 e.X 和 e.Y 可获取当前鼠标的位置；从 e.Clicks 可获取按下鼠标的次数。

表 7-8　e.Button 属性值含义

枚举常量	说明	枚举常量	说明
MouseButton.Left	鼠标左键	MouseButton.Right	鼠标右键
MouseButton.Middle	鼠标中箭	MouseButton.None	没有按下鼠标

【例 7-8】编写程序检测鼠标状态（位置，键状态），程序运行界面如图 7-19 所示。

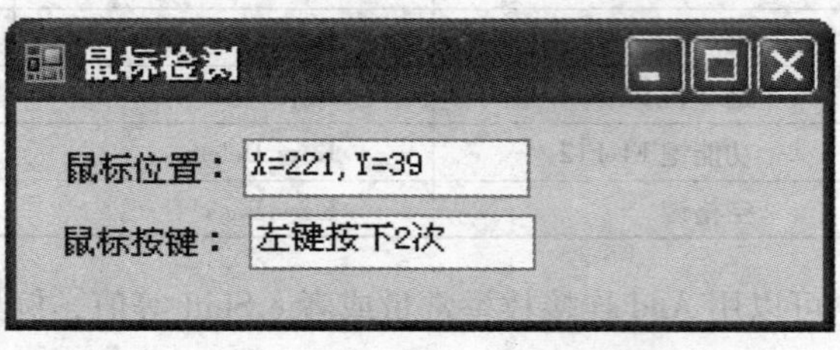

图 7-19　例 7-8 程序的运行界面

分析：要捕捉鼠标状态，需使用表 7-7 所示的常用鼠标相关事件。显然，鼠标位置应在 MouseMove 事件中捕捉，而鼠标按键应在 MouseDown 事件中捕捉。在鼠标 MouseUp 事件中，清除显示的鼠标按键信息。

部分程序代码如下：

```
Private Sub Form1_MouseDown(ByVal sender As Object, ByVal e As System.Windows.Forms.Mou-
seEventArgs) Handles Me.MouseDown
    If e.Button = Windows.Forms.MouseButtons.Left Then
        TextBox2.Text = "左键按下" & e.Clicks & "次"
    ElseIf e.Button = Windows.Forms.MouseButtons.Right Then
        TextBox2.Text = "右键按下" & e.Clicks & "次"
    End If
End Sub
Private Sub Form1_MouseMove(ByVal sender As Object, ByVal e As System.Windows.Forms.Mou-
seEventArgs) Handles Me.MouseMove
    TextBox1.Text = "X = " & e.X & ",Y = " & e.Y           '显示鼠标位置
End Sub
Private Sub Form1_MouseUp(……) Handles Me.MouseUp
    TextBox2.Text = ""                                     '清除按键信息
End Sub
```

7.4　综合实例

界面设计在软件开发过程中占有十分重要的地位。本章介绍了 VB.NET 界面设计所需的知

识，为设计应用程序界面提供了一定的基础。界面不仅要美观大方，更重要的是要考虑用户的感受，方便用户使用。本节通过一个综合例子，帮助学生复习和运用本章所学知识、提升学生通过编程解决实际问题的能力。

7.4.1　问题及分析

本节将利用 VB.NET 界面设计的基本知识，设计一个简单的 VB.NET 考试自测系统。系统应使用菜单、工具条、状态条和对话框等基本界面要素，主要功能包括：启动测试、停止测试、评分、设置测试时间和显示“关于”对话框等。

7.4.2　解决方案

本着简单化的原则，解决方案尽量避免纠缠细节。程序的主要窗体如表 7-9 所示。

表 7-9　项目中的窗体和对话框

序号	窗体名称	窗体标题	说　明
1	frmMain	考试自测系统	主窗体，程序的起始界面
2	frmTest	考试	用于显示题目和答题
3	frmSetup	设置	用于设置考试时间
4	frmAbout	关于	显示软件相关信息

程序的主界面如图 7-20 所示，在工具条上，启动测试、停止测试和设置菜单项都有相应的按钮。

图 7-20　考试自测系统主界面

1. 主窗体设计

主窗体名称为 frmMain，采用 MDI 窗体，这样更能体现窗体之间的隶属关系。主窗体包含主菜单 mnsMain、工具条 tsrMain 和状态条控件 stsMain。程序的菜单项如表 7-10 所示。

表 7-10　主窗体菜单项属性设置

菜单项标题	名称	工具条按钮
文件	mnsFile	
……开始考试	mnsStart	有
……停止	mnsClose	有
…… 退出	mnsQuit	
设置	mnsSet	有

（续）

菜单项标题	名称	工具条按钮
……设置	mnsSetup	
帮助	mnsHelp	
……关于考试自测系统	mnsAbout	

工具条上设置了三个按钮，分别对应“开始测试”、“停止”和“设置”菜单项。

2. 考试窗体设计

考试窗体名称为 frmTest，其运行界面如图 7-21 所示。窗体被组框分成试题区和答题区，前者用于显示题目，后者用于显示可选答案。用户在答题区选好答案后，可单击“下一题”按钮继续答题，也可单击“上一题”按钮修改前面题目的答案，或者单击“停止答卷”按钮，终止本次考试。

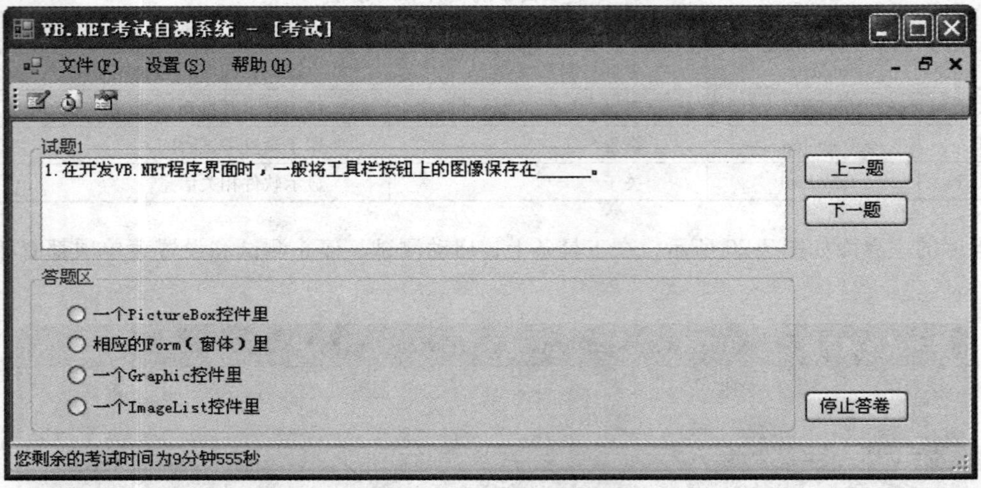

图 7-21 考试窗体的运行界面

考试窗体上的主要控件如表 7-11 所示。

表 7-11 考试窗体上的主要控件

序号	控件名称	说 明
1	txtQuestion	用于显示考题正文的文本框
2	rtnAnswer1 ~4	用于显示考题答题的单选按钮
3	grpQuestion	试题组框
4	grpAnswer	答案组框
5	btnNext	下一题按钮
6	btnLast	上一题按钮
7	btnStop	停止答卷按钮

测试题目、可选答案、标准答案和已答题标志等以数组形式在测试窗体中声明。例如：

```
Dim questions() As String = {"1.在开发 VB.NET 程序界面时 ……}
Dim answers(,) As String = {{"一个 PictureBox 控件里 ……}}
Dim standardChoices() As Integer = {3,3}          '标准答案
Dim userChoices(1) As Integer                     '用户选择答案
Dim hasChosen() As Boolean = {False, False}       '已经答题标志
```

考试终止时，根据用户选择的答案与标准答案对比，给出用户的最终得分。

3. 设置窗体设计

设置窗体名称为 frmSetup，主要用于设置考试时长。当考生答题时间超过该时长，程序将提示考生超时，并终止考试。设置窗体的运行界面如图 7-22 所示。

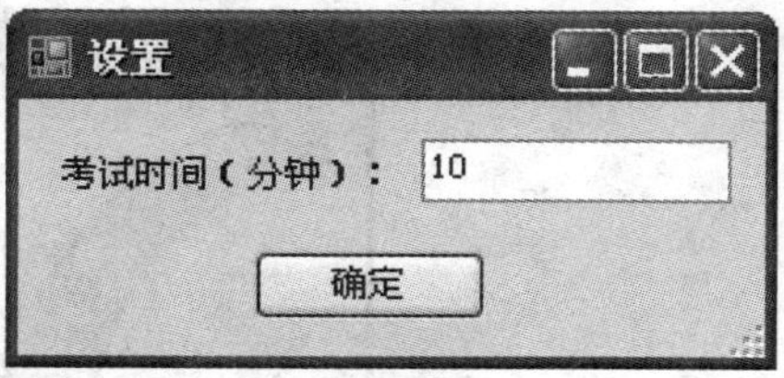

图 7-22　设置窗体的运行界面

4. "关于"对话框

在 Visual Studio 开发环境中包含了很多模板，使用这些模板，用户不仅可以向项目中添加普通窗体，也可以添加对话框、模块等。执行"项目|添加 Windows 窗体"菜单命令，则出现如图 7-23 所示的模板。软件常见的"关于"对话框也可用这种方式添加。添加后的"关于"对话框如图 7-24 所示。

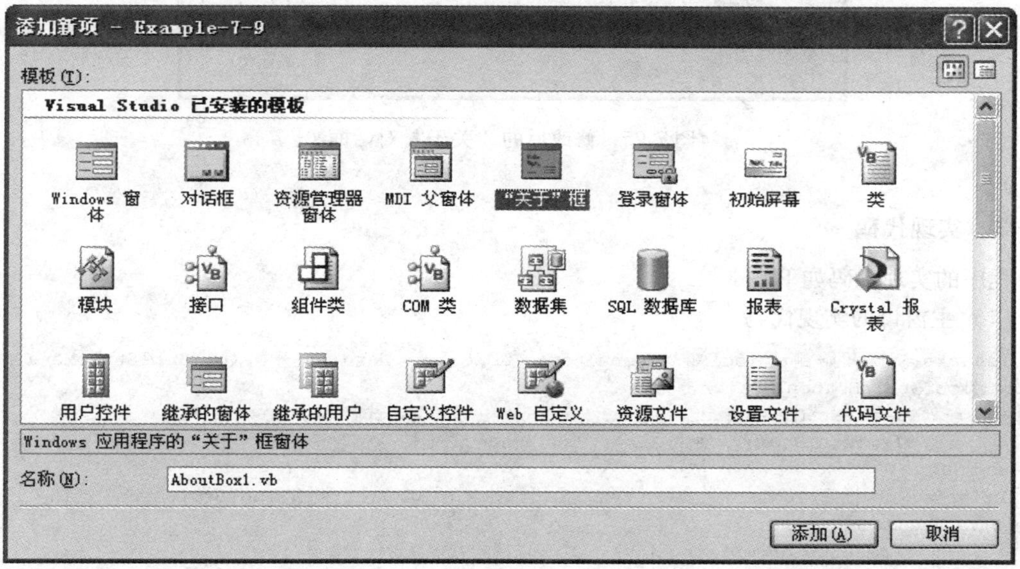

图 7-23　VB.NET 开发环境中的模板

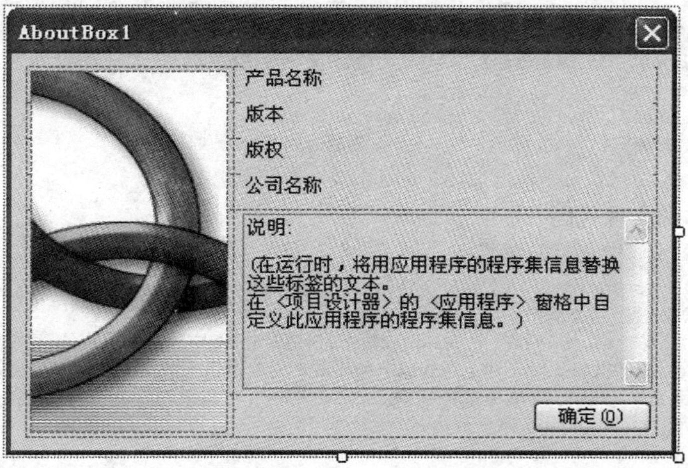

图 7-24　"关于"对话框设计界面

将“关于”对话框改名为frmAbout，根据需要修改“关于”对话框的代码即可。修改后的关于对话框如图7-25所示。

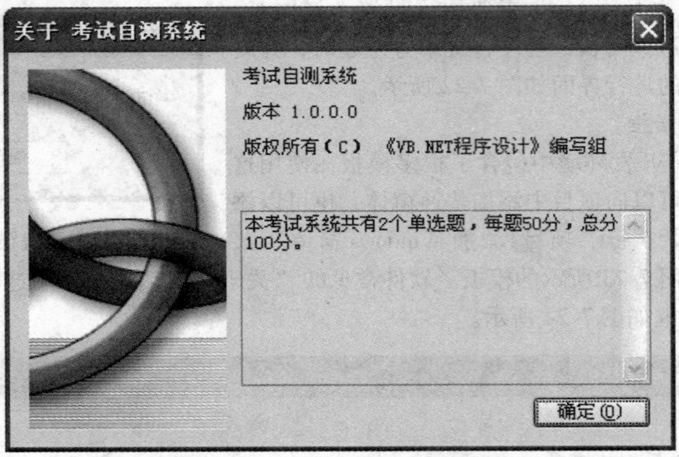

图7-25 修改后的“关于”对话框

7.4.3 实现代码

程序的实现代码如下。

(1) 主窗口的实现代码

```
    Private Sub 开始测试ToolStripMenuItem_Click(……) Handles 开始测试ToolStripMenuItem.Click, ToolStripButton7.Click
            frmTest.MdiParent = Me              '设置主窗体为考试窗体的MDI父窗体
            frmTest.Show()                      '显示考试窗体
    End Sub
    Private Sub 设置ToolStripMenuItem2_Click(……) Handles 设置ToolStripMenuItem2.Click, ToolStripButton9.Click
            frmSetup.ShowDialog()               '以模式方式显示设置窗体
    End Sub
    Private Sub ToolStripButton8_Click(……) Handles ToolStripButton8.Click
            frmTest.Close()                     '关闭考试窗体
    End Sub
    Private Sub 关于考试自测系统ToolStripMenuItem2_Click(……) Handles ToolStripMenuItem2.Click
            frmAbout.ShowDialog()               '显示关于对话框
        End Sub
    Private Sub frmMain_Load(……) Handles Me.Load
    frmSetup.testTime = 1                       '答题时间至少为一分钟
    End Sub
```

(2) 考试窗体的实现代码

```
    Dim questionNumber As Integer
    Dim questions() As String = {"1.在开发VB.NET程序界面时,一般将工具栏按钮上的图像保存在______。", "2.以下叙述中错误的是 ______。"}
    Dim answers(,) As String = {{"一个PictureBox控件里", "相应的Form(窗体)里", "一个Graphic控件里", "一个ImageList控件里"}, {"创建下拉式菜单和弹出式菜单使用不同控件", "在多窗体程序中,每个窗体都可以建立自己的菜单系统", "所有菜单项都能接收Click事件", "如果把一个菜单项的Enabled属性设置为False,则该菜单项不可见"}}
    Dim standardChoices() As Integer = {3, 3}                '标准答案
    Dim userChoices(1) As Integer                            '用户选择答案
    Dim hasChosen() As Boolean = {False, False}              '已经答题标志
```

```
Dim usedTime As Integer                                        '答题已用时(秒)
Private Sub btnNext_Click(……) Handles btnNext.Click           '下一题
    questionNumber = (questionNumber +1) Mod 2
    Call Display(questionNumber)
End Sub
Private Sub frmTest_Load(……)Handles MyBase.Load
        questionNumber = 0                                     '第一题
        Call Display(questionNumber)
        Timer1.Interval = 1000                                 '计时间隔为1秒
        Timer1.Start()                                         '启动定时器
End Sub
Private Sub btnLast_Click(……) Handles btnLast.Click
        questionNumber = questionNumber - 1                    '上一题
        If questionNumber < 0 Then
            questionNumber = 1
        End If
        Call Display(questionNumber)                           '显示题目和答案
End Sub
Private Sub Display(ByVal n As Integer)                        '显示题目和答案
    rbtnAnswer1.Checked = False                                '若用户未选择,各选项回复原始状态
    btnAnswer2.Checked = False
    rbtnAnswer3.Checked = False
    btnAnswer4.Checked = False
    If hasChosen(n) Then                                       '如果用户已经选择,则显示用户的选择
            Select Case userChoices(n)
                Case 0:rbtnAnswer1.Checked = True
                Case 1:rbtnAnswer2.Checked = True
                Case 2:rbtnAnswer3.Checked = True
                Case 3:rbtnAnswer4.Checked = True
            End Select
    End If
    txtQuestion.Text = questions(n)                            '显示当前题目
    rbtnAnswer1.Text = answers(n, 0)                           '显示当前答案
    rbtnAnswer2.Text = answers(n, 1)
    rbtnAnswer3.Text = answers(n, 2)
    rbtnAnswer4.Text = answers(n, 3)
    grpQuestion.Text = "试题" & (n +1)                          '显示当前题目标题
End Sub
Private Sub btnStop_Click(……) Handles btnStop.Click           '停止答卷
    Dim i As Integer
    Dim score As Single
    For i = 0 To 1                                             '计分
        If standardChoices(i) = userChoices(i) Then
            score = score + 50
        End If
    Next
    MsgBox("在本测试中,您的最终得分为" & score & ".", , "VB.NET 考试自测系统")
    Me.Close()
End Sub
Private Sub rbtnAnswer1_CheckedChanged(……) Handles rbtnAnswer1.CheckedChanged
     hasChosen(questionNumber) = True
     userChoices(questionNumber) = 0
End Sub
Private Sub rbtnAnswer2_CheckedChanged(……) Handles rbtnAnswer2.CheckedChanged
     hasChosen(questionNumber) = True
     userChoices(questionNumber) = 1
End Sub
Private Sub rbtnAnswer3_CheckedChanged(……) Handles rbtnAnswer3.CheckedChanged
```

```
        hasChosen(questionNumber) = True
        userChoices(questionNumber) = 2
    End Sub
    Private Sub rbtnAnswer4_CheckedChanged(……) Handles rbtnAnswer4.CheckedChanged
        hasChosen(questionNumber) = True
        userChoices(questionNumber) = 3
    End Sub
    Private Sub Timer1_Tick(……) Handles Timer1.Tick
        Dim t As Single
        usedTime = usedTime + 1
        t = frmSetup.testTime * 60                '将分钟变成秒
        If usedTime > = t Then
            Timer1.Stop()
            btnStop_Click(sender, e)
        Else
            frmMain.tslStatus.Text = "您剩余的考试时间为" & (t - usedTime) \ 60 & "分钟" & (t - usedTime) Mod 60 & "秒"
        End If
    End Sub
```

(3) 设置窗体的实现代码

```
    Private Sub Button1_Click(……) Handles Button1.Click
        testTime = Val(TextBox1.Text)
        If testTime < 1 Then
            testTime = 1                '答题时间至少为1分钟
        End If
        Me.Close()
    End Sub
```

(4) 帮助窗体的代码

```
    Private Sub AboutBox1_Load(……) Handles MyBase.Load
            Me.Text = "关于 考试自测系统"
            Me.LabelProductName.Text = "考试自测系统"
            Me.LabelVersion.Text = String.Format("版本 {0}", My.Application.Info.Version.ToString)
            Me.LabelCopyright.Text = "版权所有(C) «VB.NET 程序设计»编写组"
            Me.TextBoxDescription.Text = "本考试系统共有2个单选题,每题50分,总分100分."
    End Sub
    Private Sub OKButton_Click(……)Handles OKButton.Click
            Me.Close()
    End Sub
```

习题

一、测试题

1. 以下叙述中错误的是__________。
   (A) 下拉式菜单和弹出式菜单都可用菜单设计器建立
   (B) 在多窗体程序中，每个窗体都可以建立自己的菜单系统
   (C) 所有菜单项都能接收 Click 事件
   (D) 如果把一个菜单项的 Enabled 属性设置为 False，则该菜单项不可见
2. 为创建一个自定义的上下文菜单，应__________。
   (A) 修改系统菜单
   (B) 向窗体中添加多个标签控件，然后把菜单属性设置为 True
   (C) 使用 ContextMenuStrip 控件

（D）创建下列菜单控件

3. 为使程序运行时通用对话框 CD1 上显示的标题为"对话框窗口"，若通过程序设置该标题，则应使用的语句是＿＿＿＿＿。

（A）CD1.Title = "对话框窗口"　　（B）CD1.Text = "对话框窗口"

（C）CD1.FileName = "对话框窗口"　　（D）CD1.Filter = "对话框窗口"

4. 以下关于通用对话框，说法错误的是＿＿＿＿＿。

（A）程序运行时，通用对话框控件是不可见的

（B）调用 ShowDialog 方法可打开通用对话框

（C）颜色对话框中选中的颜色通过 Color 属性返回

（D）调用 Show 方法可打开通用对话框

5. 以下关于工具栏，说法错误的是＿＿＿＿＿。

（A）ToolStrip 控件是一个容器，可以放置其他对象

（B）ToolTipText 属性是当鼠标指向图像按钮时所显示的文本

（C）工具栏上不能有标签

（D）工具栏在窗体上的位置由 Dock 属性设置

6. 要想使一个窗体作为父窗体使用，需要将此窗体的＿＿＿＿＿属性设为 true。

（A）IsMdiContainer　　（B）Caption　　（C）MdiParent　　（D）Text

7. 在文本框 Text1 的 KeyDown 事件中，参数 e. KeyCode 的值表示＿＿＿＿＿。

（A）是否按下了 Alt 键或 Ctrl 键　　（B）按下的是哪个数字键

（C）所按的键盘键的键码　　（D）按下的是哪个鼠标键

8. 下列关于键盘事件的说法中，正确的是＿＿＿＿＿。

（A）按下键盘上的任意一个键都会引发 KeyPress 事件

（B）按下大键盘上的"1"键和数字键盘的"1"键的 e.KeyCode 的值相同

（C）KeyDown/KeyUp 事件过程中可使用 e.KeyChar

（D）大键盘上"4"键的上档字符是"$"，当同时按下 Shift 和大键盘上的"4"键时，KeyPress 事件过程中的 e.KeyChar 为"$"

二、思考题

1. 什么是模式窗体和非模式窗体？分别用什么方法来显示？
2. 窗体菜单和上下文菜单有什么不同？是不是每个窗体上都能创建独立的菜单？
3. 键盘事件中的参数 e.KeyChar 和 e.Keycode 有什么区别？KeyPress、KeyDown 和 Keyup 事件有什么区别？

第8章 文件系统

文件是计算机系统记录、保存和交流信息的主要方式。实际上，计算机系统中几乎所有的永久性数据都以文件形式组织和保存。本章主要介绍 VB.NET 建立、打开和保存文件的基本方法，以及如何实现对文件、目录的管理和维护。

8.1 文件的概念

8.1.1 文件

计算机数据可分成两类：内部（内存）数据和外部（外存）数据。**内部数据**以常量、变量、结构和对象（控件，窗体等）的形式使用，**外部数据**则以文件的形式保存。计算机内存中的数据是暂时性的，关机后全部消失。要永久性保存数据，必须使用文件。

文件是存储在外部介质上数据的集合，按名存取。从物理上说，文件是一系列相关外存区域（如磁盘扇区）中存储的数据；从逻辑上说，文件是一系列相关的记录（信息单元）的集合。文件的使用和管理要依赖操作系统的支持。

通常，计算机程序将内部数据保存到文件中的过程称为写（输出）文件；将文件数据恢复成内部数据的过程称为读（输入）文件，如图 8-1 所示。

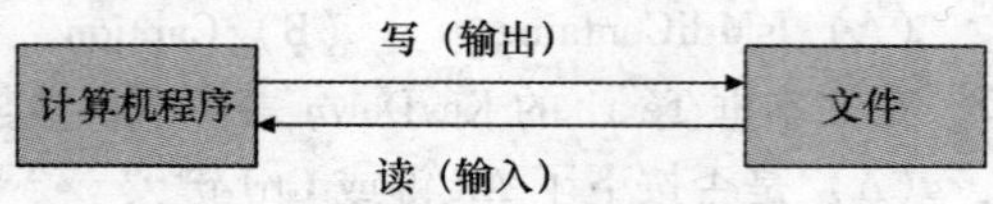

图 8-1 文件读、写方向示意图

8.1.2 VB.NET 文件分类

文件有多种分类方法。根据文件的内容可分为程序文件和数据文件；根据文件存储信息的形式可分为 ASCII 文件和二进制文件；根据访问模式可分为顺序文件、随机文件和二进制文件。

1. 顺序文件

顺序文件（Sequential File）中记录的写入、存放和读出顺序都是一致的。在顺序文件中，构成文件的记录不定长，记录与记录之间应有明确的记录分隔符（如逗号，换行符等）。每一个记录包含一个或者多个数据项，由分隔符分隔。例如，下列文本序列：

1，“张三”；2，“李四”；3，“王二麻子”；……；100，“Jack”

就可构成一个顺序文件，记录间用“；”分隔，数据项间用“，”分隔。

由于顺序文件的记录不定长，无法直接定位某个记录的开始和结束。因此，要读写顺序文件记录，必需从头到尾地进行，即如果某个记录尚未读取，则不能读取它后面的记录。

顺序文件以字符编码的形式存放数据，可用文本编辑软件（如记事本）建立、显示和编辑。

2. 随机文件

随机文件中的记录有固定的大小，记录与记录间无须明确的分隔符。下列记录序列：

0001 张三	0002 李四	0003 王二麻子	……	0100Jack

可以构成一个随机文件，每条记录长度为 12 个字节（数字编号占 4 个字节，名字占 8 个字节）。

由于随机文件的记录定长，可直接定位记录的开始和结束，如第 n 记录从文件开始位置 $+(n-1)*12$字节处开始。因此随机文件也称为直接访问文件，可以直接访问某个记录而不必读取它前面的记录。

随机文件采用二进制形式存储数据，一般不能用文本编辑软件查看和编辑。

3. 二进制文件

任何一个文件都可以以二进制模式访问。**二进制文件**在访问方式上与随机文件类似，可以看成是记录长度为1个字节的随机文件。

8.1.3 VB.NET 的文件访问

VB.NET 有三种访问文件系统的途径：第一种是使用系统函数进行文件访问（VB 的传统方式）；第二种是通过.NET 中的 System.IO 模型访问；第三种是通过文件系统对象模型（FSO）访问。本章主要介绍第一种方法。

存取文件一般包括三个步骤：打开文件、读取文件和关闭文件。

1）打开文件操作将在内存中建立一个文件缓冲区，并与特定文件关联。文件系统提供多个文件缓冲区，用数字进行编号。文件在某个缓冲区打开，就与这个缓冲区建立了关联，在关闭文件之前，可通过这个缓冲区对文件进行各种操作。

2）打开文件后就可对文件进行读写。为了提高效率，系统会使用缓冲区缓存读写的数据。

3）文件存取完成后，应关闭文件。关闭文件操作会将文件缓冲区的尚未写入文件的数据写入文件中，释放文件缓冲区与文件的关联。另外，当一个 VB.NET 程序结束时，系统将自动关闭所有该程序打开的文件。

8.2 顺序文件

顺序文件中记录的逻辑顺序和物理顺序相同，以文本形式保存数据，必须按顺序进行读写。VB.NET 提供了一系列函数用于进行文件操作。

8.2.1 基本操作

文件的基本操作包括打开、读写和关闭。要读写文件，必须先打开文件，指定一个系统缓冲区用于缓存读写数据。读写完成后要关闭文件，使系统能将缓冲区内未保存数据写入文件，避免文件损坏。

1. 打开文件

VB.NET 使用 FileOpen 函数打开文件，常用于打开顺序文件的调用格式为：

```
FileOpen（文件号，文件名，打开模式）
```

说明：

1）文件号：指定打开文件时所用文件缓冲区的编号，在1~255之间取值。VB.NET 应用程序用文件号而非文件名操作已打开的文件。

2）文件名：指定要打开文件的路径和名称，可以是字符串类型的常量、变量或表达式。

3）打开模式：打开文件时所选取的模式取决于对文件的使用意图（例如，是要从文件中读信息，还是要保存信息?），模式的取值为 OpenMode 枚举类型，如表 8-1 所示。

表 8-1 文件打开模式

序号	模式	说明
1	OpenMode.Output	新建文件用于输出数据信息；若有同名文件已存在，则清空原文件的内容
2	OpenMode.Append	打开已有文件，用来添加新数据（追加）；若文件不存在，出错
3	OpenMode.Input	打开已有文件，用来读取数据；若文件不存在，出错
4	OpenMode.Random	新建或读写随机文件
5	OpenMode.Binary	新建或读写二进制文件

例如，下列语句以 Output 模式打开文件“c:\test_file.txt”，意味着打开的目的是为了要输出信息。

```
FileOpen(1, "c:\test_file.txt ", OpenMode.Output)
```

文件打开后，可使用 1 号缓冲区对文件进行读写。

2. 读写文件

打开文件后就可以对其进行读操作或写操作。用于顺序文件读写的相关函数（或过程）如表 8-2 所示。为方便举例，首先介绍写文件。

表 8-2　顺序文件读写函数或过程

操作	函数或过程	语　法	说　明
写文件	Print	Print（文件号，[输出列表]）	以制表对齐方式输出列表中的数据项，每个数据项占 14 个字符位置，数据项间靠空格分隔
	PrintLine	PrintLine（文件号，[输出列表]）	
	Write	Write（文件号，[输出列表]）	以紧凑格式输出列表中的数据项，数据项间用逗号分隔，给字符串数据项加上双引号
	WriteLine	WriteLine（文件号，[输出列表]）	
读文件	Input	Input（文件号，变量）	从指定文件中读取一个数据到变量中
	LineInput	变量 = LineInput（文件号）	从指定文件中读取一行数据，赋值给字符串变量
	InputString	变量 = InputString（文件号，字符数）	从指定文件中读取指定数量字符，赋值给字符串变量
其他	EOF	EOF（文件号）	到达文件末尾时，返回 True，否则为 False
	LOF	LOF（文件号）	以字节数形式返回文件大小

（1）写操作

顺序文件的写操作有两种输出数据的格式：标准格式和紧凑格式。**标准格式**以长度为 14 个字符大小为单位的输出域对齐输出数据。输出域边界限制了数据项的起始位置（第 n＊14 列，n = 0，1，2，…），从而区分输出数据项。**紧凑格式**则用分隔符（逗号）来分隔数据项。

Print 和 PrintLine 都以标准格式向顺序文件输出数据项，区别仅在于后者在输出最后一个数据项后，再输出一个回车换行符。Print 和 PrintLine 参数中的输出列表由 0 个或多个由逗号分隔的数据项组成。数据项可以是数值表达式、字符串表达式、定位函数 TAB(n) 和空格函数 SPC(n)等。例如，输出语句：

```
Print(1, TAB(10), TAB(9), TAB(-2), "ThirdLine", TAB(), "SecondZone")
```

写入文件的内容和格式如图 8-2 所示。

列 行	1	2	3	4	5	6	7	8	9	10	11	12	13	14	15	16	…	…						
1																								
2																								
3	T	h	i	r	d	L	i	n	e						S	e	c	o	n	d	Z	o	n	e

图 8-2　Print 语句输出到文件中的内容及格式

Write 与 WriteLine 都以紧凑格式向顺序文件输出内容，区别仅在于后者在输出最后一个数据项后，再输出一个回车换行符。Write 与 WriteLine 参数中的输出列表由 0 个或多个由逗号分隔的数据项组成。例如，输出语句：

```
Write(1, TAB(10), TAB(9), TAB(-2), 123, TAB(), "NextColumn", True)
```

写入文件的内容和格式如图 8-3 所示。

列 行	1	2	3	4	5	6	7	8	9	10	11	12	13	14	15	16	…									
1	,									,																
2									,																	
3	,	1	2	3	,	,	“	N	e	x	t	C	o	l	u	m	n	“	,	#	T	R	U	E	#	,

图 8-3 Write 语句输出到文件中的内容及格式

为了方便用 Input 语句读取数据，Write 与 WriteLine 语句在将数据项写入文件时，会进行如表 8-3 所示的一些形式转换。

表 8-3 使用 Write 时数据项的形式转换

序号	输出类型	写入文件的（字符）形式
1	数值，如：123	数值本身，不含前后空格；如：123
2	字符串，如：NextColumn	加双引号的字符串；如：“NextColumn”
3	System. DBNull. Value	#NULL#
4	True 或 False	#TRUE# 或 #FALSE#
5	日期和时间，如：“May-20，2011”	统一格式#yyyy-mm-dd hh:mm:ss#;如：#2011-05-20#
6	错误数据	#ERROR errornumber#

（2）读操作

Input 函数通常用来读取用 Write 所写的某个特定类型的数据，即用逗号和回车换行符分隔良好的（字符）数据。当读到非数值数据时，读出变量获得的值如表 8-4 所示。

表 8-4 Input 读出非数值数据时所进行的数据格式转换

序号	文件中的数据形式	读到变量中的值
1	加双引号的字符串，如：“NextColumn”	去掉首尾双引号的字符串，如：NextColumn
2	#NULL#	System. DBNull
3	#TRUE# 或 #FALSE#	布尔值 True 或 False
4	#yyyy-mm-dd hh:mm:ss#	对应的 Date 类型值
5	#ERROR errornumber#，如：#ERROR 448#	整数 errornumber，如：488
6	逗号分隔符或空行	Nothing

当值变量定义成一种具体类型（非 Object）时，文件上的（字符）数据形式必须与值变量类型匹配，否则将出现错误。例如：

```
Dim t As Integer
Input(1,t)
```

读文件中的（字符）数据#2010-05-20#时，就会出现：“从字符串#2010-05-20#到类型 Integer 的转换无效”错误。

LineInput 函数从打开的文件中读取当前行字符串，取掉行末回车换行符。通常用 LineInput 函数读取用 Print 语句写入文件的数据。例如：设 Line 为字符串变量、□为空格、1 号缓冲区文件的当前行内容为：

```
□□12A□□□"□John□"Male□□19□□<回车><换行>
```

则执行语句：

```
Line = LineInput(1)
```

后，变量 Line 中获得的读取值为：

```
□□12A□□□"□John□"Male□□19□□
```

InputString 函数从打开的文件中读取指定个数的字符，包括单字节的西文字符、控制字符或双字节的中文字符，作为一个返回字符串。

无论用什么方法读取文件，都可能遇到文件结束的情况，继续读下去会导致程序出错。为避免这种情况，在程序中可用函数 EOF 判断文件是否到了结尾，一般形式为：

```
If  Not  EOF(文件号) Then
    读取文件……
End If
```

3．关闭文件

使用完文件后，应及时将其关闭，避免有用信息丢失。文件关闭函数的格式为：

```
FileClose(文件号[,文件号列表])
```

其中，文件号是要关闭文件所在缓冲区的编号。FileClose 函数可以关闭一个打开文件，也可以一次性关闭多个打开文件。例如，语句：

```
FileClose(1,2)
```

将关闭在 1 号和 2 号缓冲区打开的两个文件。

8.2.2　顺序文件的使用

下面通过一些文件访问实例来介绍顺序文件的使用方法。

【例 8-1】设计一个能将用户输入信息保存到顺序文件的程序。程序运行界面如图 8-4 所示。

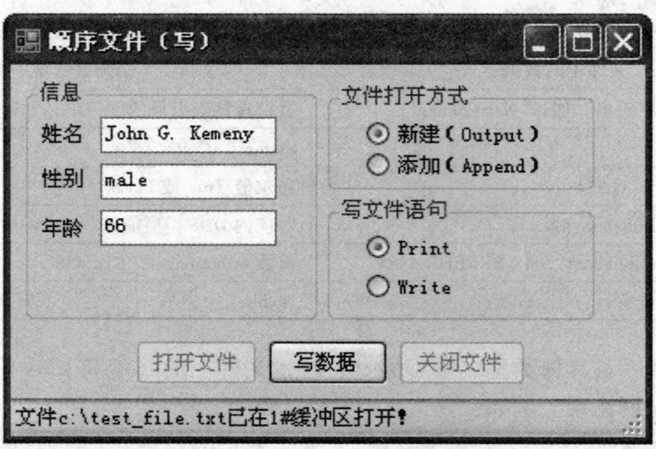

图 8-4　顺序文件（写）程序运行界面

分析：要创建文件，应使用 FileOpen 函数以 OpenMode.Output 模式打开文件；要添加数据，应使用 FileOpen 函数以 OpenMode.Append 模式打开文件。写入数据项可以使用 PrintLine 或 WriteLine 函数。为了使控件名称容易区分，采用匈牙利命名法对控件进行命名，如表 8-5 所示。

表8-5 例8-1的控件命名

序号	控件类型	控件名称
1	文本框	txtName、txtSex、txtAge
2	按钮	btnOpen、btnWrite、btnClose
3	单选按钮	rbtnOuput、rbtnAppend、rbtnPrint、rbtnWrite
4	状态条	tslStatus

程序代码如下：

```
Dim i As Integer
Private Sub btnOpen1_Click(……) Handles btnOpen.Click                '打开文件按钮的Click事件
    If rbtnOutput.Checked Then
        FileOpen(1, "c:\test_file.txt", OpenMode.Output)             '新建文件
    Else
        FileOpen(1, "c:\test_file.txt", OpenMode.Append)             '打开文件(追加记录)
    End If
    btnWrite.Enabled = True                                          '可以写数据了
    btnOpen.Enabled = False                                          '不能再打开文件了
    tslStatus.Text = "文件c:\test_file.txt已在1#缓冲区打开!"          '在状态条显示文件当前状态
    i = 0
End Sub
Private Sub btnWrite_Click(……) Handles btnWrite.Click               '写文件按钮的Click事件
    i = i + 1
    If rbtnWrite.Checked Then
        WriteLine(1, i, txtName.Text, txtSex.Text, Val(txtage.Text))  '以紧缩格式写
    Else
        PrintLine(1, i, txtName.Text, txtSex.Text, Val(txtage.Text))  '以标准格式写
    End If
    btnClose.Enabled = True
    tslStatus.Text = "第" & i & "个记录写入文件c:\test_file.txt!"     '在状态条显示文件当前状态
End Sub
Private Sub btnClose_Click(……) Handles btnClose.Click               '关闭文件按钮的Click事件
    FileClose(1)
    btnClose.Enabled = False
    btnWrite.Enabled = False
    btnOpen.Enabled = True
    i = 0
    tslStatus.Text = "文件c:\test_file.txt已关闭!"                    '在状态条显示文件当前状态
End Sub
Private Sub Form1_Load(……) Handles MyBase.Load                      '初始化
    rbtnOutput.Checked = True
    rbtnPrint.Checked = True
    btnWrite.Enabled = False
    btnClose.Enabled = False
    tslStatus.Text = "就绪"
End Sub
```

运行本例的程序可以创建"c:\test_file.txt"文件，由于该文件为文本文件，可用记事本打开查看其内容。如果程序运行时输入Basic语言两个设计者的信息，则使用不同的写入语句后该文件内容如图8-5a和8-5b所示。显然，文件包括两条长度不同的记录。

注意：如果使用Ouput模式打开文件，文件会被重写，原来的内容会消失。而使用Append方式打开文件，新写入的内容会附加到原来内容的后面。

【例8-2】设计一个能够读取例8-1中保存的文件信息的程序。程序运行界面如图8-6所示。

分析：本例为读取数据项，使用OpenMode.Input模式打开文件，使用Input函数读取数据

项。窗体上控件命名与例 8-1 类似。在从文件中读取数据项前，应用 EOF 函数判断文件是否到了末尾，还应按写文件时的数据项顺序读取。

a) 使用PrintLine语句

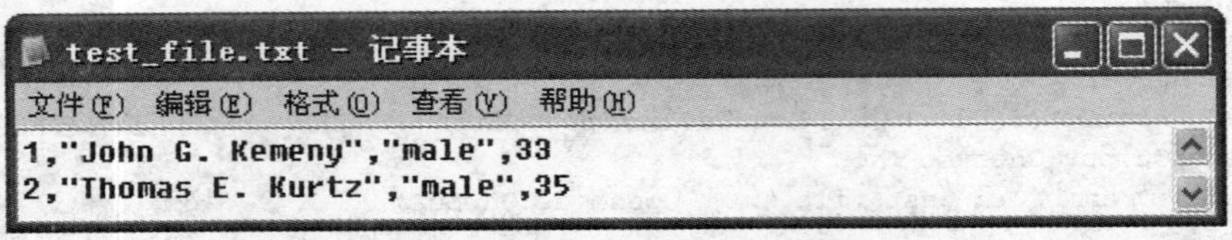

b) 使用WriteLine语句

图 8-5　例 8-1 使用不同语句写入文件中的内容

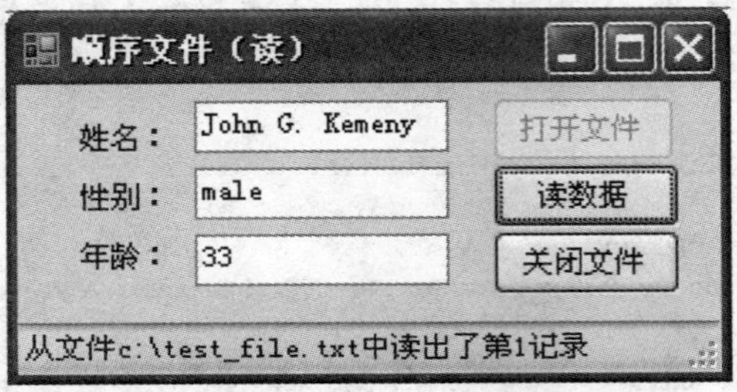

图 8-6　顺序文件（读）程序运行界面

程序代码代码如下：

```
Dim i As Integer
Private Sub Form1_Load(……) Handles MyBase.Load
    btnInput.Enabled = False                               使读数据按钮无效,文件未打开不能读
    btnClose.Enabled = False                               '使关闭文件按钮无效,文件未打开不能关闭
    tslStatus.Text = "就绪"
End Sub
Private Sub btnInput_Click(……) Handles btnOpen.Click
    FileOpen(1, "c:\test_file.txt", OpenMode.Input)        '打开文件
    tslStatus.Text = "文件 c:\test_file.txt 被以 Input 方式打开"
    btnOpen.Enabled = False                                '使打开文件按钮无效,此时不能再打开文件
    btnInput.Enabled = True                                '使读数据按钮无效,此时不能读文件
    i = 0
End Sub
Private Sub btnDataIn_Click(……) Handles btnInput.Click
    Dim i As Integer, name As String, sex As String, age As Integer
    If Not EOF(1) Then                                     '如果没到文件结尾,读数据项
        Input(1, i)                                        '读序号数据项
        Input(1, name)                                     '读姓名数据项
        Input(1, sex)
        Input(1, age)
        txtName.Text = name                                '显示姓名
        txtSex.Text = sex
        txtage.Text = age
```

```
            tslStatus.Text = "从文件 c:\test_file.txt 中读出了第" & i & "记录"
        Else
            tslStatus.Text = "文件 c:\test_file.txt 已经读到了结尾"
            txtName.Text = ""                                  '清除姓名
            txtSex.Text = ""
            txtage.Text = ""
            tslStatus.Text = ""
            btnInput.Enabled = False
        End If
        btnClose.Enabled = True
    End Sub
    Private Sub btnClose_Click(……) Handles btnClose.Click
        FileClose(1)                                           '关闭文件
        btnInput.Enabled = False
        btnClose.Enabled = False
        btnOpen.Enabled = True
        tslStatus.Text = "就绪"
    End Sub
```

注意：本例中用到了例 8-1 所创建的数据文件，若这个文件不存在，打开文件时会出错。

8.3 随机文件

与顺序文件相比，随机文件的记录大小是固定的，容易计算出每条记录在文件中的位置。因此，随机文件可以直接读取任何一条记录，而不必像顺序文件一样必须先将该记录前面记录读出。

8.3.1 基本操作

与顺序文件基本操作类似，随机文件的基本操作包括打开、读写和关闭。要保证文件记录大小固定，首先需要定义记录的结构。

1. 记录结构

随机文件的记录一般用类或 Structrue 结构定义。例如，要使用与例 8 - 1 程序中类似的文件记录，可用如下方法定义记录结构，声明记录变量：

```
Structure PersonalRecord                    '定义一个存储个人信息的结构 PersonalRecord
    <VBFixedstring(12)> Dim name As String
    <VBFixedstring(6)> Dim sex As String
    Dim age As integer
End Structure
Dim person As PersonalRecord                '用 PseronalRecord 声明一个变量 person,存储个人信息
```

在上述结构中，属性说明符“VBFixedstring”用于定义固定长度的字符串（字符串变量长度是可变的）。第一个属性说明 <VBFixedstring(12)> 指明字符串 name 的长度是 12 字节；第二个属性说明 <VBFixedstring(6)> 指明字符串变量 sex 的长度是 6 字节。age 为整型变量（4 节），不需要长度说明。因此，一个 PersonalRecord 类型的记录大小应为 22 字节（12 +6 +4）。

2. 打开文件

常用于打开随机文件的 FileOpen 函数调用格式为：

```
FileOpen(文件号,文件名,OpenMode.Random, , ,记录长度)
```

其中，文件号和文件名与顺序文件相应内容相同，打开模式为 Random。由于记录一般由结构定义，记录长度就是相应结构的大小。

例如，下列语句以 Random 模式打开文件“c:\test_file.dat”，记录长度为 Len（person）。

```
FileOpen(1, "c:\test_file.dat ", OpenMode.Random, , ,Len(person))
```

3. 读写文件

用于随机文件读写的相关函数（或过程）如表 8-6 所示，分别用 FileGet 和 FilePut 对文件进行读写。为方便举例，仍然先介绍写文件。

表 8-6　随机文件读写函数或过程

操作	函数或过程	语　法	说　明
写文件	FilePut	FilePut（文件号，变量名［，记录号］）	写入一个记录到文件中
读文件	FileGet	FileGet（文件号，变量名［，记录号］）	读出一个记录到变量中
其他	Seek	Seek（文件号［，位置］）	返回和移动文件指针
	LOC	LOC（文件号）	返回当前读/写位置（记录号）
	LOF	LOF（文件号）	以字节数形式返回文件大小

例如，要将 Basic 语言设计者 Kemeny 的信息写到文件“C:\test_file.dat”中，可使用语句：

```
person.name = " John G. Kemeny ":person.sex = "male": pserson.age =33
FilePut(1, person,1)                    '将 person 变量的内容写入文件的第 1 条记录中
```

如果不指明记录号，则 FilePut 语句将数据写入当前记录。例如：

```
FilePut(1, person)                 '将 person 变量的内容写入文件的当前记录
```

注意：操作文件时，总有一个称为文件指针的内部变量。指向当前记录，每读写一条记录，指针移向这条记录后面的记录。文件刚打开时，指针指向第 1 条记录。当文件记录号为 -1 时，如果写记录，则将在文件末尾添加新记录；如果读记录，则将读取当前记录。文件指针位置可以用 Seek 函数返回，也可以用 Seek 语句重新设置到新置。文件指针的位置单位是字节，而不是记录。

要读取文件的信息，可直接用 FileGet 语句读取指定记录，读取完成后，文件指针指向下一条记录。例如：

```
FileGet(1,person,1)                              '将第 1 条记录读到 person 变量中
MsgBox("BASIC 的发明人是" & person.name)         '将显示读出的部分信息
```

4. 关闭文件

随机文件也用 FileClose 关闭。例如，要关闭前面打开的文件“c:\demo.dat”，可用语句。

```
FileClose(1)
```

8.3.2　随机文件的使用

下面通过一些文件访问实例来介绍随机文件的使用方法。

【例 8-3】设计使用随机文件保存和读取用户输入信息的程序。程序运行界面如图 8-7 所示。

图 8-7　随机文件读取程序界面

分析：随机文件一般使用结构定义记录类型。要保存图 8-7 所示的用户信息，可定义如下结构：

```
Structure PersonRecord
    <VBFixedString(12)> Dim name As String
    <VBFixedString(6)> Dim sex As String
    Dim age As Integer
End Structure
```

然后用 PersonRecord 声明变量 person，用于保存记录信息。

```
Dim person As PersonRecord
```

窗体上控件命名方法与例 8-1 类似。在程序中使用了一个变量（isFileOpened）保存文件打开状态。如果文件没有打开，则使用 Return 语句返回，避免继续操作文件出错。例如：

```
If isFileOpened Then Return
```

程序代码如下：

```
Structure PersonRecord                                          '定义记录结构
    <VBFixedString(12)> Dim name As String
    <VBFixedString(6)> Dim sex As String
    Dim age As Integer
End Structure
Dim person As PersonRecord                                      '声明保存记录的变量
Dim isFileOpened As Boolean                                     '文件打开标志
Private Sub Form1_Load(……) Handles MyBase.Load
    txtRecordNo.Text = -1
    isFileOpened = False
    tslStatus.Text = "就绪"
End Sub
Private Sub btnOpen_Click(……) Handles btnOpen.Click
    If isFileOpened Then Return
    FileOpen(1, "c:\test_file.dat", OpenMode.Random, , , Len(person))  '打开文件
    tslStatus.Text = "文件 c:\test_file.dat 已打开,记录数为:" & LOF(1) / Len(person)
    isFileOpened = True                                         '设置文件打开标志
End Sub
Private Sub btnGet_Click(……) Handles btnFileGet.Click
    Dim recordNo As Long
    If Not isFileOpened Then Return
    recordNo = Val(txtRecordNo.Text)
    If recordNo > 0 And recordNo <= LOF(1) / Len(person) Or (recordNo = -1 And Not EOF
(1)) Then
        FileGet(1, person, recordNo)                            '读取记录
        txtRecordNo.Text = recordNo
        txtName.Text = person.name
        txtSex.Text = person.sex
        txtAge.Text = person.age
        tslStatus.Text = "读取记录" & recordNo                   '显示状态
    End If
End Sub
Private Sub btnClose_Click(……) Handles btnClose.Click
    If Not isFileOpened Then Return
    FileClose(1)          '关闭文件
    isFileOpened = False                                        '设置文件关闭标志
    txtName.Text = ""
    txtSex.Text = ""
    txtAge.Text = ""
    tslStatus.Text = "就绪"                                      '显示状态
End Sub
Private Sub btnFilePut_Click(……) Handles btnFilePut.Click
    Dim recordNo As Long
```

```
If Not isFileOpened Then Return
    recordNo = Val(txtRecordNo.Text)
    person.name = txtName.Text
    person.sex = txtSex.Text
    person.age = Val(txtAge.Text)
    If recordNo < > -1 Then
        FilePut(1, person)
        tslStatus.Text = "增加一条记录"
    End If
    If recordNo > 0 And recordNo < = LOF(1)/Len(person) Then
        FilePut(1, person, recordNo)                    '写记录
        tslStatus.Text = "写入记录" & recordNo          '显示状态
    End If
End Sub
```

8.4 VB.NET 文件管理

VB.NET 使用基础类库中的 Directory 类和 File 类管理目录和文件。这两个类位于 System.IO 命名空间，提供了大量用于管理目录和文件的方法。这些方法是静态的，这意味用户可以直接调用这些方法，而不用实例化相应的类。

8.4.1 目录管理

目录也称文件夹，是文件系统中组织文件名列表的机制。在 Windows 文件系统中，目录呈现树形结构，目录中还有子目录。位于树根端的目录称为根目录，一般用“\”表示。一个文件的完整文件名由盘符、路径和文件名组成，例如，IE 浏览器文件的完整文件名为：

```
C:\Program Files\Internet Explorer\IEXPLORE.EXE
```

其中，“C:”为盘符，“\Program Files\Internet Explorer\”为路径，“IEXPLORE”为文件名，而 EXE 为文件扩展名。

路径有绝对路径和相对路径之分。绝对路径是从根目录开始，到文件所在目录为止，由“\”符号分隔所经历的目录名而形成的字符串。在应用程序运行时，总有一个目录被默认为当前工作目录（一般为应用程序启动时所在的目录）。相对路径是从当前目录开始的路径。使用相对路径可简化对文件的引用，例如，如果当前目录为“C:\Program Files”，则可使用下面相对路径来引用 IE 浏览器文件：

```
Internet Explorer\IEXPLORE.EXE
```

System.IO.Directory 类的主要方法如表 8-7 所示。

表 8-7 System.IO.Directory 类的主要方法

序号	方法名	调用格式	说 明
1	CreateDirectory	CreateDirectory（目录名）	创建指定目录
2	Delete	Delete（目录名 [, 指示]）	删除指定的目录
3	Exists	Exists（目录名）	确定给定路径是否存在指定目录
4	GetCurrentDirectory	GetCurrentDirectory（）	获取应用程序的当前工作目录
5	GetDirectories	GetDirectories（目录名）	获取指定目录中子目录的名称列表
6	GetFiles	GetFiles（目录名）	返回指定目录中文件的名称列表
7	GetLogicalDrives	GetLogicalDrives（）	检索计算机上逻辑驱动器的名称
8	Move	Move（目标目录，原目录）	将文件或目录及其内容移到新位置
9	SetCurrentDirectory	SetCurrentDirectory（目录名）	将应用程序的当前工作目录设置为指定的目录

1. CreateDirectory 方法

创建一个新的目录或者子目录。该方法接受一个参数，即要创建的目录。该方法返回一个 DirectoryInfo 类的实例。注意，如果目录已经存在，会返回代表指定目录的类实例，不会创建目录，也不会产生异常。例如，下面语句：

```
'创建目录C:\Test_Dir
System.IO.Directory.CreateDirectory("C:\Test_Dir")
'创建子目录C:\Test_Dir\Test_Sub_Dir
System.IO.Directory.CreateDirectory("C:\Test_Dir\Test_Sub_Dir")
```

在C盘根目录下新建一个目录 Test_Dir，将该目录设置为当前目录，并在该目录下新建目录"C:\ Test_Dir\Test_Sub_Dir"。DirectoryInfo 类包含有关目录的详细信息，如目录名、创建时间和最近修改时间等。

2. Delete、Exists 和 Move 方法

Delete 方法接受一个或者两个参数。第一个参数包含要删除的目录；第二个方法需要一个附加的 Boolean 类型的指示参数。该参数为 True 时，将会从目录中删除所有的子目录和文件。注意，当前工作目录及其子目录不能被删除。另外，如果一个目录或其中的文件正被其他程序使用，则该目录也不能被删除。

Exists 方法接受一个参数，即包含目录名的字符串，返回指示目录是否存在的 Boolean 值。如果目录存在，返回 True，否则返回 False。

Move 方法接受两个参数，用于把已有的目录移动到另一个目录。源目录为第一个参数；目标目录为第二个参数。该方法也可以用来重命名目录。可以使用相对路径引用和绝对路径。

例如，下列语句演示了 Delete、Exists 和 Move 方法的使用方式。

```
'目录C:\Test_Dir\Test_Sub_Dir是否存在?
If System.IO.Directory.Exists("C:\Test_Dir\Test_Sub_Dir") Then
    '删除子目录C:\Test_Dir\Test_Sub_Dir
    System.IO.Directory.Delete("C:\Test_Dir\Test_Sub_Dir")
    System.IO.Directory.CreateDirectory("C:\Test_Sub_Dir")        '创建目录C:\Test_Sub_Dir
    System.IO.Directory.Move("C:\Test_Sub_Dir", "C:\Test_Dir\Test_Sub_Dir")   '移动子目录
End If
'判断目录C:\Test_Dir\Test_Sub_Dir是否存在?
If System.IO.Directory.Exists("C:\Test_Dir\Test_Sub_Dir") Then
    '删除子目录C:\Test_Dir\Test_Sub_Dir
    System.IO.Directory.Delete("C:\Test_Dir\Test_Sub_Dir")
    System.IO.Directory.CreateDirectory("C:\Test_Sub_Dir")        '创建目录C:\Test_Sub_Dir
    REM 移动子目录C:\Test_Sub_Dir到C:\Test_Dir\Test_Sub_Dir
    System.IO.Directory.Move("C:\Test_Sub_Dir", "C:\Test_Dir\\Test_Sub_Dir")
End If
```

3. GetCurrentDirectory 和 SetCurrentDirectory 方法

当前工作目录初始为启动应用程序的目录。SetCurrentDirectory 方法修改当前工作目录，因此也会修改 GetCurrentDirectory 方法的返回值。

```
System.IO.Directory.SetCurrentDirectory("C:\Test_Dir")        '设置当前目录为C:\Test_Dir
MsgBox(System.IO.Directory.GetCurrentDirectory())             '显示当前目录
```

4. GetLogicalDrives、GetDirectories 和 GetFiles 方法

GetLogialDrives 返回一个包含系统上安装的逻辑驱动器的字符串数组。其他两个方法的使用方法类似，但要指定目录名。下面程序语句显示盘符、子目录和目录中的文件。

```
Dim names() As String                              '定义字符串数组
Dim i As Integer
```

```
names = System.IO.Directory.GetLogicalDrives()              '获得盘符列表
For i = 0 To names.Length - 1
    MsgBox(names(i))                                        '显示盘符
Next
……
names = System.IO.Directory.GetFiles("C:\Test_Dir")         '获得文件列表
For i = 0 To names.Length - 1
    MsgBox(names(i))                                        '显示文件名
Next
```

8.4.2 文件管理

File 类的操作方式与 Directory 类相似，提供用于创建、复制、删除、移动文件的静态方法。表 8-8 列出了 File 类的常用方法。

表 8-8 System.IO.File 类的常用方法

序号	方法名	调用格式	说 明
1	Copy	Copy（源文件，目标文件）	将现有文件复制到新文件
2	Delete	Delete（文件名）	删除指定的文件
3	Exists	Exists（文件名）	确定指定的文件是否存在
4	Move	Move（源文件，目标文件）	将指定文件移到新位置
5	GetAttributes	GetAttributes（文件名）	获取指定文件的属性
6	SetAttributes	SetAttributes（文件名，属性）	设置指定文件的属性

1. Copy、Move、Exists 和 Delete 方法

Copy 方法把源文件复制到目标文件。可以使用绝对路径和相对路径。如果目标文件已经存在或者目标文件是目录将会产生异常。

Move 方法把源文件移动到目标文件。可以使用该方法重命名文件，方法是使用不同的文件名，而源文件和目标文件的目录相同。该方法允许把文件从一个逻辑驱动器移动到另一个逻辑驱动器。

Delete 方法删除指定文件；Exists 判断指定文件是否存在。

下面给出 Copy、Move、Exists 和 Delete 方法的使用实例。

```
If System.IO.File.Exists("C:\test_file.txt") Then                    '文件是否存在?
    '移动文件
    System.IO.File.Move("C:\test_file.txt", "C:\Test_Dir\Test_Sub_Dir\test_file.txt")
    '复制文件
    System.IO.File.Copy("C:\Test_Dir\Test_Sub_Dir\test_file.txt", "C:\test_file.txt")
    System.IO.File.Delete("C:\Test_Dir\Test_Sub_Dir\test_file.txt")   '删除文件
EndIf
```

2. GetAttributes 和 SetAttributes 方法

GetAttributes 和 SetAttributes 方法用于获取和设置文件的属性。这两个方法都使用 FileAttributes 枚举类型文件属性。枚举值中的每个位标志定义了一个文件属性。下面列出了一些文件属性及其作用。

- Archive 标志文件的备份和删除状态。
- Compressed 标志文件的压缩状态。
- Directory 标志是否为一个目录。
- Hidden 标志文件不能被初级用户查看。隐藏文件通常由系统使用。

- ReadOnly 标志文件的只读属性。
- System 标志是否为系统文件。

文件属性是位标志。也就是说，由整数值的每一位指示一个属性是否启用。由于整数有 32 位，其值可以保存 32 个属性。要想确定某个属性是否被支持，可以调用 File 类的 GetAttributes 方法读取属性，然后执行 And 运算，判断某位是否设置，例如：

```
Dim fa As System.IO.FileAttributes                                  '定义 FileAttributes 类型变量
fa = System.IO.File.GetAttributes("C:\test_file.txt")              '读取文件属性
'加隐藏属性并设置文件属性
System.IO.File.SetAttributes("C:\test_file.txt", fa Or IO.FileAttributes.Hidden)
fa = System.IO.File.GetAttributes("C:\test_file.txt")              '再次读取文件属性
If fa And System.IO.FileAttributes.Hidden Then                      '文件是否有隐藏属性
        MsgBox("文件 c:\test_file.txt 为隐藏文件")
Else
        MsgBox("文件 c:\test_file.txt 不是隐藏文件")
End If
System.IO.File.SetAttributes("C:\test_file.txt", fa Or IO.FileAttributes.Hidden)
                                                                    '恢复原文件属性值
```

8.5 综合实例

本节将利用本章所学的 VB.NET 文件系统基本知识，通过简单编程实现一个综合实例。在解决问题的过程中，一方面帮助可以学生深化对文件系统的认识，另一方面也可以锻炼学生综合运用所学知识、解决实际问题的能力。

8.5.1 问题及分析

本节将设计一个类似 Windows 记事本的程序，称为“简易记事本”。程序的基本功能是显示、编辑和保存文本文件。程序界面如图 8-8 所示。

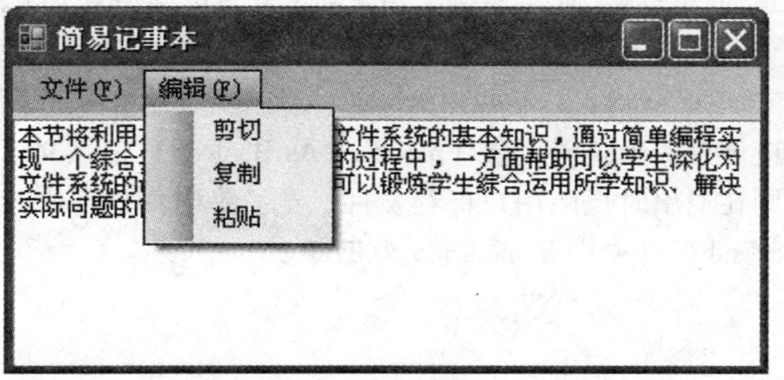

图 8-8 简易记事本程序运行界面

简易记事本只有“文件”和“编辑”两个菜单。“文件”菜单包括新建、打开、保存和退出四个功能；“编辑”菜单则有剪切、复制和粘贴 3 个功能。

8.5.2 解决方案

1. 界面设计

简易记事本所需要的控件包括窗体、文本框、打开文件对话框、保存文件对话框和菜单，其设计界面如图 8-9 所示。其中，文本框为多行文本，其 Multiline 属性应设置为 True；打开文件对话框和保存文件对话框主要用于文本文件，其 Filter 属性可设置为：

```
OpenFileDialog1.Filter = "文本文件(*.txt)|*.txt"                    '筛选文本文件
```

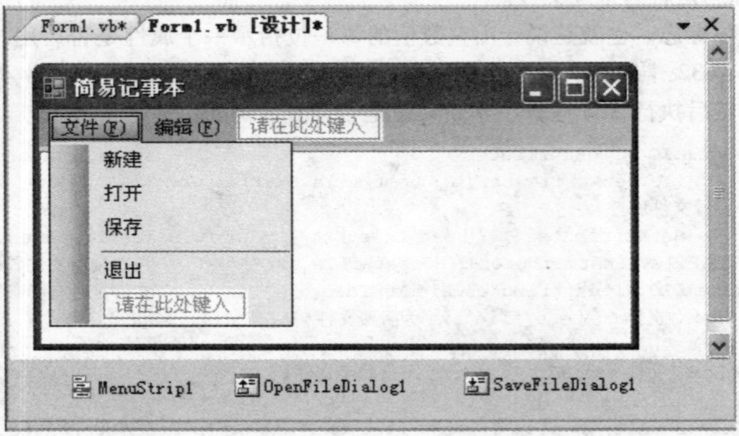

图 8-9　简易记事本程序的设计界面

2. 功能实现

简易记事本的多数功能在第 7 章中都介绍过。唯一属于本章的内容就是文件读写。一般来说，文本文件适合用顺序文件保存，因此本例中以顺序文件方式来存取文本文件。在本例中，可以把文本框中的文本看成是保存在 Lines 属性中的一行行字符串，使用 PrintLine 函数以标准格式将文本框中数据写入文件，并使用 InputLine 函数将一行行读出，直到遇到文件结尾。注意，在以文本形式写入或读出数据项时，系统会对其中一些字符进行转换。由于读出字符串时系统会去掉字符串后的换行符，因此在显示字符串时要另外添加 VbCrLf。

简易记事本窗体上文本框的大小应该随窗体大小变化而变化。这个功能可通过在窗体大小变化时（产生 SizeChanged 事件），使用窗体工作区高度和宽度来设置文本框来实现。

```
TextBox1.Height = Me.Height - MenuStrip1.Height * 2      '文本框高 = 窗体高 - (菜单高 + 标题高)
TextBox1.Width = Me.Width - 4                            '文本框宽 = 窗体宽 - 4
```

另外，在程序内应设置一个全局变量（modified As Boolean）记录文本框的状态，如果文本框中的内容被修改，则在退出时提醒用户保存文件。要了解用户是否修改了文本框的内容，可以在文本框的 TextChanged 事件中设置 modified 为 True。

8.5.3　实现代码

程序的主要代码如下：

（1）定义变量

```
Dim modified As Boolean = False                                   '文本修改标志
```

（2）处理窗体大小变化与文本变化

```
Private Sub Form1_SizeChanged(……) Handles Me.SizeChanged                  '窗口大小改变
    TextBox1.Height = Me.Height - MenuStrip1.Height * 2      '文本框高 = 窗体高 - 菜单高 + 标题高
    TextBox1.Width = Me.Width - 4                                      '文本框宽 = 窗体宽 - 4
End Sub
Private Sub TextBox1_TextChanged(……) Handles TextBox1.TextChanged           '文本修改
    modified = True                                                        '文件修改
End Sub
```

（3）文件的新建、打开和保存

```
Private Sub mnsNew_Click(……) Handles mnsNew.Click                        '新建
    TextBox1.Clear()
End Sub
    Private Sub MnsOpen_Click(……) Handles MnsOpen.Click                  '打开
    OpenFileDialog1.Filter = "文本文件(*.txt)|*.txt"                       '筛选文本文件
    OpenFileDialog1.FileName = ""
    If OpenFileDialog1.ShowDialog() = Windows.Forms.DialogResult.OK Then '用户选择了文件名
        FileOpen(1, OpenFileDialog1.FileName, OpenMode.Input)
        Dim str As String = ""
        Do While Not EOF(1)                                              '循环读取文件
            str = str & LineInput(1) & vbC                           '每读出一行后,加上换行符
        Loop
        TextBox1.Text = str                                              '显示文本
        FileClose(1)                                                     '关闭文件
        modified = False
    End If
End Sub
Private Sub mnsSave_Click(……) Handles mnsSave.Click                      '保存
    Dim i As Integer
    Dim str As String
    SaveFileDialog1.Filter = "文本文件(*.txt)|*.txt"                       '筛选文本文件
    SaveFileDialog1.FileName = ""
    If SaveFileDialog1.ShowDialog() = Windows.Forms.DialogResult.OK Then '用户选择了文件名
        FileOpen(1, SaveFileDialog1.FileName, OpenMode.Output)
        For i = 0 To TextBox1.Lines.Length - 1                           '循环写入文件
            str = TextBox1.Lines(i)                                      '每读出一行,写文件
            PrintLine(1, str)
        Next
        modified = False
        FileClose(1)                                                     '关闭文件
        modified = False
    End If
End Sub
Private Sub mnsQuit_Click(……) Handles mnsQuit.Click                      '退出
        If modified Then
        If MsgBox("文件已被修改,您要保存文件吗?", MsgBoxStyle.YesNo, "提示") = MsgBoxResult.
Ok Then
            Call mnsSave_Click(sender,e)                                 '保存文件
          End If
        End If
        End                                                              '程序终止
End Sub
```

(4) 文件编辑操作

```
Private Sub mnsCut_Click(……) Handles mnsCut.Click                        '剪切
        TextBox1.Cut()
End Sub
Private Sub mnsCopy_Click(……) Handles mnsCopy.Click                      '复制
        TextBox1.Copy()
End Sub
Private Sub mnsPaste_Click(……) Handles mnsPaste.Click                    '粘贴
        TextBox1.Paste()
End Sub
```

习题

一、测试题

1. 文件按存取方式可分为__________。

(A) 顺序文件和随机文件 (B) ASCII 文件和二进制文件
(C) 程序文件和数据文件 (D) 磁盘文件和内存文件

2. 下面关于随机文件的描述正确的是__________。
(A) 文件中每条记录的长度是随机变化的
(B) 一个文件中记录号不必唯一
(C) Input 函数返回 -1 时表示随机文件结束事件
(D) FilePut 是随机文件的写语句

3. 顺序文件之所以称为顺序文件是因为__________。
(A) 文件中的记录号从小到大排序
(B) 文件中的记录按记录长度从小到大排序
(C) 文件中的记录按关键数据项的值从大到小排序
(D) 记录是按写入的先后顺序存放的，读出也是按原先写入的先后顺序读出的

4. 要建立一个随机文件，其中每条记录由多个不同类型数据项构成，则记录类型应定义为__________。
(A) 字符串类型 (B) 数组类型 (C) 自定义结构 (D) Object 类型

二、思考题

1. 文件的打开和读写为什么需要用缓冲区，文件读写结束后为什么要关闭？
2. 顺序文件和随机文件的本质区别是什么？用随机文件不能存储文本文件吗？
3. 关系型数据库以二维表方式存储数据，能够实现数据的快速检索。如果让你用文件实现数据库，你会选择顺序文件还是随机文件？为什么？

第 9 章　绘　　图

绘图是程序设计的重要内容之一。VB.NET 提供了 GDI + 图形设计工具，使用该工具可以方便地进行图形应用的开发。本章主要介绍图形对象的创建，绘制和操作。通过本章的学习，您将会了解使用 VB.NET 绘图的基本概念和编程方法。

9.1　GDI + 图形系统简介

图形设备接口（Graphics Device Interface，GDI）负责系统与绘图程序之间的信息交换，处理所有绘图程序的图形输出。使用 GDI 提供的函数，可以很方便地在图形设备上绘制图形和文本。

GDI + 是 Microsoft.NET 基础类库中实现的 GDI 绘图系统，与原 GDI 相比更容易使用，性能更好。GDI + 被组织在 6 个命名空间中：

- System.Drawing：基本图形功能。
- System.Drawing.Drawing2D：高级的二维和矢量图功能。
- System.Drawing.Imaging：高级图像处理功能。
- System.Drawing.Text：创建和使用字体。
- System.Drawing.Printing：提供打印功能。
- System.Drawing.Design：支持自定义控件的设计。

GDI + 可以绘制图形、文本，显示图像，是目前 Windows 应用程序绘制图形的主要工具之一。

9.2　GDI + 绘图基础

使用 GDI + 绘图，还需要了解一些相关的基础类与结构，它们用来表示坐标、点、颜色、线条等基本绘图元素。

9.2.1　GDI + 坐标系

GDI + 支持多种坐标系，默认的坐标系是世界坐标系，原点在绘图对象的左上角，x 轴指向右边，y 轴指向下边，单位是像素，如图 9-1 所示。绘图对象界面上的点都可以用坐标表示。

在 VB.NET 中，可用于绘制图形的对象有窗体、图片框和打印机（Printer）等等。利用专用绘图控件和绘图方法，可在这些对象的绘图区域内绘制点、线、圆、弧等各种图形。

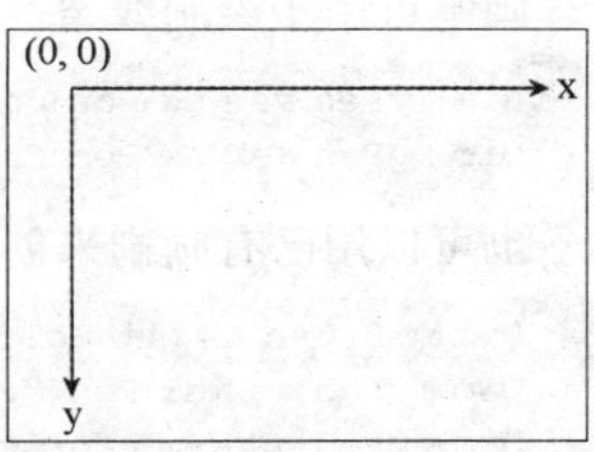

图 9-1　VB.NET 默认坐标系

9.2.2　GDI + 绘图基本步骤

在 VB.NET 中使用 GDI + 在对象上绘制图形、文本和图像，首先必须创建 Graphics 对象。Graphics 对象可由绘图对象的方法来创建，代表 GDI + 绘图表面，俗称画布。GDI + 绘图包括两个步骤：

- 创建 Graphics 对象。
- 使用 Graphics 对象绘制图形、文本和图像。

Graphics 对象可以通过多种方法来获得：

1）从窗体或控件的 Paint 事件处理过程的 PaintEventArgs 参数中获得，例如，下列代码定义

Graphics 变量 g，并获得 Form1 的 Graphics 对象的引用。

```
Private Sub Form1_Paint(sender As Object, e As PaintEventArgs) Handles MyBase.Paint
      '声明 Graphics 类型的变量 g,从参数 e 中获得 Graphics 对象
      Dim g As Graphics = e.Graphics
      ……
End Sub
```

2）调用绘图对象的 CreateGraphics 方法，获取 Graphics 对象的引用。如果想在已存在的窗体或控件上绘图，则可使用此方法。例如：

```
'声明 Graphics 对象
Dim g as Graphics
'调用窗体或控件的 CreateGraphics 方法
g = MeCreateGraphics
```

3）从 Image 子类的任何对象中创建 Graphics 对象，此方法对修改现有图像十分有用，例如：

```
Dim myBitmap as New Bitmap("C:\Documents and Settings\All Users\Documents\My Pictures\示例图片\Water lilies.jpg")
Dim g as Graphics = Graphics.FromImage(myBitmap)
```

Graphics 对象在创建后，就可以进行绘图。在使用 Graphics 对象进行绘图时，还需要用到一些基本结构和类，如 Pen 类、Brush 类、Font 类和 Color 结构等。

9.2.3 GDI+的常用结构和类

在 GDI+ 中，可使用画笔和画刷来绘制图形、文本和图像。画笔是 Pen 类的实例，可用于绘制线条和空心图形；画刷是从 Brush 类派生的实例，可用于填充图形或绘制文本。Color 对象是颜色类的实例，用于设置绘图的颜色。例如：

```
Dim myPen as New Pen(Color.Red)                    '创建红色的画笔
Dim myBrush as New SolidBrush(Color.Blue)          '创建蓝色的实心画刷
```

1. 画笔

画笔可用于绘制线条、曲线以及勾勒图形轮廓。例如，创建一支基本的黑色笔：

```
Dim myPen as New Pen(Color.Black)                  '创建宽度为 1 的黑色画笔
Dim myPen as New Pen(Color.Black,5)                '创建宽度为 5 的黑色画笔
```

也可以用已有画刷来创建画笔，例如：

```
Dim myBrush As New SolidBrush(Color.Red)
Dim myPen as New Pen(myBrush)                      '从已存在的画刷对象创建画笔,默认宽度为 1
Dim myPen as New Pen(myBrush, 5)                   '从已存在的画刷对象创建宽度为 5 的画笔
```

在创建画笔后，可使用它来绘制线条、弧线或空心图形。例如，使用画笔绘制椭圆：

```
Dim myPen as New Pen(Color.Black)
Dim g as Graphics = Me.CreateGraphics
g.DrawEllipse(myPen,20,30,10,50)
```

创建画笔后，可通过设置其属性来影响绘图效果。Width 和 Color 等属性会影响线条的外观；而使用 StartCap 和 EndCap 属性，可以将预设或自定义的形状添加到线条的开始或结尾。DashStyle 属性可以在实线、虚线、点划线或自定义点划线之间进行选择，而 DashCap 属性可以自定义线条中短划线的结尾。

2. 画刷

画刷与 Graphics 对象一起使用，可绘制实心图形和文本。有多种不同类型的画刷，如表 9-1 所示。

表9-1 画刷类型

序号	Brush 派生类	说 明
1	SolidBrush	画刷的最简单形式，它用纯色进行绘制
2	HatchBrush	类似于 SolidBrush，但是该类允许选择预设图案绘制，而不是纯色
3	TextureBrush	使用纹理（如图像）进行绘制
4	LinearGradientBrush	使用渐变混合的两种颜色进行绘制
5	PathGradientBrush	基于开发人员定义的唯一路径，使用复杂的混合色渐变进行绘制

画刷的填充可以是纯色、图案和复杂底纹。

（1）纯色

下面通过代码实例说明如何在窗体上绘制一个纯红色的椭圆，绘制的椭圆限制在窗体客户区之内（ClientRectangle 是窗体的客户区矩形），如图9-2所示。

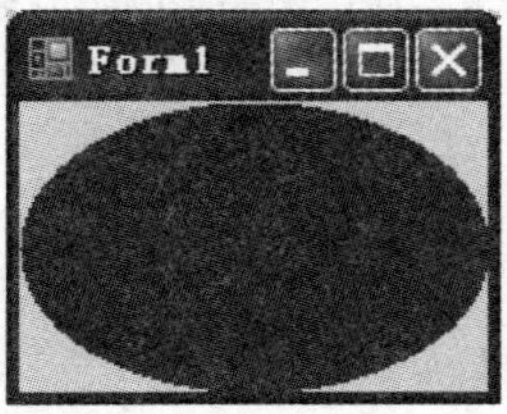

图9-2 绘制纯色实心椭圆

```
    Private Sub Form1_Click(ByVal sender As Object, ByVal e As System.EventArgs) Handles
Me.Click
        Dim g As Graphics = Me.CreateGraphics
        Dim myBrush As New SolidBrush(Color.Red)
        g.FillEllipse(myBrush, ClientRectangle)
    End Sub
```

（2）图案

HatchBrush 类可以使用大量预设的简单图案创建画刷；TextureBrush 类可以使用图像作为图案来创建画刷；LinearGradientBrush 和 PathGradientBrush 类可以创建各种颜色渐变画刷。

使用 HatchBrush 类型画刷和方格呢图案绘制的椭圆如图9-3a所示，代码如下：

```
    Dim myBrush As New System.Drawing.Drawing2D.HatchBrush(System.Drawing.Drawing2D.Hatch-
Style.Plaid, Color.Red, Color.Blue)
    Dim g As Graphics = Me.CreateGraphics
    g.FillEllipse(myBrush, ClientRectangle)
```

使用 TextureBrush 画刷和图片绘制的椭圆如图9-3b所示，代码如下：

```
    Dim myBrush As New TextureBrush(New Bitmap("C:\Documents and Settings\All Users\Docu-
ments\My Pictures\示例图片\Water lilies.jpg"))
    Dim g As Graphics = Me.CreateGraphics
    g.FillEllipse(myBrush, ClientRectangle)
```

使用 LinearGradientBrush 画刷和红黄渐变绘制的椭圆如图9-3c所示，代码如下：

```
    Dim myBrush As New System.Drawing.Drawing2D.LinearGradientBrush(ClientRectangle, Color.
Red, Color.Yellow, System.Drawing.Drawing2D.LinearGradientMode.Vertical)
    Dim g As Graphics = Me.CreateGraphics
    g.FillEllipse(myBrush, ClientRectangle)
```

3. 颜色

一般地说，自然界中任何一种颜色都可以由红（R）、绿（G）、蓝（B）三基色混合而成。VB.NET 中的颜色值可用 &HBBGGRR 形式的十六进制数表示，可表示近千万种颜色。获得颜色值的方法主要有四种：

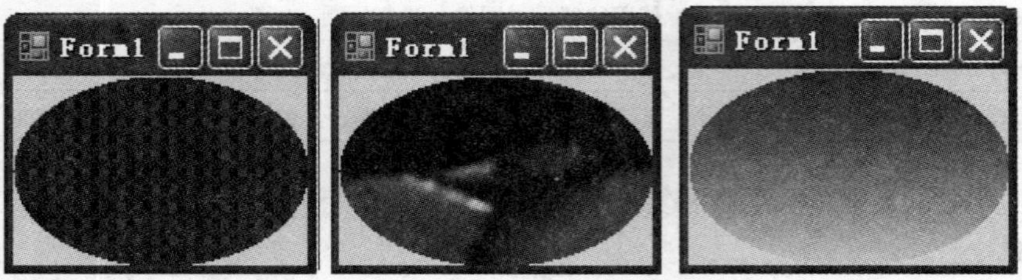

a）简单图案　　b）图像　　c）渐变图案

图 9-3　使用图案画刷绘制椭圆

- 颜色值常数；
- 调用颜色函数 RGB（）；
- 利用 Color 结构；
- 利用颜色通用对话框的颜色属性。

RGB 函数的语法格式：

```
RGB(R% ,G% ,B% )
```

其中：R 表示红色，G 表示绿色，B 表示蓝色，它们各自的取值范围均为 0 ~ 255。表 9-2 列出了常用颜色与其对应的 RGB 颜色参数值。

表 9-2　常用颜色的 RGB 颜色参数

序号	RGB（）函数	颜色值	颜色说明
1	RGB（255，0，0）	&H0000FF	红色
2	RGB（0，255，0）	&H00FF00	绿色
3	RGB（0，0，255）	&HFF0000	蓝色
4	RGB（255，255，255）	&HFFFFFF	白色
5	RGB（0，0，0）	&H000000	黑色
6	RGB（255，255，0）	&H00FFFF	黄色
7	RGB（255，0，255）	&HFF00FF	紫红色
8	RGB（0，255，255）	&HFFFF00	青蓝色

下面列出几种获得红颜色值的语句：

```
Dim myColor As Integer
myColor = RGB(255, 0, 0)                       '使用 GRB 函数
myColor = Color.Red                            '利用 Color 的颜色枚举值
myColor = Color.FromArgb(255,0,0)              '利用 Color 的 FromArgb 方法
myColor = Color.FromArgb(127,255,0,0)          '利用 Color 的 FromArgb 方法,半透明
```

其中，四个参数的 Color.FromArgb 方法中的第一个参数 Alpha 表示透明度，取值在 0 到 255 之间，0 为全透明，255 为不透明。

【例】设计程序，利用滚动条改变三元色和透明度值来获得不同的颜色显示效果。

分析：本例使用 Color 结构的 FromArgb 方法来设置颜色，四个滚动条 HScrollBar1、HScrollBar2、HScrollBar3、HScrollBar4 的属性设置如下：

属性名：Min	Max	SmallChange	LargeChange
属性值：0	255	1	5

使用图片框 PictureBox1 的背景色来显示颜色效果。标签控件 Label1、Label2、Label3、Label4 用于显示相应的 RGB 颜色参数值。

部分程序代码如下：

```
    Private Sub Form1_Load(……) Handles MyBase.Load
        PictureBox1.BackColor = Color.FromArgb(HScrollBar1.Value, HScrollBar2.Value,
HScrollBar3.Value, HScrollBar4.Value)
    End Sub
    Private Sub HScrollBar1_Scroll(……) Handles HScrollBar1.Scroll
        Label1.Text = "Alpha" & Space(2) & HScrollBar1.Value
        PictureBox1.BackColor = Color.FromArgb(HScrollBar1.Value, HScrollBar2.Value,
HScrollBar3.Value, HScrollBar4.Value)
    End Sub
    Private Sub HScrollBar2_Scroll(……) Handles HScrollBar2.Scroll
        Label2.Text = "红" & Space(5) & HScrollBar2.Value
        PictureBox1.BackColor = Color.FromArgb(HScrollBar1.Value, HScrollBar2.Value,
HScrollBar3.Value, HScrollBar4.Value)
    End Sub
    Private Sub HScrollBar3_Scroll(……) Handles HScrollBar3.Scroll
        Label3.Text = "绿" & Space(5) & HScrollBar3.Value
        PictureBox1.BackColor = Color.FromArgb(HScrollBar1.Value, HScrollBar2.Value,
HScrollBar3.Value, HScrollBar4.Value)
    End Sub
    Private Sub HScrollBar4_Scroll(……) Handles HScrollBar4.Scroll
        Label4.Text = "蓝" & Space(5) & HScrollBar4.Value
        PictureBox1.BackColor = Color.FromArgb(HScrollBar1.Value, HScrollBar2.Value,
HScrollBar3.Value, HScrollBar4.Value)
    End Sub
```

程序运行结果见图 9-4。

图 9-4　利用滚动条设置颜色

9.3 图形绘制

创建完画布以后，就可以使用 GDI + 提供的绘图工具和绘图函数来绘制图形了。

9.3.1 绘制图形

Graphics 对象提供绘制各种线条和形状的方法。表 9-3 列出了三个常用的绘图语句。

表 9-3 常用绘图语句

方法	功能	语法格式
DrawLine	画线	DrawLine（画笔，起点，终点） DrawLine（画笔，起点 x 坐标，起点 y 坐标，终点 x 坐标，终点 y 坐标）
DrawEllipse	画椭圆	DrawEllipse（画笔，外接矩形） DrawEllipse（画笔，起点 x 坐标，起点 y 坐标，宽，高）
DrawRectangle	画矩形	DrawRectangle（画笔，Rectangle 对象） DrawRectangle（画笔，起点 x 坐标，起点 y 坐标，宽，高）

下面列出一些使用绘图语句绘制图形的步骤和代码：

1）获取对将用于绘图的图形对象的引用。

```
Dim g As Graphics = Me.CreateGraphics()
```

2）创建将用于绘制线条的 Pen 类的实例，并设置所有相应的属性。

```
Dim myPen As New Pen(Color.Red)
myPen.Width = 5
```

3）调用绘图方法，提供绘图参数绘制图形。

```
g.DrawLine(myPen, 1, 1, 45, 65)
g.DrawEllipse(myPen, New Rectangle(33, 45, 40, 50))
```

9.3.2 填充图形

Graphics 对象提供绘制填充图形的方法，表 9-4 列出了两个绘制填充图形的语句。

表 9-4 常用绘制填充图形语句

方法	功能	语法格式
FillEllipse	填充椭圆	FillEllipse（画刷，外接矩形） FillEllipse（画刷，起点 x 坐标，起点 y 坐标，宽，高）
FillRectangle	填充矩形	FillRectangle（画刷，Rectangle 对象） FillRectangle（画刷，起点 x 坐标，起点 y 坐标，宽，高）

和图形绘制相比，绘制填充图形需要画刷而不是画笔，而且填充是实心图。下面列出一些绘制填充图形的步骤和代码：

1）获取用于绘图的图形对象的引用。

```
Dim g As Graphics = Me.CreateGraphics()
```

2）创建要用于绘制填充图形的 Brush 的实例。

```
Dim myBrush as New SolidBrush(Color.Red)
```

3）调用填充方法，提供相应的绘图参数绘制填充。

```
g.FillRectangle(myBrush, New RectangleF(50,50,100,100))
```

9.3.3 绘制文字

可以使用任何图形对象作为绘制文字的表面。绘制文字需要一个 Brush 对象（它指示将使用什么图案填充文字）和一个 Font 对象。字体可以是系统上安装的任何已命名的字体，而画刷可以为任意类型的画刷。因此，有可能使用纯色、图案或者图像来绘制文本。下面列出绘制文字的步骤和一些代码：

1）获取用于绘图的图形对象的引用。

```
Dim g as Graphics = Me.CreateGraphics
```

2）创建绘制文本要使用的“画刷”的实例。例如：

```
Dim mybrush As New Drawing2D.LinearGradientBrush(ClientRectangle,Color.Red,Color.
Yellow,Drawing2D.LinearGradientMode.Horizontal)
```

3）创建显示文本要使用的字体。例如：

```
Dim myFont as New Font("Times New Roman",18)
```

4）调用 Graphics 对象的 Graphics.DrawString 方法来绘制文字。例如：

```
g.DrawString("VB.NET 程序设计",myFont,myBrush,10,10)
```

可在窗体上绘制如图 9-5 所示的文字。

图 9-5 绘制文字

9.3.4 绘制图像

GDI+可以显示图像，方法是先创建一个 Image 类子类（如 Bitmap）的新对象，然后创建一个 Graphics 对象，调用 Graphics 对象的 DrawImage 方法绘制图像。

下面通过代码来说明使用 GDI+在窗体上显示图像的过程：

1）创建 Bitmap 实例，和图像文件关联起来。

```
Dim myBitmap As New Bitmap("C:\Documents and Settings\All Users\Documents\My Pictures\示
例图片\Water lilies.jpg")
```

2）创建一个 Graphics 对象，和窗体关联起来。

```
Dim g as Graphics = Me.CreateGraphics
```

调用图形对象的 Graphics. DrawImage 方法，在窗体坐标（0，0）处绘制图像，如图 9-6 所示。

```
g.DrawImage(myBitmap,0,0)
```

图 9-6 绘制图像

9.4 综合实例

本节通过一个简单的综合例子，帮助学生复习和运用本章所学知识、使用 GDI+编程绘制图形，培养解决实际问题的能力。

9.4.1 问题及分析

本节要求编写一个利用鼠标在图片框中点击，即可在点击处绘制图形的程序。程序可以绘制椭圆和矩形，而且能够控制绘制图形的大小。程序运行界面如图 9-7 所示。

9.4.2 解决方案

在窗体上添加一个组框，并在组框中添加两个单选按钮和三个命令按钮：RadioButton1、RadioButton2、Button1、Button2 和 Button3。在组框右边添加一个图片框 PictureBox1。将这些控件按图 9-7 的分布方式放置在窗体上。给按钮控件添加事件处理程序。

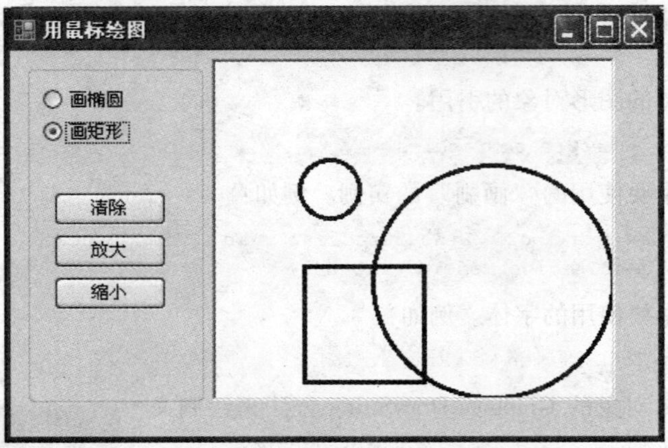

图 9-7 利用鼠标点击绘制图形

在图片框 PictureBox1 的鼠标键按下事件和“清除”按钮单击事件处理程序中都要绘制图形，所以在窗体装入事件中创建画布：

```
g = PictureBox1.CreateGraphics()                    '创建画布
```

9.4.3 实现代码

用鼠标绘图程序的代码如下：

(1) 定义变量

```
Dim GType As Integer                                '定义图形的类型
Dim Gwidth As Single                                '定义图形的大小
Dim Gheight As Single
Dim g As Graphics                                   '声明 Graphics 对象
```

(2) 初始化

```
Private Sub Form1_Load(……) Handles MyBase.Load
    Gwidth = 5.0                                    '初始宽度
    Gheight = 5.0                                   '初始高度
    g = PictureBox1.CreateGraphics()                '创建画布
End Sub
```

(3) 单选按钮点击事件处理过程

```
Private Sub RadioButton1_CheckedChanged(……) Handles RadioButton1.CheckedChanged
    GType = 1                                       '选画椭圆
End Sub
Private Sub RadioButton2_CheckedChanged(……) Handles RadioButton2.CheckedChanged
    GType = 2                                       '选画矩形
End Sub
```

(4) 鼠标点击事件处理程序

（5）按钮点击事件处理程序

```
Private Sub Button1_Click(……) Handles Button1.Click
    g.Clear(Color.LightGray)                          '清除
End Sub
Private Sub Button2_Click(……) Handles Button2.Click
    Gwidth = Gwidth * 2                               '图形宽度放大两倍
    Gheight = Gheight * 2                             '图形高度放大两倍
End Sub
Private Sub Button3_Click(……) Handles Button3.Click
    Gwidth = Gwidth /2                                '图形宽度缩小两倍
    Gheight = Gheight /2                              '图形高度缩小两倍
End Sub
```

习题

一、测试题

1. 以下叙述中错误的是＿＿＿＿＿＿。
   （A）GDI+支持多种坐标系，但默认坐标系是世界坐标系
   （B）GDI+是 Visual Basic.NET 提供的一种图形设计工具
   （C）GDI+只能绘制矢量图、不能用来显示图像
   （D）GDI 的主要任务是负责系统与绘图程序之间的信息交换，处理程序的图形输出
2. GDI+被组织在下列哪个命名空间＿＿＿＿＿＿。
   （A）Microsoft.VisualBasic　　（B）System.Math
   （C）System.Drawing　　（D）System.IO
3. 下列创建 Graphics 类实例的语句中，正确的是＿＿＿＿＿＿。
   （A）Dim g As Graphics = new Graphics ()
   （B）Dim g As Graphics = Me.CreateGraphics ()
   （C）Dim g As New Graphics = Me.CreateGraphics ()
   （D）Dim g As Graphics = New Graphics （Color.Red）
4. 下列创建 Brush 类实例的语句中，正确的是＿＿＿＿＿＿。
   （A）Dim myBrush As SolidBrush = SolidBrush （Color.Red）
   （B）Dim myBrush As Brush = SolidBrush （Color.Red）
   （C）Dim myBrush As SolidBrush = New SolidBrush （Color.Red）
   （D）Dim myBrush As Brush = Brush（Color.Red）

二、思考题

1. GDI+被组织在哪些命名空间中，作用分别是什么？
2. GDI+绘制图形的基本步骤有哪些？
3. GDI 画布的作用是什么，如何创建？

第 10 章　数据库访问

在信息社会中，信息数据是非常重要的财富和资源。为了充分地利用这些资源，人们通过数据库技术对其进行科学保存和管理，如网络购物、电子银行、企业管理系统等等。虽然文件系统也能够用于存储和管理数据，但是数据库具有比文件更优秀的数据共享性和独立性，更容易管理大容量数据。本章以使用 ADO.NET 数据库访问模型访问 Access 数据库为例，介绍在 VB.NET环境中如何进行数据库访问。

10.1　创建数据库

10.1.1　新建 Access 数据库

Microsoft Access 是 Microsoft Office 办公软件的重要组成部分，是一款非常流行的桌面数据库管理系统。

创建 Access 数据库主要有两种方法：一种是使用“数据库向导”，另一种是创建一个空的数据库，由用户根据自己的需要添加相应的内容。Access 2003 版本数据库的扩展名为.mdb。下面就以 Access 2003 为例介绍用户自主创建 Access 数据库的基本方法。

【例 10-1】创建 Access 数据库和数据表。要求在 Microsoft Office Access 2003 中创建一个简单的学生信息管理数据库 school.mdb，数据库包含一张学生基本信息表 student。表结构如表 10-1 所示。

表 10-1　学生基本信息表 student 结构

字段名称	学号	姓名	性别	专业	学分绩点
数据类型	文本	文本	文本	文本	单精度型
字段大小	6	8	2	20	小数位数 1

创建步骤：

1）创建数据库。打开 Access 2003，选择“文件|新建”命令，在右面的“新建文件”任务窗格中，单击“空数据库”按钮，如图 10-1 所示。在打开的“文件新建数据库”对话框中，指

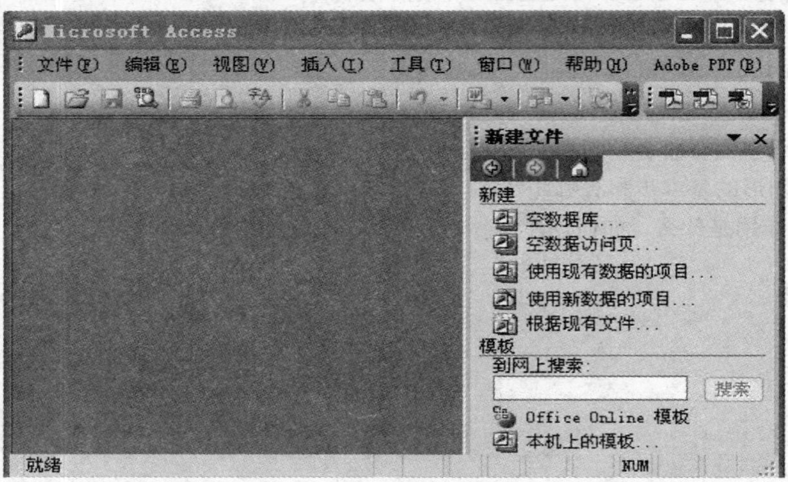

图 10-1　新建空数据库

定数据库保存的位置 D:\database，名称为 school.mdb，然后单击“创建”按钮，如图 10-2 所示。在打开的数据库窗口中即可创建数据库的表。

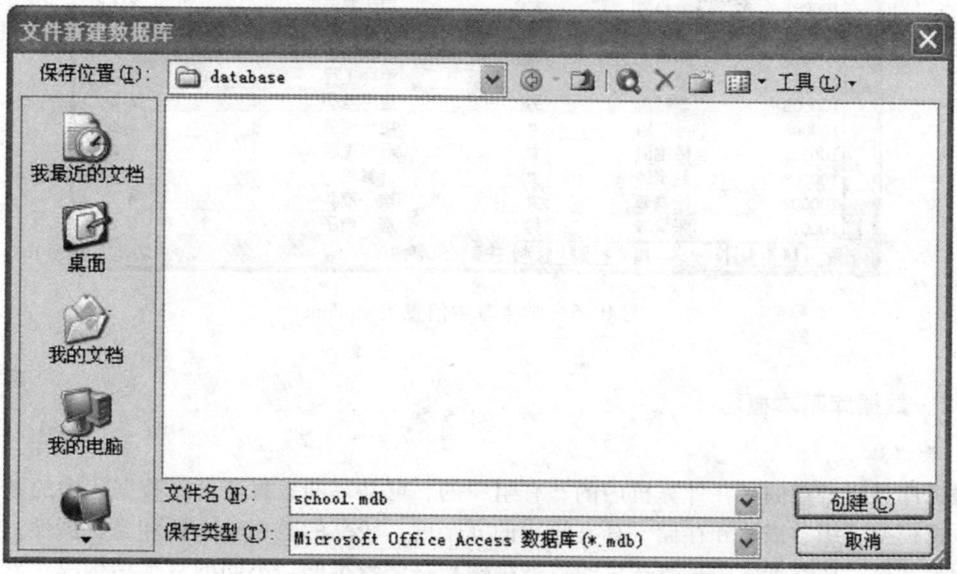

图 10-2 存储数据库

2）创建表。在 School 数据库窗口中，选择“表”数据库对象，双击“使用设计器创建表”进入数据表的设计视图，如图 10-3 所示。

3）输入字段。按照表 10-1 所示的结构，分别输入每个字段的名称、数据类型和字段大小，如图 10-4 所示。

4）定义主键。选定“学号”字段，单击工具栏上的“主键”按钮，如图 10-4 所示。

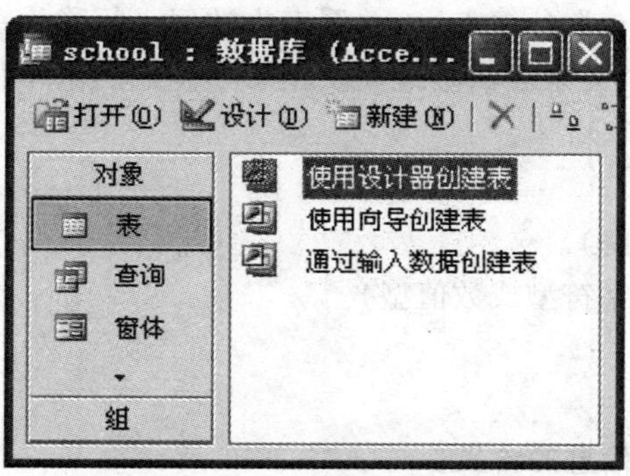

图 10-3 创建数据表

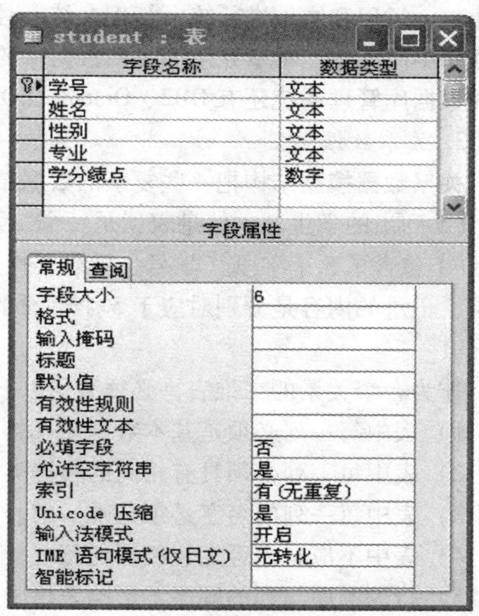

图 10-4 表设计视图

5）保存表。完成表结构的建立后，单击工具栏上的“保存”按钮保存表。表名为 student。

6）输入记录。定义好表的结构，就可以在表中输入记录了，如图 10-5 所示。

至此，一个简单的学生信息管理数据库 school.mdb 的建立工作完成。后面将通过 VB.NET 对这个数据库进行操作。

student ：表

学号	姓名	性别	专业	学分绩点
100001	余心力	女	电子商务	2.7
100002	王黎幸	男	计算机	3.1
100003	李芳	女	环境工程	2.7
100004	赵飞	男	生物工程	2.8
100005	李毅泉	男	应用电子	2.5
100006	马晓旭	女	电子商务	3.1
100007	梅艳丽	女	环境工程	3.2
100008	赵晓玲	女	计算机	2.6
100009	徐晓菲	女	电子商务	4.1
100010	张景峰	男	应用电子	3.2

记录：10　共有记录数：10

图 10-5　学生基本信息表 student

10.1.2　数据库基本概念

1. 数据库

数据库是指长期储存在计算机内的、有组织的、可共享的数据集合。数据库中的数据按一定的数据模型组织、描述和存储，具有较小的冗余度、较高的数据独立性和易扩展性，并可为各种用户共享。在数据库中是按一定的数据结构来存储数据的，不同的数据结构决定着不同类型的数据库。Microsoft Access 2003 数据库文件的扩展名是.mdb。

2. 数据库管理系统

数据库管理系统也称为 DBMS，是一种操纵和管理数据库的软件。它的主要任务是对数据库的建立、运用和维护进行统一管理、统一控制。数据库应用程序都是通过数据库管理系统访问数据库中的数据。本章介绍的关系数据库的软件 Access 2003 就是一种数据库管理系统。此外常用的数据库管理系统还有 DB2、Oracle、SQL Server 等。

3. 关系数据模型

关系数据模型结构把一些复杂的数据结构归结为简单的二元关系（即二维表格形式）。例如图 10-5 列出的学生基本信息表就是一个二元关系。关系表的每一列称为一个字段或属性，例如表 10-1 包含了 5 个字段（学号、姓名、性别、专业、学分绩点）。关系表中的每一行称为一条记录，记录的内容是分别对应于 5 个字段的值。这个关系表清晰地反映出了学生们的基本信息情况。

作为一个关系的二维表，必须满足以下条件：

1）表中每一列必须是基本数据项（即不可再分解）。

2）表中每一列必须具有相同的数据类型（例如字符型或数值型）。

3）表中每一列的名字必须是唯一的。

4）表中不应有内容完全相同的行。

5）行的顺序与列的顺序不影响表格中所表示的信息的含义。

由关系数据结构组成的数据库系统被称为**关系数据库系统**。在关系数据库中，对数据的操作几乎全部建立在一个或多个关系表格上，通过对这些关系表格的分类、合并、连接或选取等运算来实现数据的管理。

4. 主键

如果某一个字段可以唯一标识一条记录，可以将该字段设置为主键。主键字段中没有重复数据。Student 表中“学号”被设置为主键，不同学生的学号是唯一的。

10.2　结构化查询语言 SQL

10.2.1　SQL 语言介绍

SQL 称为结构查询语言，是一种功能强大的数据库语言，通常用于完成一些数据库的操作任务。例如，SQL 命令可以用来建立和删除数据库、数据表及索引，使用 SELECT 语句从表中取得所需的数据，使用 UPDATE 命令修改已存在的记录数据，使用 INSERT 和 DELETE 命令插入和删除记录数据，并可对记录数据进行分类汇总和定义数据库用户的权限等功能。

SQL 语言不同于其他的语言（如 VB 和 C 语言），SQL 语言没有 if-then-else 和 do-while 等类型的循环结构，也没有函数功能，只是一种结构化的查询语言。SQL 语言结构是固定模式，用户不能创建自己的数据类型。

10.2.2　SQL 语言分类

SQL 语言主要包含 3 类：数据定义语言、数据控制语言和数据操纵语言。

（1）数据定义

数据定义语言（Data Definition Language，DDL）主要用于定义数据的结构、创建、修改或者删除数据库对象，例如：

```
CREATE TABLE:创建表结构
ALTER TABLE:修改表结构
DROP TABLE:从数据库中删除表
CREATE INDEX:创建索引
DROP INDEX:删除索引
```

（2）数据控制

数据控制语言（Data Control Language，DCL）主要用于定义数据库用户的权限，例如：

```
ALTER PASSWORD:设置访问口令
GRANT:分配权限
REVOKE:收回权限
CREATE SYNONYM:创建替代用户
```

（3）数据操纵

数据操纵语言（Data Manipulation Language，DML）主要用于向数据库添加、修改和删除数据，检索指定数据等操作，例如：

```
SELECT:用于查询数据
INSERT:用于增加数据到数据库
UPDATE:用于从数据库中修改现存的数据
DELETE:用于从数据库中删除数据
```

10.2.3　SQL 语言应用

当数据库创建好之后，可以使用 Visual Basic.NET 作为前台开发工具实现操作数据库中的数据，例如对数据进行查询、修改、删除、维护等操作。这些操作都可以通过 SQL 语言命令来实现。SQL 语言主要包含 3 类，本节主要介绍数据操纵语言。

1. *数据查询*

关系数据库查询可以使用 SQL 中的查询语句 SELECT 来实现，语句形式如下：

```
SELECT [ALL |DISTINCT]字段列表
FROM 数据表或视图名
[WHERE 行查询条件]
[GROUP BY 列名1 [HAVING 分组条件] ]
[ORDER BY 列名2 [ASC | DESC ]]
```

（1）SELECT 的语句规则

1）在命令格式中，[ ] 表示可选项。命令字母大小写均可。

2）SELECT 表示选择目标，可以是字段名、表达式或常量。对于来自不同表中的同名字段要书写表名称，如“表名.字段名”。

3）ALL 表示选择的结果集合中包括重复记录，DISTINCT 表示去掉重复记录。

4）FROM 子句指出数据源。多个表之间用“,”分隔。

5）WHERE 表示记录选择条件。

6）GROUP BY 表示结果集分组。若字段列表中有统计函数，通常需要分组，否则就是对整个结果集统计。HAVING 子句表达分组条件。

7）ORDER BY 表示排序。ASC 表示按升序排序，DESC 表示降序排序。

（2）SELECT 语句执行过程

根据 WHERE 子句的检索条件，从 FROM 子句指定的表中选取满足条件的记录，再按照字段列表选取字段，得到查询结果，查询结果仍然是数据表。如果有 GROUP 子句，则将查询结果按照“列名 1”相同的值进行分组。如果 GROUP 子句后面有 HAVING 条件，则只输出满足 HAVING 条件的记录。如果有 ORDER 子句，查询结果还要按照“列名 2”的值进行排序。

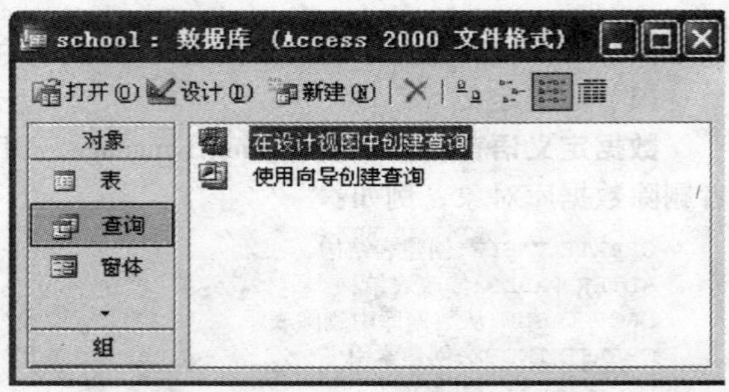

图 10-6　数据库查询设置

下面将基于图 10-5 所示的学生信息表 student，介绍 SQL 查询语句的使用方法。在 ACCESS 数据库中输入 SQL 查询语句的方法如下：

1）打开例题 10-1 所创建的 school 数据库，在左面的“对象”面板中，单击“查询”按钮，如图 10-6 所示。

2）在图 10-6 所示的查询窗口中双击“在设计视图中创建查询”，在弹出的“显示表”对话框中选择表 student，如图 10-7 所示，单击“添加”。

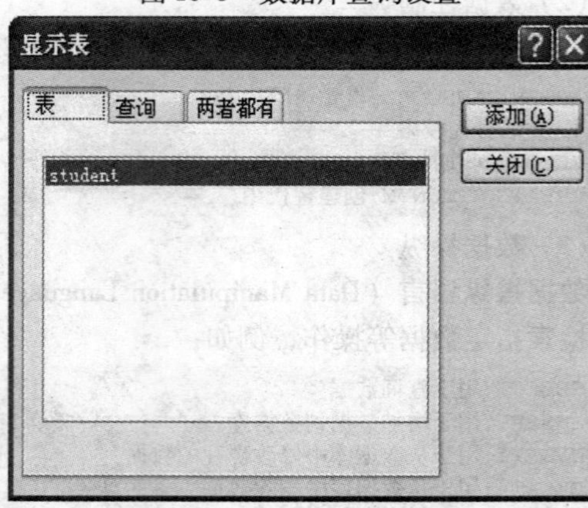

图 10-7　在查询中添加数据表

3）在弹出的“选择查询”窗口中（如图 10-8）的查询面板空白处单击鼠标右键，选择“SQL 视图”，则可以输入 SQL 查询语句了，如图 10-9 所示。

【例 10-2】查询所有学生记录。

```
SELECT * FROM student;
```

说明：“ * ”表示列出所有字段内容。

【例 10-3】查询电子商务专业的学生记录。

```
SELECT * FROM student WHERE 专业 = "电子商务";
```

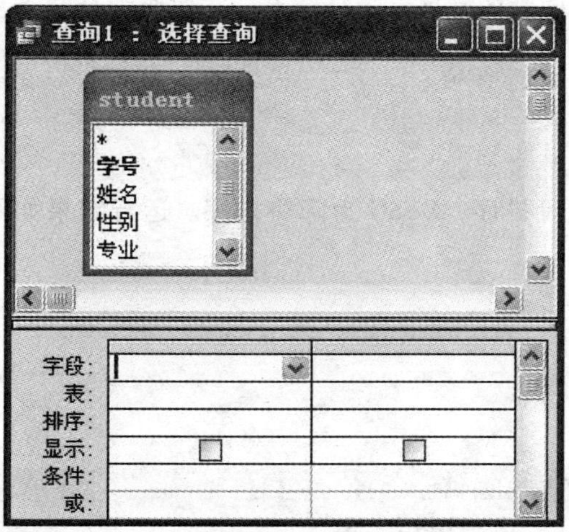

图 10-8　选择查询窗口

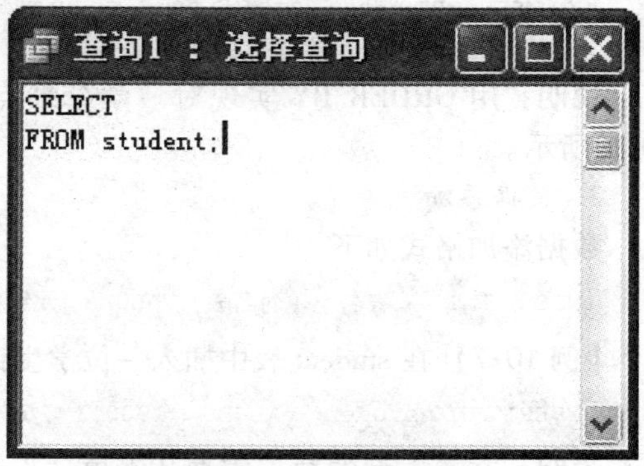

图 10-9　SQL 视图

说明：WHERE 表示筛选条件。对于特定字段的值进行筛选。运行结果如图 10-10 所示。

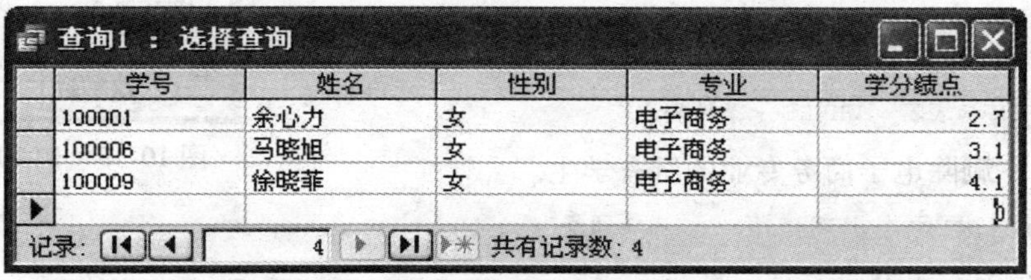

图 10-10　例 10-3 运行结果

【例 10-4】显示所有女同学的姓名、性别和专业。

```
SELECT 姓名,性别,专业 FROM student WHERE 性别 = "女";
```

说明：显示的字段信息之间用“,”分隔。所有符号都必须是英文字符。运行结果如图 10-11所示。

【例 10-5】统计各个专业的学生人数。

```
SELECT 专业,count(*) as 人数 FROM student GROUP BY 专业;
```

说明：GROUP BY 实现按某个字段的不同值进行分组；country（ * ）对每个组的记录个数进行统计；as 人数表示将统计好的数值以“人数”作为字段名显示出来。运行结果如图 10-12 所示。

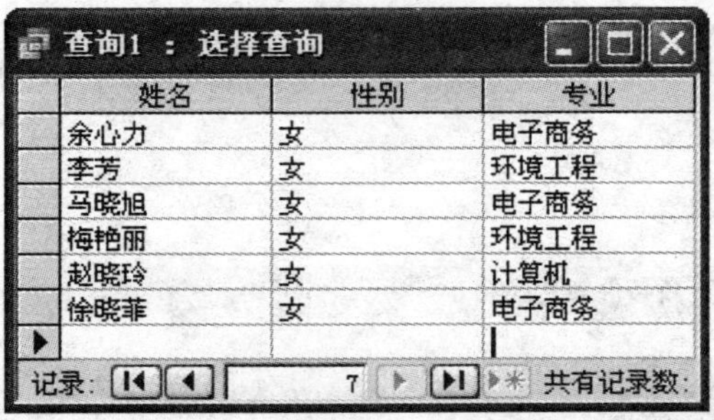

图 10-11　例 10-4 运行结果

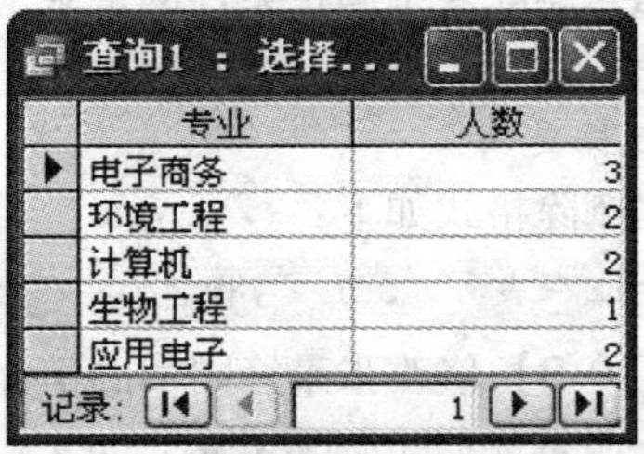

图 10-12　例 10-5 运行结果

【例 10-6】显示学分绩点在 2.8 以上的所有女同学的姓名、学分绩点，并按照学分绩点从高到低排序。

```
SELECT 姓名,学分绩点
FROM student WHERE 学分绩点 > =2.8 and 性别 = "女"
ORDER BY 学分绩点 DESC;
```

说明：用 ORDER BY 实现对“学分绩点”字段排序，DESC 为降序排序。运行结果如图 10-13所示。

2. 数据添加

数据添加格式如下：

```
INSERT INTO <表名> (列名表) VALUES (元组值)
```

【例 10-7】在 student 表中插入一位学生记录。

```
INSERT INTO student VALUES ("100011","李元","男","计算机",4.2);
```

说明：文本类型的数据需要用英文“” 来表达。运行语句后，重新打开 student 表，则可以在最后一行看到新添加的记录。运行结果如图 10-14 所示。

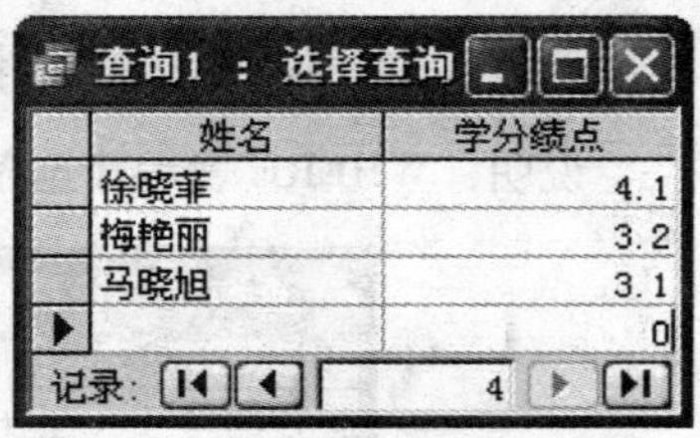

姓名	学分绩点
徐晓菲	4.1
梅艳丽	3.2
马晓旭	3.1
	0

图 10-13　例 10-6 运行结果

3. 数据删除

数据删除格式如下：

```
DELETE FROM <表名> WHERE <条件表达式>
```

【例 10-8】删除电子商务专业的所有学生。

```
DELETE FROM student WHERE 专业 = "电子商务";
```

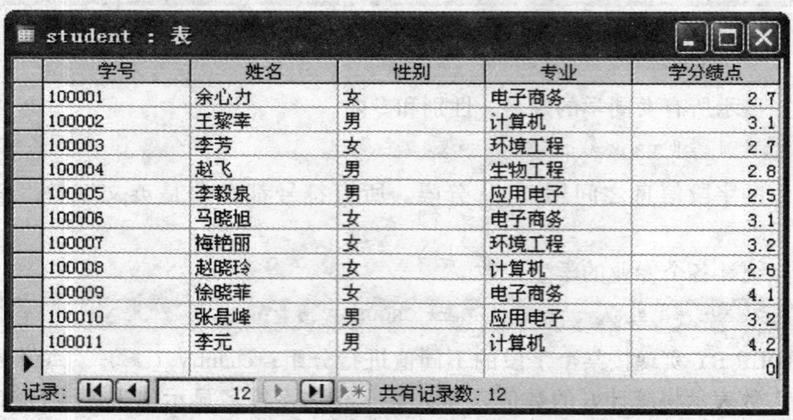

学号	姓名	性别	专业	学分绩点
100001	余心力	女	电子商务	2.7
100002	王黎幸	男	计算机	3.1
100003	李芳	女	环境工程	2.7
100004	赵飞	男	生物工程	2.8
100005	李毅泉	男	应用电子	2.5
100006	马晓旭	女	电子商务	3.1
100007	梅艳丽	女	环境工程	3.2
100008	赵晓玲	女	计算机	2.6
100009	徐晓菲	女	电子商务	4.1
100010	张景峰	男	应用电子	3.2
100011	李元	男	计算机	4.2
				0

图 10-14　例 10-7 运行结果

说明：删除表中满足条件的记录。运行结果如图 10-15 所示，电子商务专业的学生记录被全部删除了。

4. 数据更新

数据删除格式如下：

```
UPDATE <表名> SET <字段名> = <更新值> [WHERE 更新条件表达式]
```

【例 10-9】修改张景峰同学的学分绩点为 3.8。

```
UPDATE student SET 学分绩点 =3.8 WHERE 姓名 = "张景峰";
```

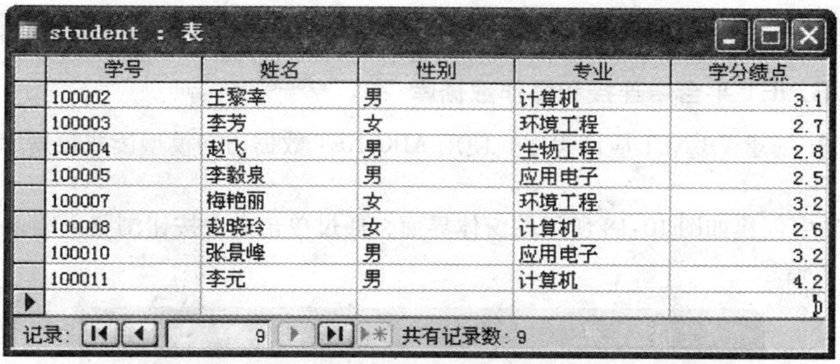

student ：表

学号	姓名	性别	专业	学分绩点
100002	王黎幸	男	计算机	3.1
100003	李芳	女	环境工程	2.7
100004	赵飞	男	生物工程	2.8
100005	李毅泉	男	应用电子	2.5
100007	梅艳丽	女	环境工程	3.2
100008	赵晓玲	女	计算机	2.6
100010	张景峰	男	应用电子	3.2
100011	李元	男	计算机	4.2
				0

记录：9　共有记录数：9

图 10-15　例 10-8 运行结果

说明：当需要修改指定表中元组的某些值时，使用 UPDATE 语句。其中，SET 子句用于指定修改方法，即用更新值取代相应字段的值。如果省略 WHERE 子句，则表示要修改表中的所有记录。运行结果如图 10-16 所示，张景峰的学分绩点更新为 3. 8。

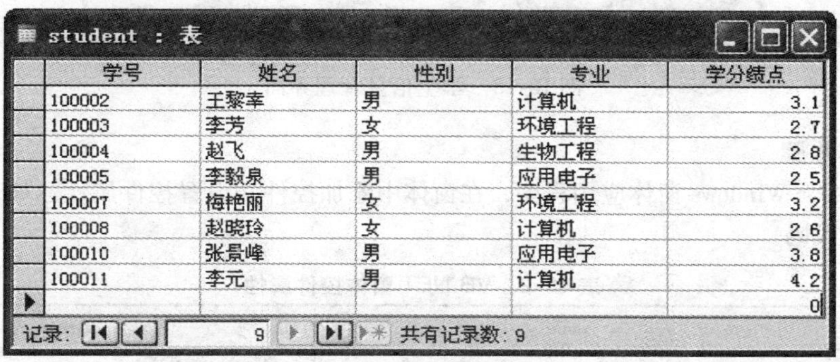

student ：表

学号	姓名	性别	专业	学分绩点
100002	王黎幸	男	计算机	3.1
100003	李芳	女	环境工程	2.7
100004	赵飞	男	生物工程	2.8
100005	李毅泉	男	应用电子	2.5
100007	梅艳丽	女	环境工程	3.2
100008	赵晓玲	女	计算机	2.6
100010	张景峰	男	应用电子	3.8
100011	李元	男	计算机	4.2
				0

记录：9　共有记录数：9

图 10-16　例 10-9 运行结果

10. 3　数据库访问基础

在上一节中我们学习了如何创建 ACCESS 数据库。当数据库创建好之后，我们可以在 VB.NET 平台上创建数据库应用程序，但是 VB.NET 自身并不具备对数据库进行操作的功能，它对数据库的处理是通过 ADO.NET 数据库访问对象来实现的。数据库访问的模式如图 10-17 所示：

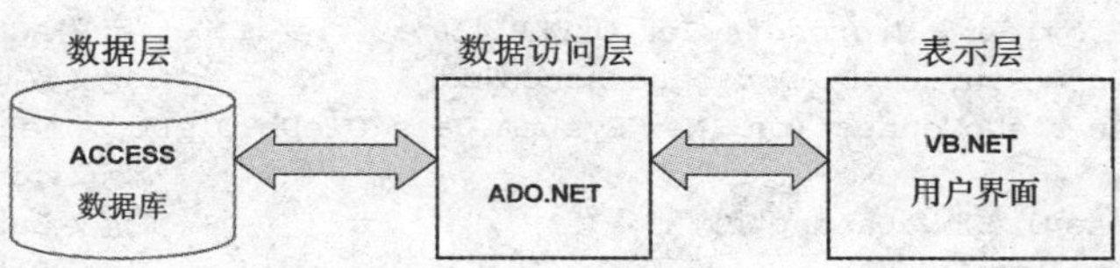

图 10-17　数据库访问系统的三层结构

由此可见，数据库应用程序或系统一般分为三层：数据层、数据访问层和表示层。其中数据层表示后台的数据库，主要完成数据的存储、操纵和管理功能；表示层是前台的应用程序功能交互界面，为用户提供基于数据查询和数据操作的业务功能服务；而数据访问层介于数据层和表示层之间，主要负责数据层与表示层之间的数据访问和数据传输。本节将主要介绍基于 VB.NET 的数据库访问层技术 ADO.NET 对象模型，在此基础上结合 VB.NET 程序实例讲解数据库应用程序中常用的数据访问方法。

10.3.1　在 VB.NET 平台中连接和操作数据库

【例 10-10】 创建 VB.NET 应用程序，使用 ADO.NET 数据访问模型读取数据库内容。

（1）要求

在 VB.NET 中创建如图 10-18 所示的窗体界面，通过单击命令按钮浏览 school.mdb 数据库中 student 表的记录信息。

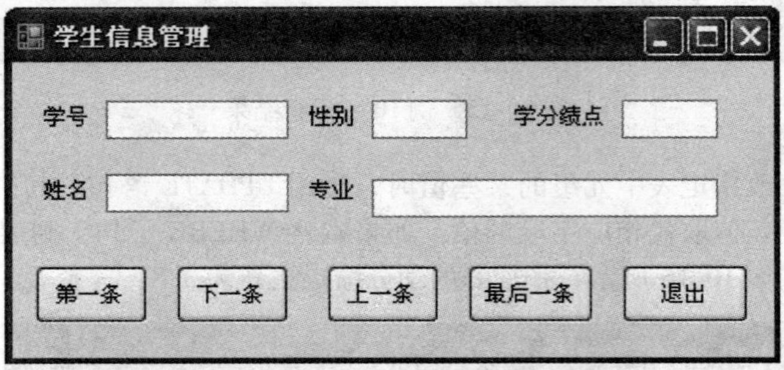

图 10-18　学生信息管理界面

（2）操作步骤

1）新建一个 Windows 窗体应用程序，在窗体中添加控件并设置控件属性，如表 10-2 所示。然后编写事件代码。

表 10-2　VB.NET 窗体控件属性

控件类型	Name	Text
Form	Form1	学生信息管理
Label	Label1 ~ Label5	学号、姓名、性别、专业、学分绩点
TextBox	txtNO、txtName、txtSex、txtDept、txtDgree	
Button	btnFirst、btnNext、btnPrevious、btnLast、btnExit	第一条、下一条、上一条、最后一条、退出

首先在代码窗口的最上面一行输入如下代码，导入 Access 数据库的命名空间：

```
Imports System.Data.OleDb
```

2）在 Public Class Form1 框架下编写数据库处理代码，如下所示：

```
    Dim Provider = "Provider = Microsoft.Jet.OLEDB.4.0"                  '定义 ACCESS 数据提供程序
    Dim database = "Data Source = D:\Database\schoolmdb"                 '定义数据源
    Dim Connection As OleDbConnection = New System.Data.OleDb.OleDbConnection(Provider & ";"
& _database)                                                              '定义 connection 对象
    Dim dataAdapter As OleDbDataAdapter                                   '定义 DataAdapter 对象
    Dim dataset As New DataSet                                            '定义 DataSet 对象
```

3）对 Form1_Load 事件编写代码，如下所示：

```
    Private Sub Form1_Load (……)
    Handles MyBase.Load
        Dim strSQL1 As String = "Select * From student"
        dataAdapter = New OleDbDataAdapter(strSQL1, Connection)
        dataAdapter.Fill(dataset, "student")
        txtNO.DataBindings.Add("text", dataset, "student.学号")
```

```
    txtName.DataBindings.Add("text", dataset, "student.姓名")
    txtSex.DataBindings.Add("text", dataset, "student.性别")
    txtDept.DataBindings.Add("text", dataset, "student.专业")
    txtDgree.DataBindings.Add("text", dataset, "student.学分绩点")
End Sub
```

4）对“第一条”按钮编写事件处理代码，如下所示：

```
Private Sub btnfirst_Click(……)
Handles btnfirst.Click
    Me.BindingContext(dataset, "student").Position = 0 '定位到第一条记录
End Sub
```

5）对“最后一条”按钮编写事件处理代码，如下所示：

```
Private Sub btnLast_Click(……)
Handles btnLast.Click
'定位到最后一条记录
Me.BindingContext(dataset, "student").Position = Me.BindingContext(dataset, "student").
Count -1
End Sub
```

6）对“下一条”按钮编写事件处理代码，如下所示：

```
Private Sub btnNext_Click(……)
Handles btnNext.Click
    Me.BindingContext(dataset, "student").Position + =1          '定位到下一条记录
End Sub
```

7）对“上一条”按钮编写事件处理代码，如下所示：

```
Private Sub btnPrevious _Click(……)
Handles btnNext.Click
    Me.BindingContext(dataset, "student").Position - =1          '定位到上一条记录
End Sub
```

8）对“退出”按钮编写事件处理代码，命令为End。

（3）运行结果

程序运行结果如图10-19所示。

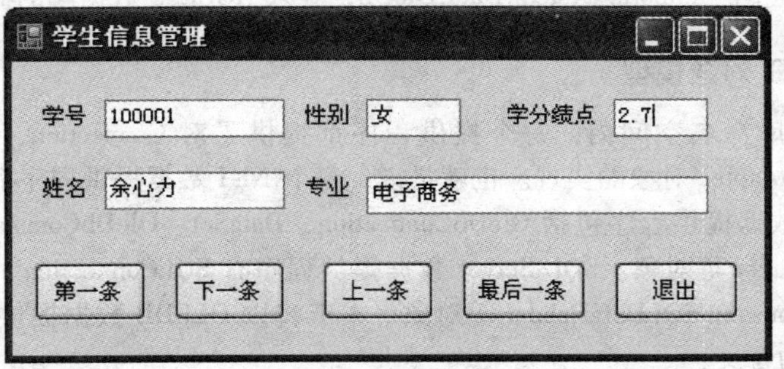

图10-19 例10-10运行结果

10.3.2 ADO.NET简介

ADO.NET是一种数据库访问技术，支持断开连接模型。所谓断开连接模型是指应用程序与数据库连接后，将检索数据保存在本机内存中，然后就断开对数据源的连接。接下来进行的添加、删除等操作是针对内存中的离线数据库。最后重新连接数据源，将所做的修改发送回数据

库，并更新数据库。该模型之所以如此普及，是因为它释放了宝贵的数据库服务器资源，从而生成有高伸缩性的应用程序。

ADO.NET是通过两个核心组件：数据集（Dataset）和.NET数据提供程序（Data Provider）来实现断开连接的。Dataset对象用于在内存保存数据库数据;.NET数据提供程序用于连接到数据库，保持与DataSet之间的数据一致性，然后通过执行SQL命令或存储过程来操作数据。具体说明如下：

（1）数据集DataSet

DataSet是ADO.NET的断开式结构的核心组件。DataSet的设计目的是为了实现独立于任何数据源的数据访问。因此，它可以用于多种不同的数据源。DataSet是数据的内存驻留表示形式，无论数据源是什么，它都会提供一致的关系编程模型。

（2）.NET Framework数据提供程序

数据提供程序是ADO.NET结构的另一个核心元素，其组件的设计目的是实现对底层数据源的访问。这些组件包括：Connection、Command、DataAdapter和DataReader对象。Connection对象提供与数据源的连接。Command对象用于返回数据、修改数据、运行存储过程以及发送或检索参数信息的数据库命令。DataReader从数据源中提供高性能的数据流。数据适配器DataAdapter提供连接DataSet对象和数据源的桥梁。DataAdapter使用Command对象在数据源中执行SQL命令，以便将数据加载到DataSet中，并使对DataSet中数据的更改与数据源保持一致。ADO.NET数据提供程序用于进行数据库连接、执行命令和获取结果。这些结果即可以通过DataReader直接处理，也可以通过DataAdapter放在DataSet中，以特别的方式显示给用户。

.NET Framework数据提供程序包括SQL Server.NET数据提供程序、OLE DB.NET数据提供程序和Oracle.NET数据提供程序等。与数据提供程序相关的类位于它们各自的命名空间中：

1）System.Data.OleDb：包含OLE DB.NET数据提供程序类型。该命名空间的类用于处理Microsoft Access、SQL Server和Oracle数据库。

2）System.Data.SqlClient：包含SQL Server.NET数据提供程序类型。该命名空间的类只用于处理SQL Server数据库。

例题10-10就是使用ADO.NET来实现VB.NET访问ACCESS数据库的，因此在代码窗口的最上面一行输入了代码：Imports System.Data.OleDb，导入ACCESS数据库的命名空间。

10.3.3 ADO.NET对象模型

在不同的数据库命名空间内，每个提供程序都提供了对Connection、Command、DataSet、DataReader和DataAdapter对象的实现。也就是说，每个.NET数据提供程序都有自己的一系列对象。例如OLE DB数据提供程序包括OleDbConnection、DataSet、OleDbCommand、OleDbDataAdapter和OleDbDataReader等对象。SQL Server数据提供程序有SQLConnection、DataSet 、SQLCommand、SQLDataAdapter和SQLDataReader等对象。本节将以OLEDB数据提供程序为例分析例题10-10中部分语句的含义：

（1）OleDbConnection

用于创建数据库连接（连接Access数据库），以便发送命令来检索和更新数据。例如例题10-10中在Form Class中的代码：

```
    Dim Provider = "Provider = Microsoft.Jet.OLEDB.4.0 "
    Dim database = "Data Source = D:\Database\school.mdb"
    Dim Connection As OleDbConnection = New System.Data.OleDb.OleDbConnection(Provider & ";"
& _database)
```

代码作用是创建Access数据库连接，连接到“D:\Database\school.Mdb”。

（2）DataSet

DataSet是一个驻留于内存中的数据集，包含表、约束条件和表之间的关系。例如在例题10-10中Form Class框架中的代码：

```
Dim dataset As New DataSet
```

代码的作用是定义一个DataSet对象，创建一个内存数据集dataset。

（3）OleDbDataAdapter

OleDbDataAdapter对象主要是在数据源以及DataSet之间执行数据传输工作。它使用.NET数据提供程序中的OleDbConnection对象连接数据源，使用OleDbCommand对象获取数据源中的数据并填充到DataSet对象中，并将DataSet对象中数据的变化更新回数据源。例如在例题10-10中的代码：

```
Dim dataAdapter As OleDbDataAdapter
```

代码的作用是定义一个OleDbDataAdapter对象dataAdapter。dataAdapter填充dataSet的过程分为两个步骤：首先是通过dataAdapter对象，利用SQL语句在连接的数据库中检索数据，然后再通过dataAdapter的Fill方法将检索出的数据填充到DataSet中。如例题10-10中的代码：

```
Dim strSQL1 As String = "Select * From student"
dataAdapter = New OleDbDataAdapter(strSQL1, Connection)
dataAdapter.Fill(dataset, "student")
```

（4）数据绑定

连接到ACCESS数据库并创建了内存DataSet后，需要在VB.NET窗体中显示和操作数据库中的数据。此时必须将数据与窗体中的控件绑定起来，才能通过控件显示和操作数据。Windows窗体可以进行两种类型的数据绑定：简单绑定和复杂绑定。简单数据绑定允许将控件绑定到单个数据元素；复杂数据绑定允许将多个数据元素绑定到一个控件。例题10-10就采用了简单绑定的方式在文本框中显示student表中各个字段值。代码如下：

```
txtNO.DataBindings.Add("text", dataset, "student.学号")
txtName.DataBindings.Add("text", dataset, "student.姓名")
txtSex.DataBindings.Add("text", dataset, "student.性别")
txtDept.DataBindings.Add("text", dataset, "student.专业")
txtDgree.DataBindings.Add("text", dataset, "student.学分绩点")
```

第一行代码实现了将文本框控件txtNO与数据集DataSet中的student．学号字段绑定起来。要使用简单绑定的控件在记录之间导航，可以引用窗体自身的BindingContext属性，BindingContext的Position属性用来定义数据集中的当前记录。例如例题10-10中的导航按钮“第一条”的实现代码：

```
Me.BindingContext(dataset, "student").Position = 0
```

实现了将窗体中文本框控件定位到student数据表中的第一条记录。

（5）ADO.NET数据库访问的一般过程

1）建立数据库连接。

2）创建数据适配器和数据集，将Command数据操作的结果填充到数据集。

3）创建前台的数据库应用程序窗体。将控件绑定到数据集字段。

4）对数据集进行各种操作：查询、插入、删除等。

5）通过数据适配器将更新写回数据库。

10.4　基于绑定的数据库访问

10.4.1　使用数据控件访问数据库

VB.NET 可以直接在可视化的开发环境中，使用数据控件来访问数据库。使用这种方法访问数据库，可以使用较少的代码，访问数据库比较容易。

【例 10-11】使用数据控件的方式访问 school.mdb 数据库，实现学生信息管理。要求利用工具箱“数据”栏中的“BindingSource”组件和 BindingNavieator 组件，在窗体上显示 student 记录。通过导航条实现导航浏览、添加和删除记录。

设计步骤：

1）新建一个 Windows 窗体应用程序，设置窗体的 Text 属性为“学生信息管理”。然后分别双击工具箱中的 BindingSource 控件和 BindingNavigator 控件，控件的名称默认为 BindingSourcel 和 BindingNavigatorl。其中 BindingNavigatorl 实现在了在窗体上创建一个导航条。界面如图 10-20 所示。

2）在 BindingSourcel 控件的属性窗口中，单击 DataSource 属性，如图 10-21 所示，单击下拉按钮，在弹出的界面中选择“添加项目数据源”选项，如图 10-22 所示。

图 10-20　窗体导航设计

图 10-21　BindingSourcel 属性

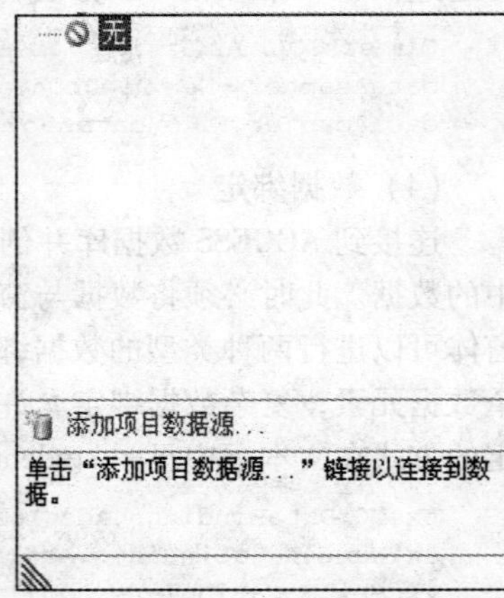

图 10-22　添加数据源

3）在图 10-23 所示的添加数据源配置向导的对话框中选择“数据库”，单击“下一步”按钮。然后在图 10-24 所示的向导界面中单击“新建连接”。

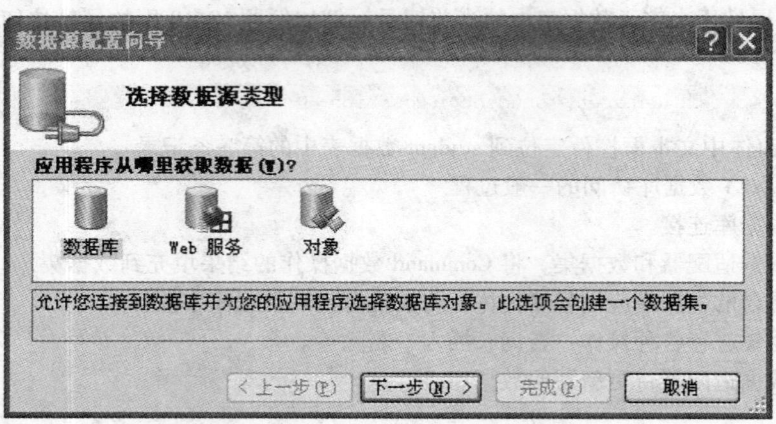

图 10-23　数据源配置向导 a

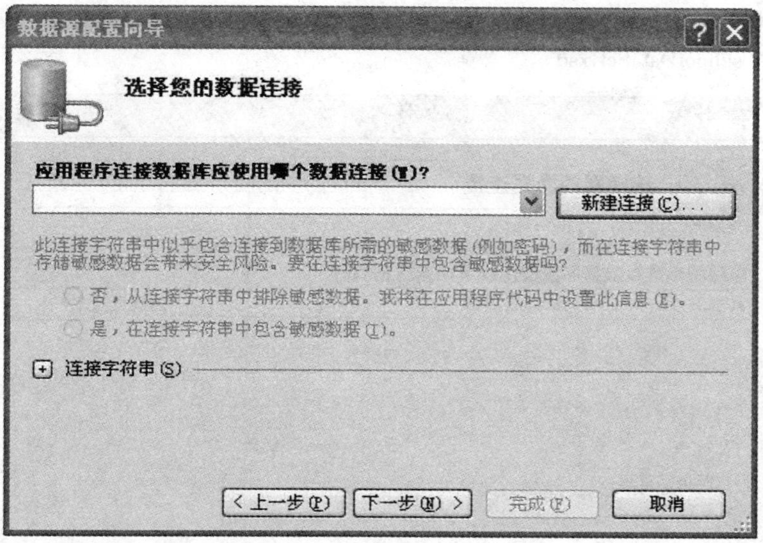

图 10-24　数据源配置向导 b

4）在“选择数据源”对话框中，选择“Microsoft Access 数据库文件”，如图 10-25 所示。单击“确定”按钮。

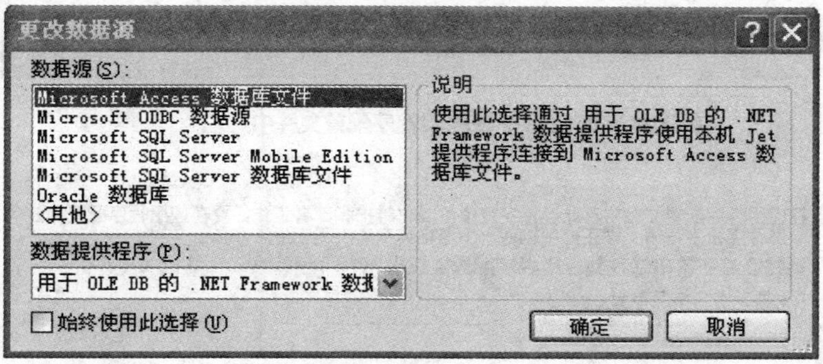

图 10-25　选择数据源对话框

5）在弹出的“添加连接”对话框中，单击“浏览”按钮，选择 school.mdb 数据库。如图 10-26 所示。单击“测试连接”按钮，测试数据库是否连接成功。然后单击“确定”。

6）数据库连接成功后，返回如图 10-27 所示的数据源配置向导对话框中，单击“下一步”。在弹出的“是否将数据复制到本项目中”信息提示对话框中选择“否”。然后在如图 10-28的向导界面中勾选“是，将连接保存为 schoolConnectionString”，单击“下一步”。

7）在如图 10-29 所示的“选择数据库对象”界面中选则“表”，设置 DataSet 的名称为 schoolDataSet。单击“完成”按钮，完成数据集

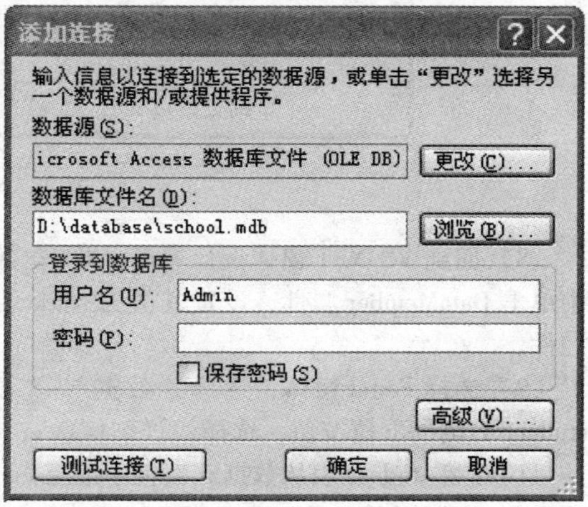

图 10-26　添加连接对话框

添加。则在窗体下方面板可见到新添加的组件 schoolDataSet。在解决方案资源管理器中可见到新添加的项目文件 schoolDataSet.xsd。

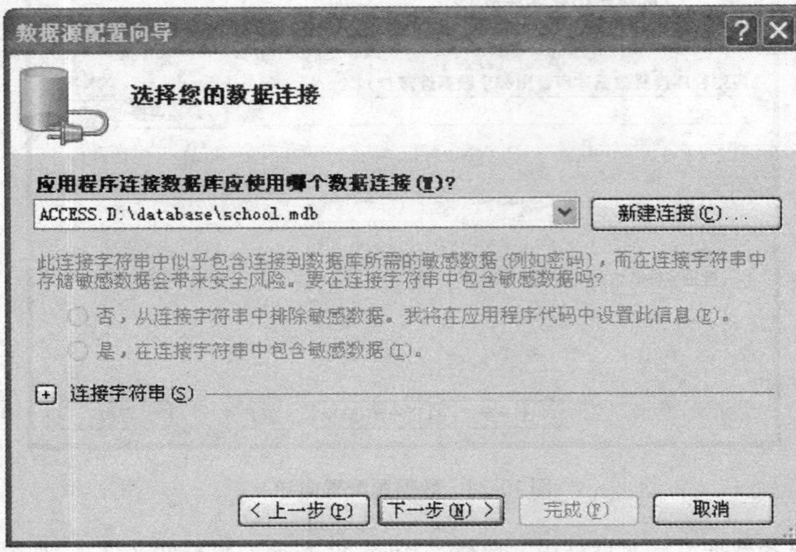

图 10-27　数据源配置

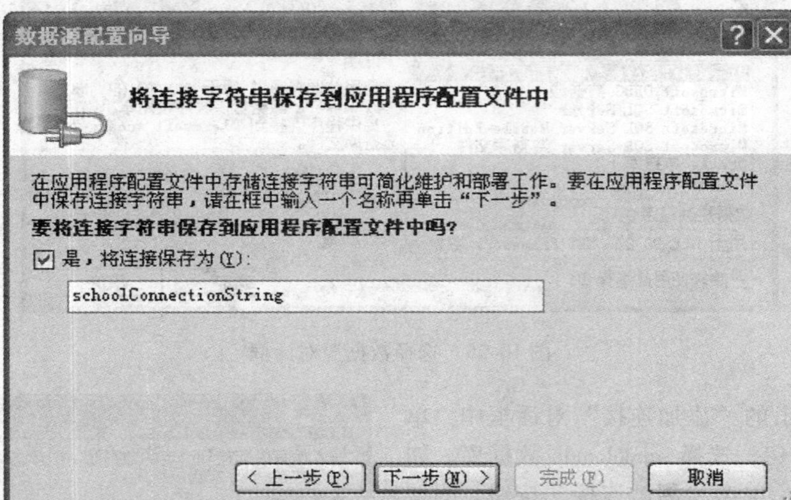

图 10-28　设置连接字符串

8）回到 VB.NET 窗体设计界面，单击窗体下方面板中的 BindingSource1 控件，在属性面板中单击 DataMember 属性，设置其值为 student 表。则在窗体下方面板中新增 studentTableAdapter 控件。

9）选择 Form1 窗体，选择“数据”-“显示数据源”命令，打开“数据源”窗口，单击 student 右侧的下拉按钮，选择“详细信息”，结果如图 10-30 所示。

10）将 student 表从数据源面板中拖至 Form1 窗体，调整控件的大小和位置，结果如图 10-31 所示。

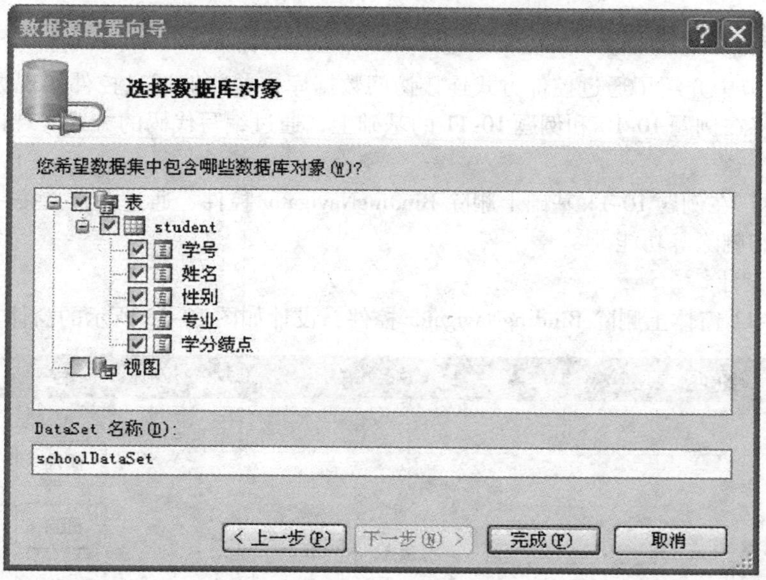

图 10-29　选择数据库对象

11）在 BindingNavigator1 控件的属性窗口中，单击 BindingSource 属性，将属性值设置为 BindingSource1。

图 10-30　数据源窗口

经过上述设计步骤，实现了通过控件方式连接数据库。运行结果如图 10-32 所示。通过界面上方的 BindingNavigator1 控件，可以方便地实现数据浏览、记录添加和删除。但是要实现在数据库中真正添加和删除数据记录，还需要通过编写代码来实现。

在上述程序中使用了如下两个控件：

1）BindingSource 控件：建立与数据源之间的连接，然后在将窗体上的控件绑定到这个控件上，实现对数据的浏览、添加、删除等操作。

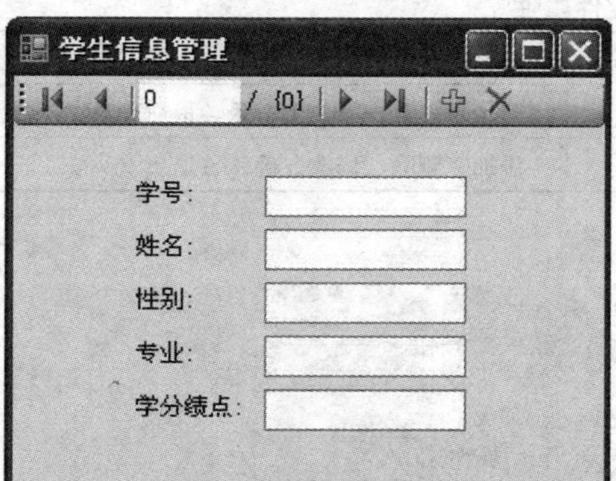

图 10-31　窗体界面

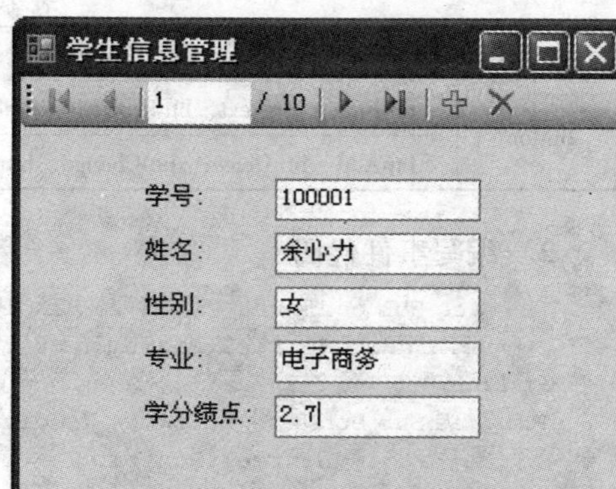

图 10-32　例题 10-11 运行结果

2）BindingNavigator 控件：在窗体上创建数据导航工具，通过与 BindingSource 控件合作，实现在数据集中记录定位。

10.4.2 数据库操作编程

在10.4.1节中介绍了通过控件方式连接访问数据库，并能够通过控件实现数据导航、添加和删除。本节将在例题10-10和例题10-11的基础上，通过编写代码的方式实现记录添加和删除等功能。

【例10-12】 在例题10-11基础上删除BindingNavigator控件，通过自定义按钮的方式实现数据导航、添加和删除等功能。

（1）窗体设计

在例题10-11窗体上删除BindingNavigator控件，设计如图10-33所示的窗体界面。

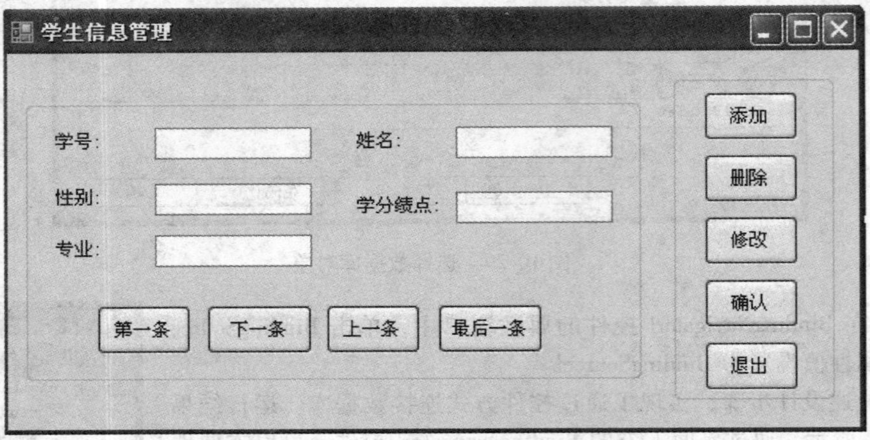

图10-33 窗体设计

（2）操作步骤

1）在例题10-11窗体上删除BindingNavigator控件，添加按钮控件并设置属性，如表10-3所示。

表10-3 按钮控件属性

控件	名称（Name）	Text
Button	btnFirst、btnNext、btnPrevious、btnLast	第一条、下一条、上一条、最后一条
	btnAdd、btnDelete、btnChange、btnOk、btnExit	添加、删除、修改、确认、退出

2）编写事件代码

```
Private Sub btnfirst_Click(…) Handles btnfirst.Click
    Me.BindingSource1.Position =0                    '"第一条"按钮
End Sub
Private Sub btnNext_Click(…) Handles btnNext.Click
    Me.BindingSource1.Position + =1                  '"下一条"按钮
End Sub
Private Sub btnPrevious_Click(…) Handles btnPrevious.Click
    Me.BindingSource1.Position - =1                  '"上一条"按钮
End Sub
Private Sub btnLast_Click(…) Handles btnLast.Click
    Me.BindingSource1.Position =Me.BindingSource1.Count - 1 '"最后一条"按钮
End Sub
Private Sub btnExit_Click(…) Handles btnExit.Click
```

```
        End                                   '"退出"按钮
        End Sub
    Private Sub btnAdd_Click(…) Handles btnAdd.Click
        BindingSource1.AddNew()               '"添加"按钮
    End Sub
    Private Sub btnDelete_Click(…) Handles btnDelete.Click
        BindingSource1.RemoveAt(BindingSource1.Position)        '"删除"按钮
    End Sub
    Private Sub btnChange_Click(…) Handles btnChange.Click
        Me.ValidateChildren()                 '"修改"按钮
        BindingSource1.EndEdit()
        StudentTableAdapter.Update(SchoolDataSet)
    End Sub
    Private Sub btnOK_Click(…) Handles btnOK.Click
        Me.ValidateChildren()                 '"确定"按钮
        BindingSource1.EndEdit()
        StudentTableAdapter.Update(SchoolDataSet)
    End Sub
```

习题

一、测试题

1. 使用 ADO.NET 支持断开连接访问，是指__________。
   （A）不需连接数据库的情况下可查询数据库
   （B）不需连接数据库的情况下可修改数据库
   （C）对数据集的操作可以在不连接数据库状态下进行，需要数据交换时连接数据库
   （D）把数据库复制到客户端后断开连接，不再需要访问数据库服务器
2. ADO.NET 的 DataSet 是__________。
   （A）数据表的集合　　（B）数据记录的集合
   （C）数据字段的集合　　（D）数据项的集合
3. ADO.NET 中，__________对象在数据源和 DataSet 之间执行数据传输工作。
   （A）Connection　　（B）DataReader
   （C）Command　　（D）DataAdapter
4. VS.NET 中的 ADO.NET 位于数据库应用程序的__________。
   （A）数据层　　（B）数据链路层
   （C）表示层　　（D）数据访问层
5. ADO.NET 中 Connection 对象用于建立和数据库连接，当数据库被连接后，可以用__________对象执行 SQL 命令。
   （A）Connection　　（B）DataSet
   （C）Command　　（D）ADO
6. 使用 ADO.NET 访问数据库时，数据集 Dataset 是__________。
   （A）客户端的磁盘上的数据集　　（B）客户端内存上的数据集
   （C）服务器的磁盘上的数据集　　（D）服务器内存上的数据集

二、思考题

1. 什么是数据库，常用的数据产品有哪些？
2. 说明 ADO.NET 数据库访问的一般过程。
3. 如何实现数据绑定？

第二部分　实　验　篇

实验一　VB.NET 集成开发环境

一、实验目的

1. 掌握集成开发环境（IDE）的概念，了解 VB.NET 集成开发环境的基本组件和功能。
2. 熟悉 VB.NET 集成开发环境的基本菜单命令和工具栏按钮，学会相关窗口的操作。
3. 学习开发 VB.NET 程序的基本过程、调试方法，学习 VB.NET 帮助系统的使用方法。

二、实验内容

1. 熟悉集成开发环境中各主要组件的使用方法。具体包括菜单栏、工具栏、工具箱、属性窗口、设计窗口、程序代码窗口、解决方案资源管理器和帮助系统。

2. 熟悉创建应用程序的步骤。按 1.3 节介绍的步骤，创建“第一个 VB.NET 程序”项目，拖放控件，在相应事件处理过程中编写程序代码。编译并运行程序，当发现错误时区分错误类型，并修改程序、完成调试。

3. 熟悉 VB.NET 帮助系统的用法。在“第一个 VB.NET 程序”的代码窗口中，将光标放置在“Now”单词上，按 F1 键，在帮助系统中了解 Now 函数的功能。在帮助系统界面左边“筛选依据”下拉列表框中选择“Visual Basic”，在“查找”框中输入“Today”后按回车键，在图 T1-1 所示的帮助系统中了解 Today 函数的功能。在代码窗口中用“Today()”替换“Now()”后，重新运行程序并观察、分析结果。

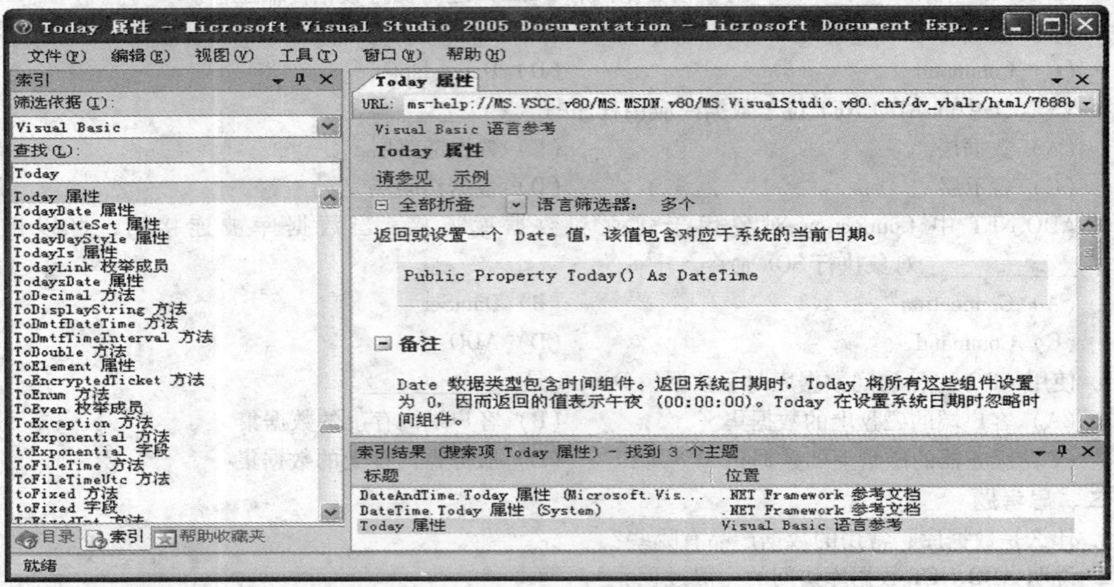

图 T1-1　Today 函数的帮助界面

实验二 VB.NET 常用基本控件

一、实验目的

1. 熟悉窗体、命令按钮、标签、文本框和图片框等基本控件的常用属性、事件和方法。
2. 掌握建立窗体和其他控件对象的操作方法。
3. 掌握编写窗体和控件事件过程代码的方法。

二、实验内容

1. 设计程序，其界面如图 T2-1 所示。单击“复制”按钮可复制源文本框中选中的文本；单击“粘贴”按钮则将复制的文本粘贴到目的文本框中；点击“清除”按钮则清除目的文本框中的内容。

1）使用文本框控件的方法编程实现程序功能，参考 2.2.4 节中的例 2-6，使用 Copy、Paste 和 Clear 等文本框的方法来实现。

2）注释掉 1）中的实现代码，使用文本框控件的属性编程实现同样的功能。

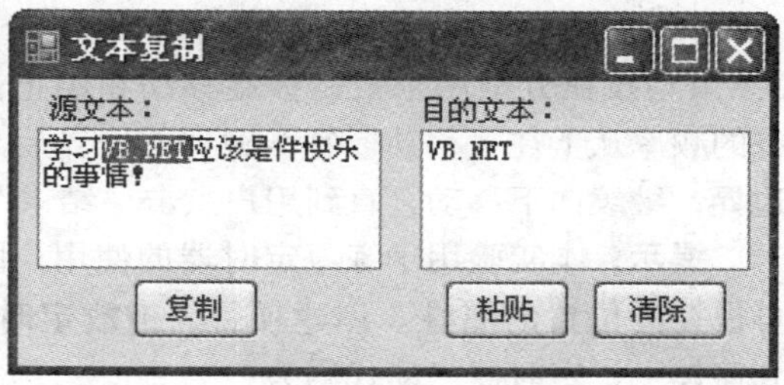

图 T2-1 文本复制程序的运行界面

提示：本实验用于练习文本框控件的使用，同时说明实现同样功能有多种编程方法。创建项目，按图 T2-1 所示拖放控件，设置属性。参考例 2-4 和例 2-6 编写程序。在使用文本框属性编写程序时，可使用文本框的 SelectedText 属性，在“粘贴”按钮的事件处理过程中添加代码：

```
TextBox2.Text = TextBox1.SelectedText                    '将选择文本赋值给 TextBox2
```

在“清除”按钮的事件处理过程中添加代码：

```
TextBox2.Text = ""
```

另外，为支持多行文本，窗体上两个文本框的 Multiline 属性都要设置为 True。

2. 设计程序，界面如图 T2-2 所示。当用户点击图片时，相应图片隐藏。单击“显示”按钮，则所有图片重新显示，单击“移动”按钮，图片由右向左、由下向上逐渐移动，直到所有图片都被最后一张图片所覆盖。

图 T2-2 图片显示程序的运行界面

提示：本实验用于练习图片框控件的使用，包括图片的导入、显示、复制等，同时练习可视控件 Visible 属性的用法。程序设计的基本步骤如下：

1）按图 T2-2 所示的布局依次拖放控件到窗体上，设置控件属性。其中，所有图片框控件的 SizeMode 属性都设置为 StretchImage，每个图片上的标签应在图片框之后拖放，以保证其不会被图片框遮挡。

2）通过图片框控件的 Image 属性分别导入图片。

3）在“显示”按钮的事件处理过程中添加代码：

```
PictureBox1.Visible = True                    '使图片能够显示出来
PictureBox2.Visible = True
______________
PictureBox4.Visible = True
```

4）在“移动”按钮的事件处理过程中添加代码：

```
PictureBox1.Image = PictureBox2.Image         '将 PictureBox2 中的图片赋值给 PictureBox1
PictureBox2.Image = PictureBox3.Image
__________________
Label1.Text = Label2.Text                     '将 Label2 中的文本赋值给 Label1
__________________
Label3.Text = Label4.Text
```

5）双击 PictureBox1，在其 Click 事件处理过程中添加代码：

```
PictureBox1.Visible = False                   '使 PictureBox1 中的图片隐藏起来
```

对其他图片框控件采用同样方法，编写使其图片隐藏的代码。

3. 在如图 T2-3 所示的 VB.NET 程序中，“开始”和“结束”按钮分别用来控制标签移动和停止，要求以设定好的频率从上往下移动标签，碰到下边界后又重新回到上边界，继续向下移动，直到用户点击“结束”按钮。

图 T2-3　文本移动程序的运行界面

提示，本实验用于练习定时器的使用，同时了解控制可视控件位置的属性。创建项目，拖放定时器控件 Timer 到窗体上，定时器启动代码为：

```
Timer1.Interval = 100                         '设置定时周期为十分之一秒
Timer1.Start()                                '或 Timer1.Enabled = True
```

定时器停止代码为：

```
Timer1.Stop()                                 '或 Timer2.Enabled = False
```

在 Timer1 的 Tick 事件处理程序中，通过下列代码修改 Label1 的位置：

```
Label1.Top = (Label1.Top + 10) Mod Me.Height  '改变 Label 1 控件的位置,向下移动 10 个像素
```

注意：*窗体上可视控件的位置可由其 Top 属性和 Left 属性确定。其值的单位为像素，以窗体工作区左上角为（0，0）点。要使文本框向右移动，可使用其 Left 属性。*

4. 设计程序，界面如图 T2-4 所示。程序使用三个垂直滚动条来设置按钮的背景颜色，同时显示构成颜色的三基色颜色值。

提示：本实验用来学习滚动条的使用方法，同时也可帮助了解 VB.NET 中如何设置可视控件的颜色（前景色和背景色等）。创建项目，在窗体上依次拖放一个按钮、三个垂直滚动条控件和三个标签控件。设置控件的属性，其中，滚动条控件的属性设置如下：

- Maximum：255。
- Minimum：0。
- LargeChange ：1。
- SmallChange：1。

图 T2-4　颜色设置程序的运行界面

双击滚动条 VScrollBar1，在其 Scroll 事件处理过程中添加代码：

```
    Button1.BackColor = Color.FromArgb(VScrollBar1.Value, VScrollBar2.Value, VScrollBar3.
Value)
    Label1.Text = VScrollBar1.Value
```

其他滚动条控件采用同样的方式编程。从本实验中可以看出，计算机中的颜色由 RGB 三个值构成，分别代表红、绿和蓝。使用 Color 对象的 FromArgb 方法可生成颜色值。

5. 设计程序，在日期选择控件中选择自己的生日后，可在文本标签中显示自己不断变化着的年龄，程序界面如图 T2-5 所示。

图 T2-5　实验 2.5 的运行界面

提示：本实验用于学习日期、时间控件和定时器控件。为了能显示不断变化的年龄，需要设置定时器控件，并在 Tick 事件过程中使用 Now() 函数获取系统当前的时间，并用当前时间减去选择的生日后，按照天、小时、分、秒的格式显示在标签上。部分程序代码如下：

```
    Private Sub Timer1_Tick(…….) Handles Timer1.Tick
            Label2.Text = "你已经生活了" & Now().Year - DateTimePicker1.Value.Year & "年" & Now().
Day - DateTimePicker1.Value.Day & "天" & Now().Hour & "小时" & Now.Minute & "分" & Now().Second &
"秒,时不我待,请努力学习!"
    End Sub
```

注意：要在时间日期选择控件的 ValueChanged 事件过程中启动定时器。

6. 设计程序，使用户通过输入用户名和密码登录，如图 T2-6a。用户可在输入名称和密码后单击“登录”按钮登录。若用户单击“取消”按钮，则清除已输入的用户名和密码。用户登录后，程序通过修改窗体和控件属性，显示用户输入的密码，如图 T2-6b 所示。

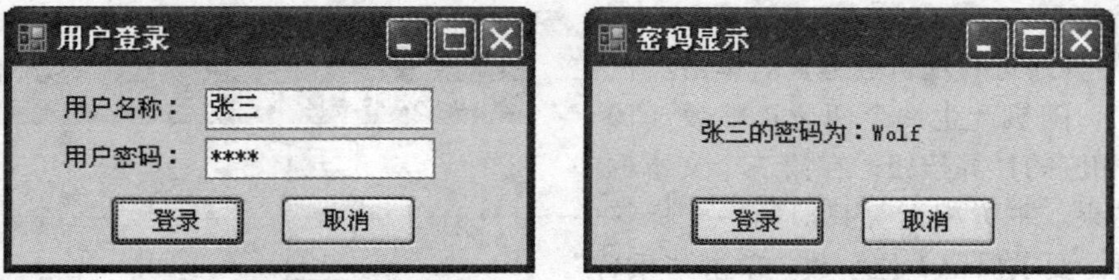

a) 登录界面　　b) 密码显示界面

图 T2-6　用户登录程序的运行界面

提示：本实验主要为了学习文本框 PasswordChar 属性的应用。将 PasswordChar 设置为“ * ”能使文本框中的文本以常见的密码形式显示，如图 T2-6a 所示。程序的部分代码如下：

```
    Private Sub Button1_Click(……) Handles Button1.Click
        Label1.Text = TextBox1.Text & "的密码为:" & TextBox2.Text         '显示密码
        Label1.Top = Label1.Top + Label1.Height                           '修改 Label1 的位置
        Label1.Left = Label1.Left + Label1.Width /4
        Me.Text = "密码显示"                                               '修改窗体标题
        Label2.Visible = False                                            '将不用的控件隐藏
        TextBox1.Visible = False
        TextBox2.Visible = False
    End Sub
```

实验三　VB.NET 语言基础

一、实验目的

1. 学习常量和变量的声明，掌握运算符和表达式的使用方法。

2. 学习常用运算符和函数的使用方法。

二、实验内容

1. 编写程序，在文本框中输入秒数，在标签上显示出小时、分、秒，如图 T3-1 所示。

图 T3-1　时间转换程序的运行界面

提示：本实验主要用于学习变量声明、算术运算符和表达式的使用。

1）程序的输入和运算结果都是数值数据，可以定义整型（Integer）变量来存储数据。

```
Dim h, m, s, x As Integer                    '变量分别保存小时、分、秒和输入的时间
```

2）利用模运算 Mod 和整除运算 \，将输入的秒数分解成小时、分、秒等数值，并保存在相应变量中。

```
x = TextBox1.Text                            '输入秒数到变量 x 中
s = x Mod 60                                 '计算剩余秒数
m = (x \60) Mod 60                           '计算分钟数
h = x \3600                                  '计算小时数
```

3）将计算的结果显示在标签上，可以利用字符串连接符 &，将运算结果连接起来输出。

```
Label2.Text  = h & ":" & m & ":" & s         '显示
```

2. 编写程序进行随机数运算。单击“产生数据”按钮，随机产生两个两位正整数（10～99），单击相应的计算按钮，在第三个文本框中输出计算结果。平方根运算只对第一个标签中的数据进行。要求保留 1 位小数。单击“重置”按钮，清空标签上的数据。程序的运行界面如图 T3-2 所示。

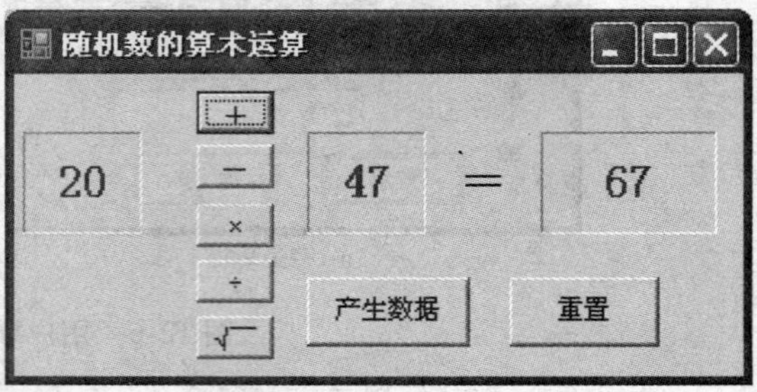

图 T3-2　随机数算术运算程序运行界面

提示：本实验主要用来练习随机函数和格式化函数的使用。

1）调用 Rnd 函数，产生 10～99 的随机数。

2）程序中在进行算术运算时，要用 val 函数将字符串型数值转换为数值，特别要注意字符串“+”运算和算术“+”运算的区别。

```
Label3.text = Val(Label1.Text) + Val(Label2.Text)
```

3）使用格式化函数 Format，将除法运算的结果保留 1 位小数。

4）使用数学函数 Sqrt 进行平方根运算，注意函数名前加上前缀 Math，即 Math.Sqrt（表达式）。

5）重置操作，可通过给标签的 Text 属性赋空字符串来实现，例如，Label1.text = ""。

3. 设计一程序，可将文本框输入的英文单词转换为大写或者小写形式，以及实现字母移位操作，即最左边的字符移到最右边。例如，CHINA，移位 1 次后变成 HINAC；移位 2 次后变成

了 INACH。程序界面如图 T3-3 所示。

提示：

1）调用 Lcase 和 Ucase 函数，转换字符大小写。

2）移位操作，实际上是对字符串的重新连接。使用 Left 函数取出最左边的一个字符，使用 Mid 函数从第 2 个字符开始取出剩余的字符串，使用 & 运算符重新连接。例如：

```
mid("china",2) & Left("china",1)
```

连接后的字符串为" hinac"。

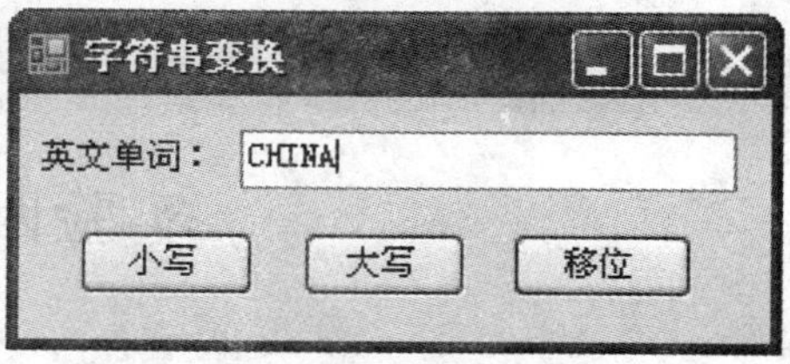

图 T3-3　字符串变换程序运行界面

4. 编写程序，从身份证中提取出生日期，按照年-月-日的格式显示输出。计算年龄。其中，身份证号中的第 7 ~ 14 位表示出生日期。程序运行界面如图 T3-4 所示。

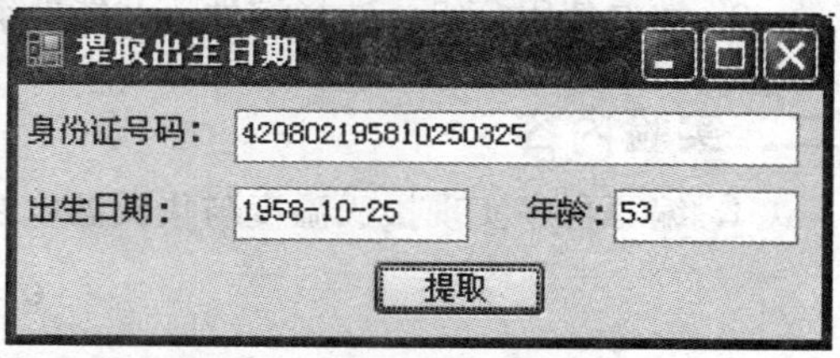

图 T3-4　提取出生日期程序的运行界面

提示：

1）出生日期可以通过 Mid 函数从身份证号码中提取出来。

2）将年月日分离出来，并将字符串按照指定的格式重新连接起来。

```
TextBox2.Text = ________________ &"-"& ________________ &"-"& ________________
```

3）调用 DateDiff 函数，用当前日期减去出生日期，计算年龄。

```
TextBox3.Text = DateDiff(________________, TextBox2.Text,________________)
```

5. 设计学生成绩统计程序，其界面如图 T3-5 所示。单击“输入”按钮，弹出输出对话框，对话框上显示“请输入第…位学生的成绩”，标题为“成绩输入”，如图 T3-5b 所示。单击“退出”按钮，弹出提示对话框，点击按钮可以结束程序，如图 T3-5c 所示。

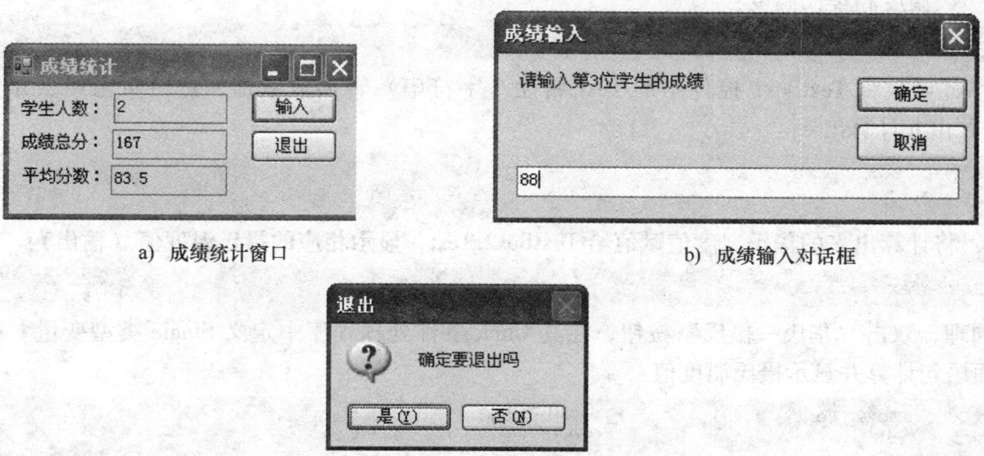

a）成绩统计窗口

b）成绩输入对话框

c）退出提示对话框

图 T3-5　学生成绩统计程序运行界面

提示：要统计学生的人数、总分，可以使用静态变量保存每次累计的结果。例如，用 sum 变量来累计学生成绩的总分。

```
Dim grade As Single
Static sum As Single
grade = InputBox("……. ")
sum = sum + grade
```

实验四 基本流程控制

一、实验目的

1. 学习 VB.NET 的基本语句，包括赋值语句、选择语句和循环语句等。
2. 掌握使用分组、选择控件，并能熟练地使用它们设计程序界面。

二、实验内容

1. 编写程序实现摄氏温度与华氏温度之间的转换，转换公式如下：

$$C=\frac{5}{9}(H-32)$$

$$H=\frac{9}{5}C+32$$

其中，C 表示摄氏温度，H 表示华氏温度。要求程序运行界面如图 T4-1 所示。

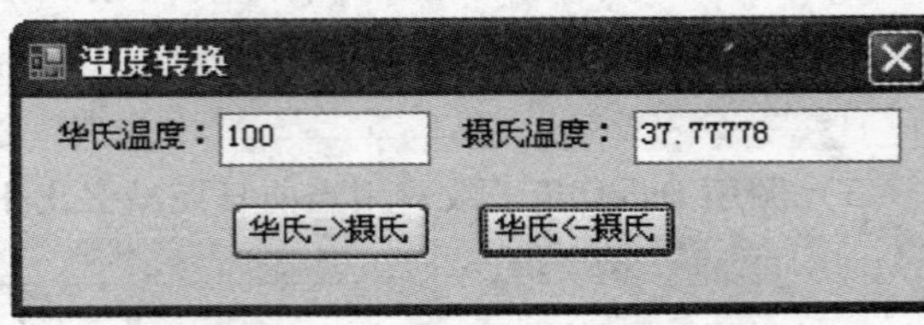

图 T4-1 温度转换程序运行界面

提示：本实验用于练习赋值语句的使用，把握哪些是输入数据，哪些是输出数据，同时，练习如何将数学公式翻译成相应 VB.NET 语句。

1）按图 T4-1 在窗体上布置相应控件，设置属性后，双击“华氏→摄氏”按钮，在其 Click 事件处理程序中定义 Single 类型变量 c 和 h，分别存储摄氏温度和华氏温度：

```
Dim c, h As Single
```

使用 Val 函数将 TextBox1 控件中的 Text 属性（字符串）转换成数值，然后赋值给变量 h（输入），并由 h 计算出 c：

```
h = Val(TextBox1.Text)
c = 5 / 9 * (h - 32)
```

最后，将计算出来的华氏温度值赋值给 TextBox2.Text，显示相应的摄氏温度值（输出）：

```
TextBox2.Text = c
```

2）同理，双击“华氏←摄氏”按钮，在其 Click 事件处理程序中定义 Single 类型变量 c 和 h，用下面语句计算并显示摄氏温度值：

```
c = Val(TextBox2.Text)          '输入摄氏温度值
h = 9 / 5 * c + 32              '计算华氏温度值
TextBox1.Text = h               '显示华氏温度值
```

在上述程序代码中若不使用 Val 函数，用户在程序运行时如果误输入非数字符号，则会产生程序运行错误。

2. 编写程序，求出三个数 a、b 和 c 中的最大值。程序运行界面如图 T4-2a 所示，单击“求最大值”按钮后，显示如图 T4-2b 所示的提示对话框。

提示：本实验用于练习简单的 If 选择语句，练习如何构造判定条件。

1）按图 T4-2a 所示，在窗体上布置相应控件，设置相应属性。

2）在“求最大值”按钮的 Click 事件处理过程中编写程序，部分程序代码如下：

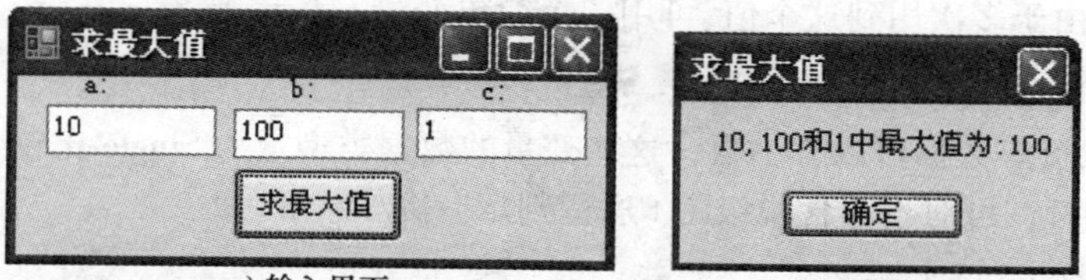

a) 输入界面　　b) 输出界面

图 T4-2　求最大值程序运行界面

```
Dim a, b, c As Single
a = Val(TextBox1.Text)                          '输入 a 的值
________________                                '输入 b 的值
c = Val(TextBox3.Text)                          '输入 c 的值
If a > = b And a > = c Then                     'a 最大的条件
    MsgBox(a &"," & b & "和" & c & "中最大值为:" & a, , "求最大值")
End If
If ______________ Then                          'b 最大的条件
    MsgBox(a & "," & b & "和" & c & "中最大值为:" & b, , "求最大值")
End If
If c > = a And c > = b Then                     'c 最大的条件
    ____________________________________
End If
```

3）根据程序要实现的功能及已有的部分代码，补充划线部分缺失的代码，完善程序功能。

3. 纳税是每个公民应尽的义务，表 T4-1 是我国从 2011 年 9 月 1 日开始实施的公民个人工资、薪金纳税计算表（部分）。其中，个税起征点为 3500 元人民币，含税级距为公民每月收入工资、薪金减去各项社会保险，再减去 3500 元后的余额。应纳税额 = 含税级距 × 适用税率 − 速算扣除数 。试编写程序计算个人纳税额，若某人月薪 6500 元，应缴社会保险为 480 元，试计算其纳税额和实发工资。程序运行界面如图 T4-3 所示。

表 T4-1　公民个人工资、薪金纳税计算表（部分）

级数	含税级距	税率（%）	速算扣除数
1	不超过 1500 元的	3	0 元
2	超过 1,500 元至 4,500 元的部分	10	75 元
3	超过 4,500 元至 9,000 元的部分	20	525 元
4	超过 9,000 元至 35,000	25	975 元

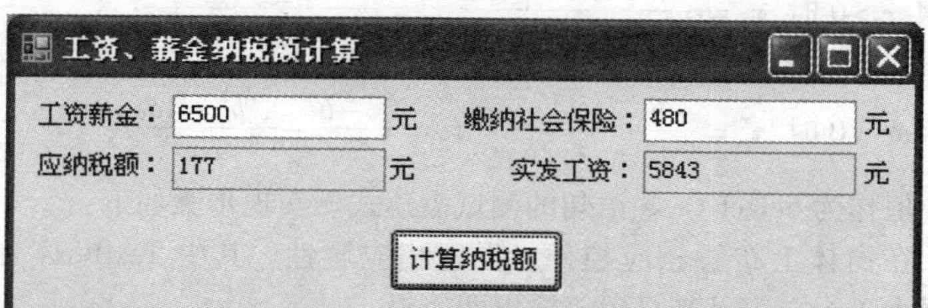

图 T4-3　工资、薪金纳税额计算程序运行界面

提示：本实验用于练习 If − ElseIf 选择语句的使用，要注意判断条件的语义。

1)按图 T4-3 在窗体上布置相应控件,设置相应属性,其中 TextBox3 和 TextBox4 控件的 ReadOnly 属性设置为 True,表示仅输出信息。

2)定义用到的变量,如 salary(工资)、insurance(保险)、tax (纳税额),则含税级距为 salary - insurance - 3500。由于多次用到这个值,可用一个简单变量 t 表示,则有:

```
t = salary - insurance - 3500
```

显然，由于工资等数据可以有小数，这些变量的数据类型定为 Single 比较合适。

3）根据表 T4-1，可对不同含税级距 t 进行判定。例如：

```
If t <=1500 Then
    tax =t * (3 /100) -0
ElseIf t <4500 Then
    tax =t *10 /100 -75
ElseIf t <9000 Then
    tax =t * (20 /100) -525
ElseIf t <35000 Then
    tax =t * (25 /100) -975
Else
    MsgBox("输入的值太大,超过本程序计算范围!",, "税额计算")
End If
    ……
```

4）最后，实发工资应为：salary-insurance-tax。

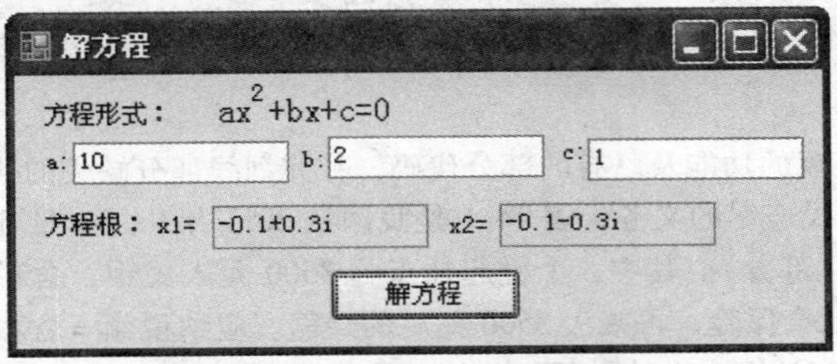

图 T4-4　解方程程序的运行界面

4. 使用 Select Case 语句编写能够解一元二次方程 $ax^2+bx+c=0$ 的程序，程序运行界面如图 T4-4 所示。

提示：本实验用于练习 Select Case 语句。一元二次方程有两个根 x_1 和 x_2，一般需要单独求出，其条件是：

1)当 $\Delta=b^2-4ac=0$ 时,$x_1=x_2=-\dfrac{b}{2a}$;

2)当 $\Delta=b^2-4ac>0$ 时,$x_1=\dfrac{-b+\sqrt{b^2-4ac}}{2a}$,$x_2=\dfrac{-b-\sqrt{b^2-4ac}}{2a}$;

3)当 $\Delta=b^2-4ac<0$ 时,$x_1=\dfrac{-b}{2a}+\dfrac{\sqrt{b^2-4ac}}{2a}i$,$x_2=\dfrac{-b}{2a}-\dfrac{\sqrt{b^2-4ac}}{2a}i$;

编程时可将 Δ 值作为 Select Case 语句的测试表达式。实现步骤如下：

1）按图 T4-4 在窗体上布置相应控件，设置相应属性。其中 TextBox4 和 TextBox5 控件的 ReadOnly 属性设置为 True，表示其只用于输出两个根。

2）定义变量，如 a，b，c，deta，x_1，x_2，变量类型显然可以为 Single 类型。分别将文本框中的值赋值给 a，b，c。计算 deta 的值：deta = b^2 - 4 * a * c，将 deta 作为 Select Case 语句的测试表达式。

3）对 deta 的三种情况用不同的 case 子句处理：

```
Case 0                                            'deta = 0 有两相等实根
              x1 = - b/(2 * a)
              x2 = x1
              TextBox4.Text = x1:TextBox5.Text = x2
Case Is > 0                                       'deta > 0 有两实根
              x1 = ( - b + Math.Sqrt(deta))/(2 * a)
              x2 = ( - b - Math.Sqrt(deta)) / (2 * a)
              TextBox4.Text = x1:TextBox5.Text = x2
Case Is < 0                                       'deta < 0 有两虚根
              x1 = - b/(2 * a)                    '根的实部
              x2 = x1
              TextBox4.Text = x1 & " + " & Math.Sqrt( - deta)/(2 * a) & "i"
              TextBox5.Text = x2 & " - " & Math.Sqrt( - deta)/(2 * a) & "i"
```

5. 试编写能控制字符在窗体上运动的程序，界面如图 T4-5 所示。当用户点击“启动”按钮后，字母 A 在“舞台”组框内自右向左匀速运行。无线按钮“快”、“中”、“慢”可控制字母 A 运动的速度，“闪烁”复选框可控制字母 A 是否在运动时闪烁。

图 T4-5　字母运动程序运行界面

提示：本实验用来练习无线按钮和复选框的使用。要使字母 A（可用 Label 控件）不间断运动，需要使用定时器控件，“快”、“中”、“慢”三个无线按钮分别控制定时器的 Interval 属性。要使字母 A 能闪烁，可设置字母 A 所在 Label 控件的 Visible 属性。

1）按图 T4-5 在窗体上布置相应控件，设置相应属性初始值。拖入定时器 Timer 控件，设置其 Interval 初始值为 100。

2）在“启动”按钮的 Click 事件处理程序中启动定时器：

```
Timer1.Enabled = True                                  或调用 Timer1.Start()
```

在“停止”按钮的 Click 事件处理程序中关闭定时器：

```
Timer1.Enabled = False                                 或调用 Timer1.Stop()
```

3）分别双击“快”、“中”、“慢”，三个单选按钮，在其 CheckedChanged 事件处理过程中设置 Timer1 的 Interval 属性为 5、20 和 100。例如，在第 1 个单选按钮 RadioButton1 的 CheckedChanged 事件处理程序可设置 Timer1 为：

```
Timer1.Interval = 5
```

4）在 Timer1 的 Tick 事件处理过程中，设置字母闪烁特性：

```
If CheckBox1.Checked Then                              '闪烁复选框是否选中?
    Label1.Visible = Not Label1.Visible                '设置可见或不可见,产生闪烁
Else
    Label1.Visible = True                              '可见
End If
```

5）在 Timer1 的 Tick 事件处理过程中，通过修改 Label 控件的 Left 属性使字母左移，到达组框左边界后回到组框右边界。

```
If Label1.Left = 0 Then                                '字母左移到达组框左边界
    Label1.Left = GroupBox1.Right - Label1.Width
Else
    Label1.Left = Label1.Left - 1                      '字母左移
End If
```

6. 编写程序对任意一个正整数进行分解，把每个数字分离出来，并判断它是几位数。程序界面如图 T4-6 所示。

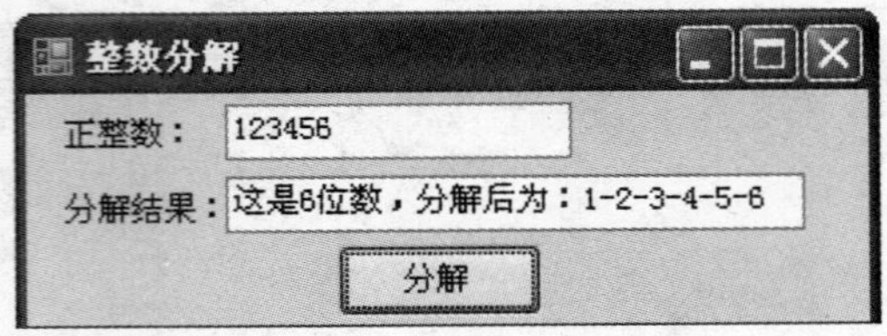

图 T4-6　整数分解程序运行界面

提示：本实验为例 4-2 的扩展，能处理超过 4 位的正数，用来练习 For-Next 循环语句。

1）按图 T4-6 在窗体上布置相应控件，设置相应属性。

2）在“分解”按钮的 Click 事件处理过程中编写代码。正整数的位数可用 Len（TextBox1.Text）或 TextBox.Length 来确定，正整数的值为 Val（TextBox1.Text）。

3）使用 For 循环，循环 1 ~ Len（TextBox1.Text）次。每次都分解其个位数字，若正整数值为 n，其个位数字为：

```
n Mod 10
```

然后，将 n 整除 10，使其所有数字降低位数，这样，原来十位数字变成了个位数字：

$$n = n\backslash 10$$

4）由于每次循环都取得最低位数字，要按从高到低次序显示数字，还需采用如下形式：

```
TextBox2.Text = n Mod 10 & TextBox2.Text
```

以保证将高位数字显示在前面。

7. 编写一个程序计算所有“水仙花数”。所谓“水仙花数”是指三位数，其各位数字的立方和等于该数本身。例如，$153 = 1^3 + 5^3 + 3^3$，所以该数是一个水仙花数。程序运行界面如图 T4-7 所示。

提示：本实验类似于例 4-10，这类题目的一般解法是用 For 语句的循环变量遍历所有可能数字，从中筛选出符合条件的部分。水仙花数的可选范围为 100 ~ 999，数 n 的百位、十位和个位数字分别为：n\100 mod 10、n\10 mod 10 和 n mod 10。

8. 设计一个程序，输入一个字母后可显示一个菱形，菱形中间一行由该字母组成，其上行由其前序字母组成，直到字母 A 为止。当输入字母为 D 时程序的运行界面如图 T4-8 所示。

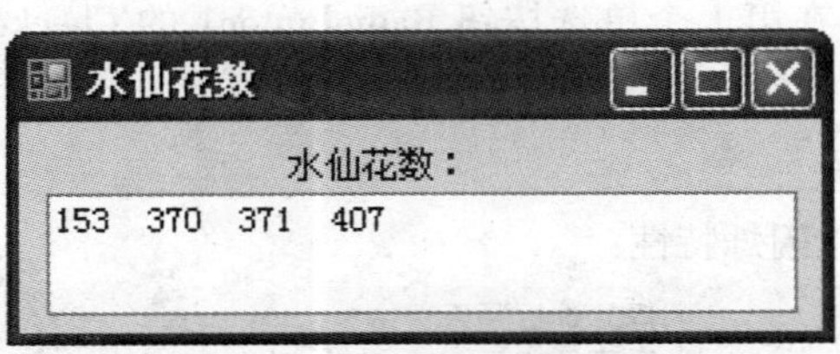

图 T4-7　计算水仙花数程序运行界面

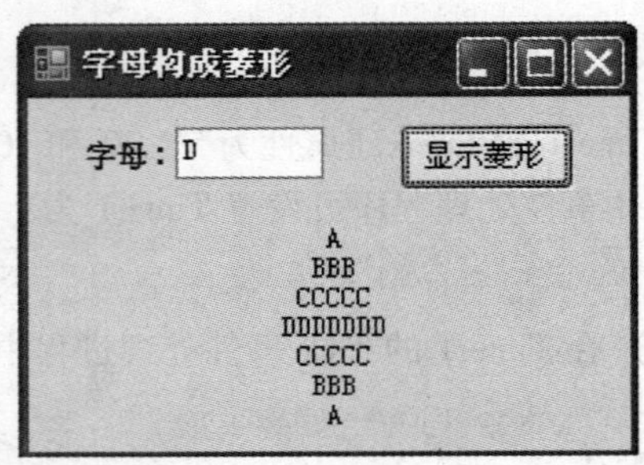

图 T4-8　显示字母构成菱形程序运行界面

提示：本实验类似于例 4-9，用来练习多重 For 循环语句，外层循环控制行数变化，内层循环控制每行的字母数变化。对于菱形，可以分上下两部分来处理。参照例题 4-9，显示的“＊”可以用 Chr(Asc("A") - 1 + i)代替，其中 i 为外层循环变量。

1）按图 T4-8 在窗体上布置相应控件，设置相应属性。

2）在“显示菱形”按钮的 Click 事件处理过程中编写代码。菱形上半部的行数 n 为：

n = Asc(TextBox1. Text) - Asc("A") + 1;

下半部分行数为 $n-1$。

3）对输入的字母应进行合法性检查，并用 Ucase 变成大写字母，考虑到实际效果，输入字母最好限制为“A”~“H”。

9. 自然对数的底数 e 的值可由如下无穷级数计算：

$$e=1+\frac{1}{1!}+\frac{1}{2!}+\frac{1}{3!}+\cdots+\frac{1}{n!}$$

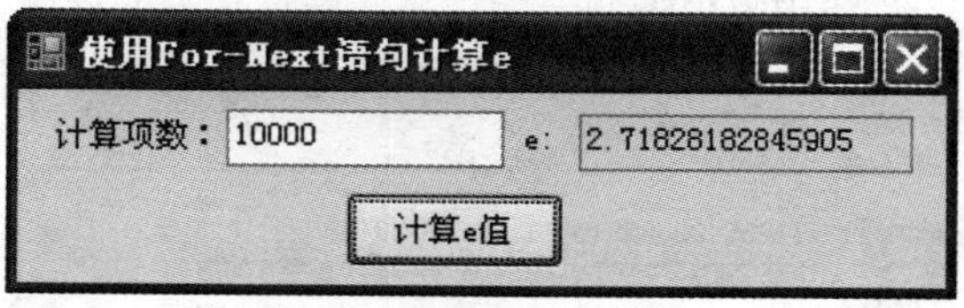

图 T4-9 使用 For-Next 语句计算 e 值的程序运行界面

试用 For 语句编写程序计算 e 的值，式中的 n 值可由用户输入。

10. 用 Do-While 语句重新编写计算自然对数底数 e 的程序，当第 n 项满足：

$$\left|\frac{1}{n!}\right|<10^{-5}$$

时停止计算，程序运行界面如图 T4-10 所示。

11. 使用定时器控件和循环语句编写一字符串操作程序，如图 T4-11 所示，当用户点击启动按钮后，数字字符串根据选择按钮分别向左、向右循环移动。

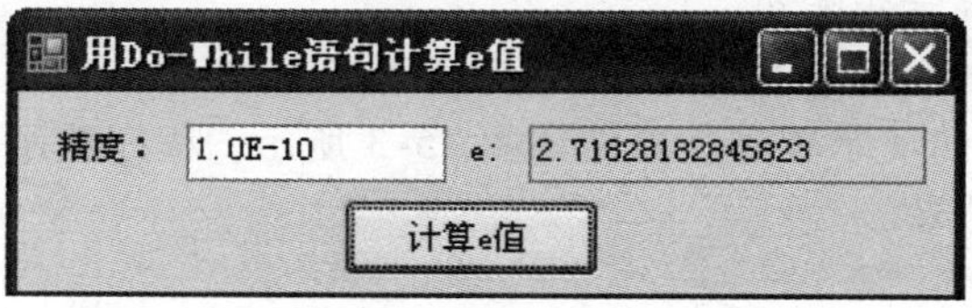

图 T4-10 使用 Do-While 语句计算 e 值的程序运行界面

图 T4-11 字符串操作程序运行界面

实验五 数 组

一、实验目的

1. 学习数组的基本概念，掌握如何声明数组和引用数组元素，如何重新声明数组大小。

2. 学习和掌握使用数组排序、查找算法；了解列表框和组合框控件主要属性和方法，并能熟练地使用它们设计程序界面。

3. 学习结构类型的定义和声明方法，掌握结构数组的基本用法。

二、实验内容

1. 使用一维数组编写程序，随机产生 10 个 0~100 的整数，求出最大值、最小值和平均值，如图 T5-1 所示。

提示：本实验练习数组和循环的配合使用。

1）定义一个大小为 10 的一维整型数组，使用循环和 Int(Rnd() * 100 + 0.5)表达式生成满足要求的随机数，并保存在数组中。显然，数组应定义为窗体级变量，便于多个过程访问。

2）对保存在数组中的随机数，使用循环和条件选择语句找出其最大、最小值，并使用循环语句将其累加后除以 10，得到平均值。

2. 使用数组编制一个计算两向量相乘的程序，程序运行界面如图 T5-2 所示。

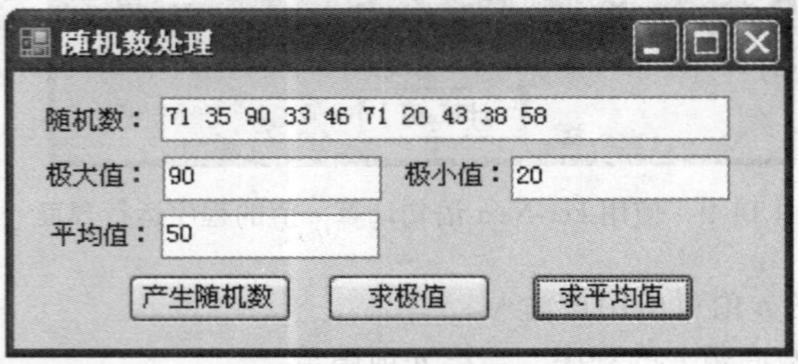

图 T5-1　随机数处理程序的运行界面

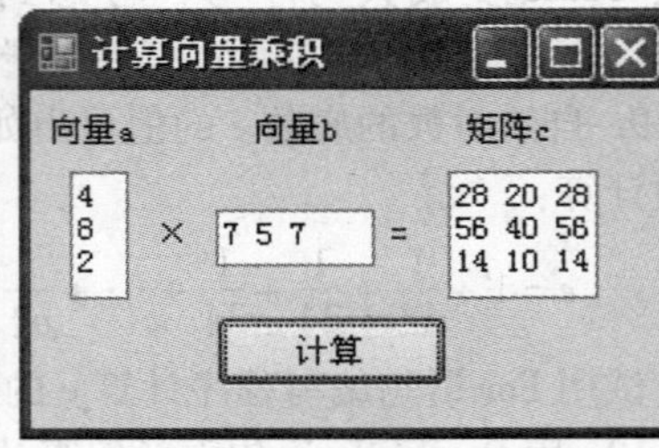

图 T5-2　计算向量乘积的程序运行界面

提示：本实验用于练习对一维数组、二维数组中元素的访问。

1）向量 a 和 b 可用一维整型数组存储；矩阵 c 可用二维整型数组存储。例如，数组 a、c 可的定义为：

```
Dim a() As Integer = {4,8,2}
Dim c(2,2) as Integer
```

注意：数组应定义为窗体级变量，以便在多个过程中使用。向量 a，b 可在 Form_Load 事件过程中显示，点击“计算”后计算并显示矩阵 c。

2）对于数组 c 中的每个元素有：$c(i,j) = a(i) * b(j)$，其中 i，j 为循环变量。

3. 使用数组编写一个冒泡法排序（升序）的演示程序，界面如图 T5-3 所示。程序演示冒泡法每次循环中交换相邻元素后的数组的排序结果。

提示：

1）声明一维数组并赋初值，在 Form1_Load 事件过程中，将数组内容显示到文本框中，数组应声明为窗体级变量。

2）为演示每次循环后数组的状态，可使用定时器 Timer 控件，其 Interval 设置为 1000。在 Timer 的 Tick 事件处理程序中，完成下列工作：

① 构造一个 0 ~ 9 的循环，比较数组中所有相邻元素的值，若逆序则交换；

② 设置一个计数器计数，显示循环次数；

③ 显示交换后的数组排序结果。

3）使用 Timer 的 Start 方法或 Enable 属性启动定时器。

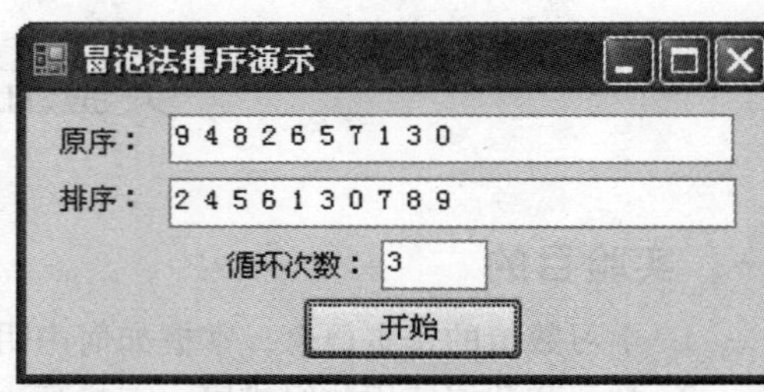

图 T5-3　冒泡法排序演示程序的运行界面

4. 设计一程序，其界面如图 T5-4 所示，程序运行时，单击“添加”按钮，可将文本框的内容添加到左边列表框中；单击“删除”按钮，可删除右边列表框中选中的内容；单击“→”和“←”按钮，可将选中项在左右列表框间移动；双击列表框中某一项，该项内容可在文本框中显示。

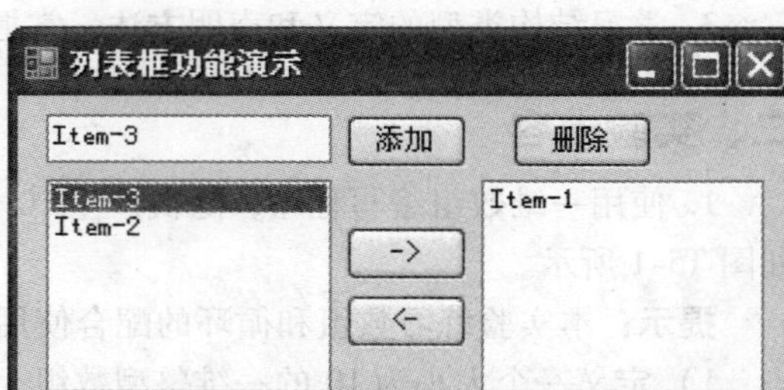

图 T5-4　列表框功能演示程序运行界面

提示：

1）将文本框 TextBox1 中的内容添加到左侧

列表框 ListBox1 的语句为：

```
ListBox1.Items.Add(TexBox1.Text).
```

2）将 ListBox1 中的选中项加入到右侧列表框 Listbox2 中的语句为：

```
ListBox2.Items.Insert(0,ListBox1.SelectedItem)
ListBox1.RemoveAt(ListBox1.SelectedIndex)
```

5. 试通过编程完成，使用户能查询分属两条线的任意两个站点之间的票价，如图 T5-5a 所示。图 T5-5b 是上海市 4 号和 2 号地铁线的票价表（单位：元，2005 年）。

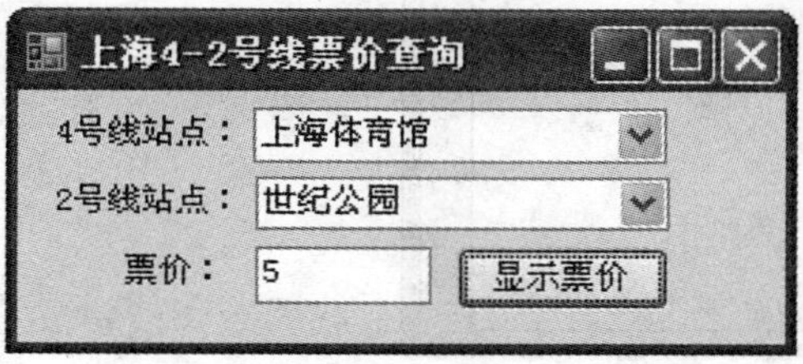

a）程序运行界面

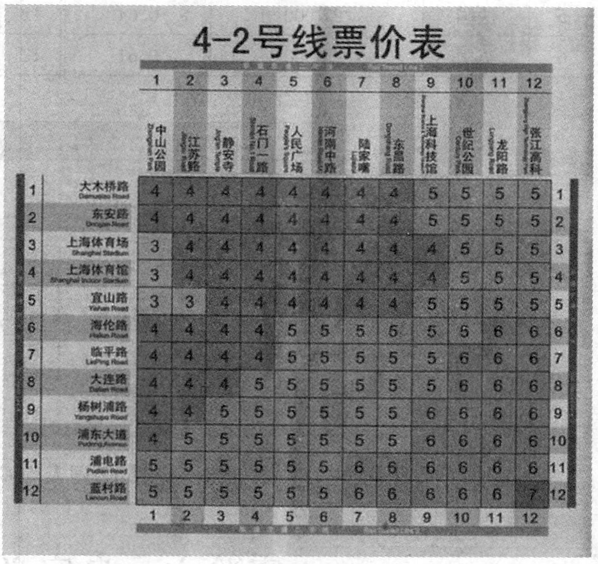

4-2号线票价表

		1 中山公园	2 江苏路	3 静安寺	4 石门一路	5 人民广场	6 河南中路	7 陆家嘴	8 东昌路	9 上海科技馆	10 世纪公园	11 龙阳路	12 张江高科	
1	大木桥路	4	4	4	4	4	4	4	4	5	5	5	5	1
2	东安路	4	4	4	4	4	4	4	4	5	5	5	5	2
3	上海体育场	3	4	4	4	4	4	4	4	4	5	5	5	3
4	上海体育馆	3	4	4	4	4	4	4	4	4	5	5	5	4
5	宜山路	3	3	4	4	4	4	4	4	5	5	5	5	5
6	海伦路	4	4	4	4	5	5	5	5	5	5	6	6	6
7	临平路	4	4	4	4	5	5	5	5	5	6	6	6	7
8	大连路	4	4	4	5	5	5	5	5	5	6	6	6	8
9	杨树浦路	4	4	5	5	5	5	5	5	6	6	6	6	9
10	浦东大道	4	5	5	5	5	5	5	5	6	6	6	6	10
11	浦电路	5	5	5	5	5	5	6	6	6	6	6	6	11
12	蓝村路	5	5	5	5	5	5	6	6	6	6	6	7	12
		1	2	3	4	5	6	7	8	9	10	11	12	

b）票价表

图 T5-5　上海 4-2 号地铁线的票价查询

提示：

1）将地铁站各站点保存在两个数组中，将票价信息保存在二维数组中。

2）将两组站点分别加入到两个组合框中。

3）直接用两个组合框的选中项的序号作为票价信息的行，列坐标，访问票价数组相应的元素。

6. 2009 年全球 GDP 排名位于前 12 的国家如表 T5-1 所示，试设计一个程序，根据表中提供的资料，求出各国人均 GDP 并排序，程序界面如图 T5-6 所示。

提示：

1）根据题意，应将国家相关数据项定义为一个结构类型，如：

```
Structure StateGDP
        Dim StateName As String
        Dim GDP As Single
        Dim Population As Single
        Dim PersonalGDP As Single
End Structure
```

声明一个 12 个元素的结构数组，用于保存表中的信息：

```
Dim data(11) As StateGDP
```

2）在 Form1_Load 事件过程中对数组赋值，并计算人均 GDP（PersonalGDP）。

3）使用选择或冒泡排序法对数组按进行排序，并将结果显示到列表框中。

表 T5-1　2009 年全球 GDP 排名前 12 的国家

排名	国家	GDP（亿美元）	人口（亿）	排名	国家	GDP（亿美元）	人口（亿）
1	美国	142 800	3.05	7	意大利	21 380	0.59
2	中国	51 200	13.8	8	巴西	15 520	1.9
3	日本	50 200	1.28	9	西班牙	14 720	0.465
4	德国	33 800	0.82	10	加拿大	13 500	0.3275
5	法国	27 000	0.64	11	俄罗斯	12 300	1.42
6	英国	22 500	0.61	12	印度	11 500	11.8

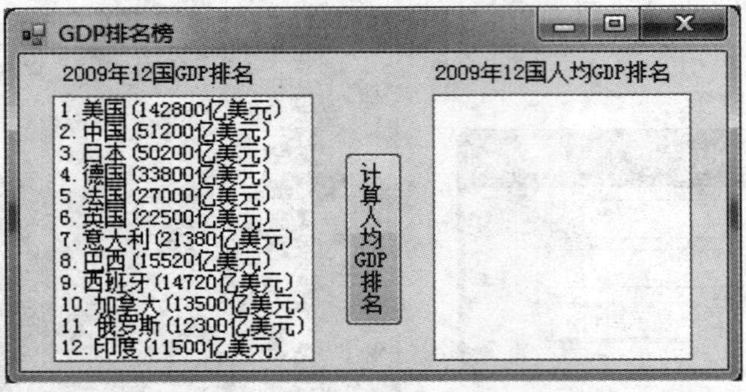

图 T5-6　计算 12 国人均 GDP 排名的程序界面

实验六　自定义函数与过程

一、实验目的

1. 学习函数过程与子过程的定义与使用方法。
2. 掌握函数和过程中参数传递的基本方法。
3. 掌握将复杂问题分成子问题并用过程实现的思想，了解设计复杂程序的基本方法。

二、实验内容

1. 足球世界杯决赛圈有 32 支球队参加，平均分成八组，以单循环方式进行小组赛，每组前两名的球队再进行淘汰赛，直到产生冠、亚、季军，试编程计算总共需安排比赛的场数。

提示：本实验用于加强例 6-1 的学习，可通过修改相关代码来实现。要计算世界杯比赛次数，首先可将 32 支球队平均分成 8 组，则每组有 4 支球队。每组球队要进行单循环赛，共需进行 C_4^2 次比赛，则 8 组总共需要 $8\times C_4^2$ 次。又因为在小组赛中每组决出前两名，8 组一共决出 16 支队，也就是再对这 16 支队伍进行淘汰赛，直到产生冠、亚、季军为止，共有 16 场比赛。所以总比赛场次为 $8\times C_4^2+16$。

2. 编写程序，由计算机随机产生 10 个两位正整数（如 11，23，…），计算其中所有素数之和。要求程序中用自定义函数 IsPrime(x) 判断素数。程序运行界面如图 T6-1 所示。

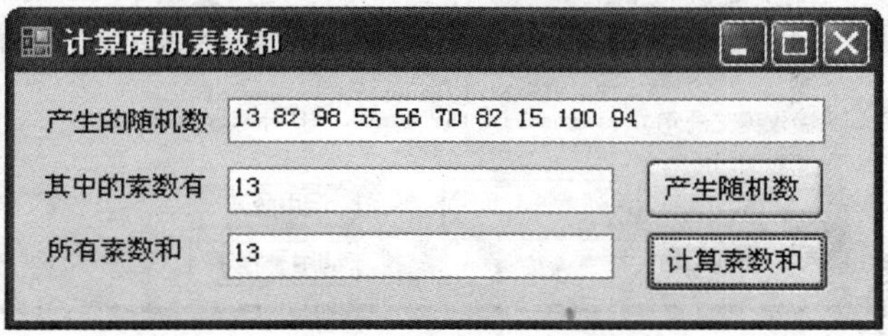

图 T6-1　计算随机数素数和程序的运行界面

提示：本实验用于练习随机数、数组和函数的综合应用。

1）首先定义函数 IsPrime（x）用于判断某个正整数是否为素数，若 x 为素数，则返回 True，否则返回 False。函数定义如下：

```
Function IsPrime(ByVal n As Integer) As Boolean       '判断数 n 是否为素数
    Dim i As Integer
    IsPrime = True                                    '先假设 n 是素数
    For i = 2 To Int(Math.Sqrt(n))                    '用 i 遍历 2 到 sqrt(n)
            If n Mod i = 0 Then                       '若 n Mod i = 0,则 n 不是素数
                    IsPrime = False
                    Exit For                          '如发现 n 不是素数,结束循环
        End If
    Next i
End Function
```

2）由于随机数产生和计算素数和在两个不同的事件处理过程中，需定义数组来保存产生的随机数，而且数组应为两个事件处理过程所共享（全局或窗体级变量）。

```
Dim a(10) As Integer                                          '声明用于保存随机数的数组
Private Sub Button1_Click(……) Handles Button1.Click
    Dim i As Integer
    TextBox1.Text = ""
    Randomize()                                               '初始化随机数发生器
    For i = 1 To 10
        a(i) = Rnd() * 90 + 10                                '产生随机数,保存到数组 a 中
        TextBox1.Text = TextBox1.Text & a(i) & Space(1)       '显示随机数
    Next
End Sub
```

3）将数组元素作为参数，调用 IsPrime 函数来判断其是否为素数，将素数累加显示。

```
Private Sub Button2_Click(……) Handles Button2.Click
    Dim i As Integer, s As Integer
    TextBox2.Text = ""
    For i = 1 To 10                                           '遍历生成的 10 个随机数
        If IsPrime(a(i)) = True Then                          '若 a(i)为素数,则显示并累加
            TextBox2.Text = TextBox2.Text & a(i) & Space(1)
            s = s + a(i)
        End If
    Next
    TextBox3.Text = s                                         '显示素数累加和
End Sub
```

3. 输入一段英文语句，在其中查找某个单词出现的次数。要求分别定义函数过程和子过程来实现查找。程序的运行界面如图 T6-2 所示。

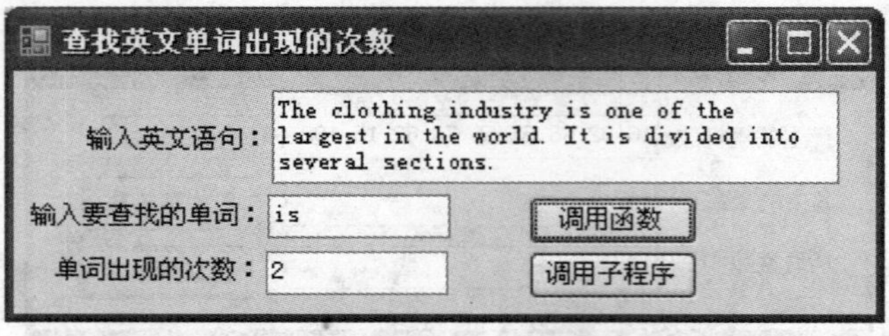

图 T6-2　查找单词出现次数程序的运行界面

提示：本实验用于让学生体会函数过程与子过程的差异。查找单词，确定单词在字符串中的位置，可以使用 InStr() 函数。InStr() 的功能是查找字符串中的子串，若 InStr() 函数的返回值大于 0，表示找到子串。然后利用 Mid 函数提取该子串，再利用 InStr() 继续查找。

将查找单词出现次数的功能封装在一个函数或过程中，可以简化整个程序。主程序提供字符串数据和需要查找的单词，传递给子程序，并得到查找结果。调用子过程的主程序代码可编写如下：

```
Private Sub Button2_Click(……) Handles Button2.Click
        Dim str1 As String, str2 As String
        Dim c As Integer
        str1 = TextBox1.Text                              '字符串
        str2 = TextBox2.Text                              '要查找的单词
        Call SubString(str2, str1, c)                     '调用函数过程
        TextBox3.Text = c
End Sub
```

使用子过程需要将用于返回值的参数设定为传地址方式，程序代码可编写如下：

```
Sub SubString(ByVal t As String, ByVal s As String, ByRef Count As Integer)
    Dim i As Integer, s1 As String
    count = 0
    s1 = Trim(s)
    i = (InStr(s1, t))                          '搜索字符串 t 在 s1 中的起始位置
    Do While i > 0                              'i >0 表示 s1 中搜索到 t
        Count = Count + 1                       '统计个数加 1
        s1 = (Mid(s1, i + 1))                   '从新设置 s1 字符串的内容除去已经搜索过的字符
        i = (InStr(s1, t))                      '在新的字符串 s1 中继续搜索
    Loop
End Sub
```

4. 随机生成两个数组，每个数组中的元素由 10 个两位正整数组成。编写程序，将两个数组中的整数按照从小到大的顺序排序。要求编写过程实现排序，程序运行界面如图 T6-3 所示。

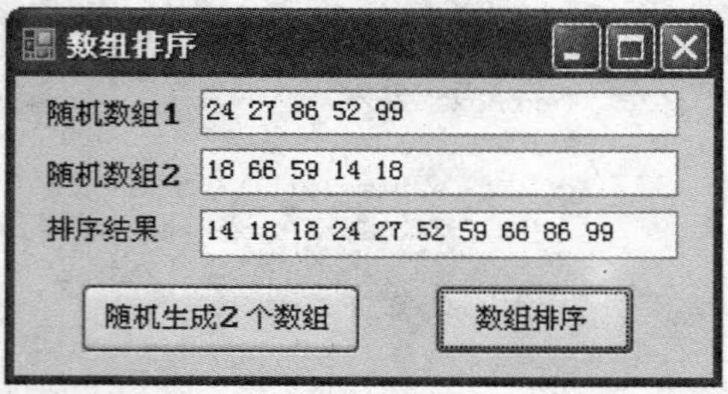

图 T6-3　数组排序程序的运行界面

提示：本实验主要用来学习在过程调用中如何通过数组传递数据。首先，可先定义 3 个数组 *a*1、*a*2 和 *a*3，前两个数组分别保存生成的 5 个随机整数，然后合并到 *a*3 数组中。编写一个过程 sort 对数组排序保存。sort 过程的形式应为：

```
Sub sort(ByRef a() As Integer)
    ……
End Sub
```

其中 a 为待排序的数组，采用传地址方式。在过程中对数组元素进行排序，可以通过 UBound(a)获取数组 a 的上限。在主程序中将数组名作为实参调用子程序，如调用语句：

```
Call sort(a3)
```

显然，使用整个数组作为参数，一般都采用传地址方式。

实验七　用户界面设计

一、实验目的

1. 学习下拉式菜单和上下文菜单的设计方法，学习工具栏、状态栏的设计方法。
2. 学习常用的通用对话框的使用，掌握对键盘、鼠标的编程方法。
3. 了解多窗体和多文档界面设计方法。

二、实验内容

1. 设计窗体菜单和上下文菜单，能对文本设置字体（菜单项：宋体、黑体、隶书）、字形（菜单项：加粗、倾斜）和颜色（菜单项：红、黑、蓝）。弹出菜单项和主菜单“字形（S）”相同。

提示：本实验用于练习窗体菜单和上下文菜单的设计。实验中，若设置文本框中字体的属性，可先创建满足属性要求的字体（Font）实例，然后将实例赋值给文本框 Font 属性。例如，要设置文本框 TextBox1 的大小 9，字体为宋体，样式为粗体，可以用下列语句：

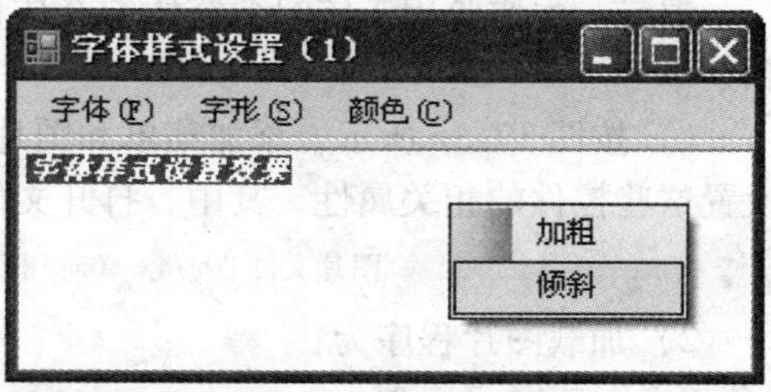

图 T7-1　字体样式设置（1）程序的运行界面

```
TextBox1.Font = New Font("黑体", 9, FontStyle.Bold)
```

显然，创建字体需指定字体名称、字体大小和字体样式三个量。字体样式如表 4-2 所示。在创建字体时，若只想改变原字体的名称，如将字体改成黑体，可用如下语句：

```
TextBox1.Font = New Font("黑体", TextBox1.Font.Size, TextBox1.Font.Style)
```

这样，就保留了 TextBox1 原来的字体大小和样式。若要修改样式，比如增加或减去粗体样式，可用如下两条语句：

```
TextBox1.Font = new Font(TextBox1.Font.Name, TextBox1.Font.Size, TextBox1.Font.Style Or FontStyle.Bold)'增加粗体样式
TextBox1.Font = new Font(TextBox1.Font.Name, TextBox1.Font.Size, TextBox1.Font.Style Xor FontStyle.Bold)'减去粗体样式
```

2. 在上个实验题的基础上，添加工具栏，点击工具栏上的“A”按钮，打开颜色对话框，可设置文本框中文字颜色。点击“A≡”按钮，可以打开字体对话框，设置文本框文字字体。程序界面如图 T7-2 所示。

提示：本实验用于熟悉工具条的使用，可参考例 7-2。

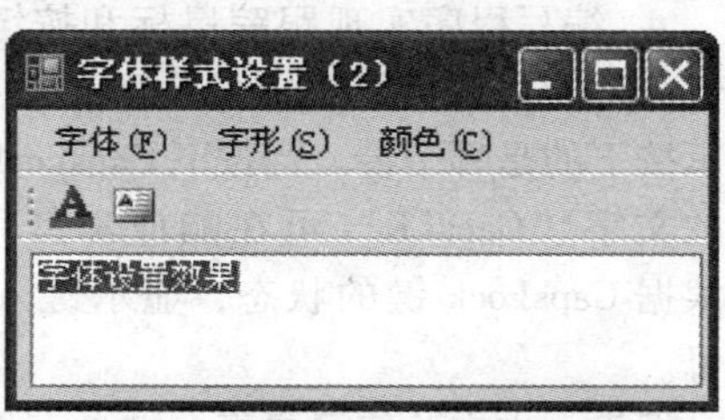

图 T7-2　字体样式设置（2）程序运行界面

3. 设计一个包含两个窗体的程序，如图 T7-3 所示。“图片移动”窗体的“图片”菜单有三个菜单命令：

1）“加载”命令可以弹出打开文件对话框，选择图片文件加载在图片框中。

2）“移动”命令可使图片从左向右循环移动，并弹出“图片位置监视”窗体。“图片位置监视”窗体显示图片的当前坐标。

3）“停止”命令使图像停止移动，关闭“图片位置监视”窗体。

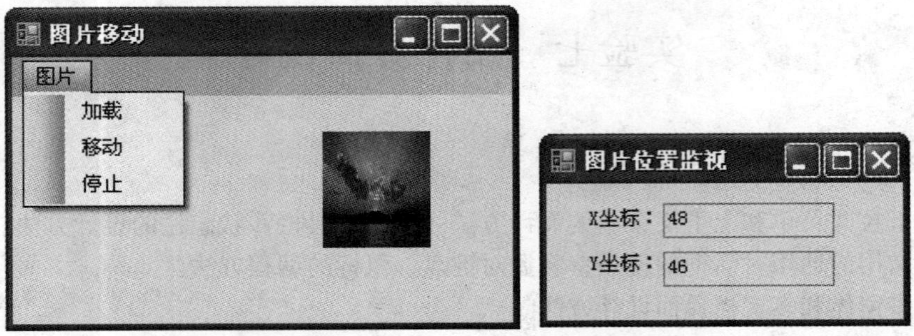

a) 图片移动窗体　　b) 图片位置监视窗体

图 T7-3　图片位置监视程序运行界面

提示：本实验用于练习多窗体综合应用程序的设计，其中要用到定时器、打开文件对话框和菜单等。

1）按图 T7-3a 所示，添加菜单和图片框控件，此外再添加打开文件对话框和定时器控件。设置这些控件的相关属性，其中，打开文件对话框 ofdPic 的 Filter 属性可设置为：

```
ofdPic.Filter = "图片文件 bmp | * .bmp |图片文件 jpg | * .jpg"
```

2）加载图片程序为：

```
ofdPic.ShowDialog()
If ofdPic.FileName < > "" Then
    PictureBox1.Image = Image.FromFile(ofdPic.FileName)
    mnsMove.Enabled = True
    mnsStop.Enabled = True
End If
```

其中，mnsMove 和 mnsStop 为“移动”和“停止”菜单项的名称。

3）时钟 Tick 事件处理程序为：

```
PictureBox1.Left = PictureBox1.Left + 1
If PictureBox1.Left > Me.Width Then
        PictureBox1.Left = 0
End If
Form2.TextBox1.Text = PictureBox1.Left
Form2.TextBox2.Text = PictureBox1.Top
```

4. 编写程序实现跟踪鼠标和按键的操作。当移动鼠标时能跟踪鼠标当前的位置；按下键盘按键时，显示按下的是哪个键。当按下 CapsLock 键，在状态栏上的文字“CapsLK”可在响应和禁用状态下切换。并根据 CapsLock 键的状态，显示键入大写或者小写字母。

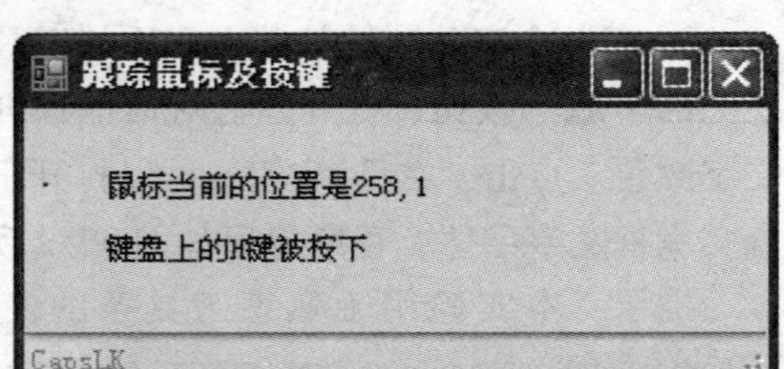

图 T7-4　“字体设置-2”程序的运行界面

提示：本实验练习鼠标、键盘事件的处理及状态栏的使用，可参考例 7-3 和例 7-8。

实验八 文件系统

一、实验目的

1. 熟悉文件的基本概念及文件的分类。
2. 掌握顺序文件的打开、读写和关闭等基本操作。
3. 学会编写有关文件操作的 VB.NET 应用程序。

二、实验内容

1. 仿照例 8-1，编写程序实现顺序文件的打开、写和关闭操作。要求程序允许用户使用保存文件对话框（SaveFileDialog）来输入要保存的文件名。

提示：保存文件对话框和打开文件对话框类似，可参考 2.3.2 节。

2. 仿照例 8-2，编写程序实现顺序文件的打开、读和关闭操作。要求程序允许用户使用打开文件对话框（OpenFileDialog）来输入要打开的文件名。

3. 仿照例 8-3，编写程序实现随机文件的打开、读和关闭操作。要求程序允许用户使用打开文件对话框（OpenFileDialog）和保存文件对话框（SaveFileDialog）来输入文件名。

4. 设计如图 T8-1 所示简易记事本程序，程序允许用户打开、修改和保存文本文件。要求支持打开文件对话框和保存文件对话框。

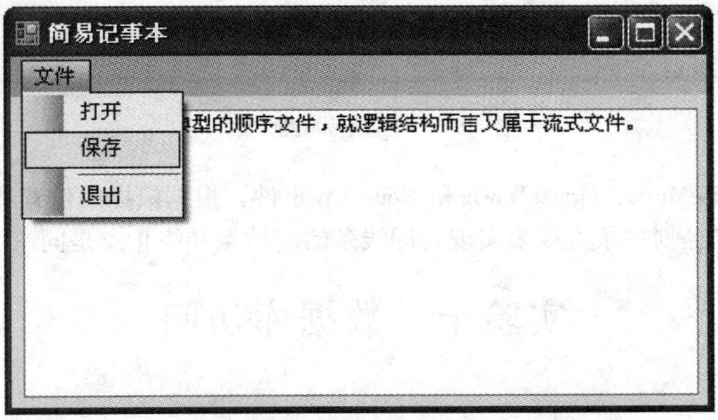

图 T8-1 简易记事本程序界面

提示：本实验练习顺序文件的基本操作，包括文件的打开、读写和关闭。为使程序只针对文本文件，设置打开文件对话框和保存文件对话框的 Filter 属性设置为：

```
OpenFileDialog1.Filter = "Text File(*.txt)|*.txt"
SaveFileDialog1.Filter = "Text File(*.txt)|*.txt"
```

实验九 绘 图

一、实验目的

1. 学习 GDI + 绘图系统的基本知识。
2. 掌握 GDI + 绘图系统绘图的基本步骤和方法。

二、实验内容

1. 设计程序，在窗体上显示带阴影的文字效果，如图 T9-1 所示。

提示：参考 9.3.3 节，可先绘制黑色文字，然后错位 1 个像素后用红色画刷再绘一遍。

图 T9-1 带阴影的文字效果

2. 仿照 9.4 的综合实例，设计界面类似图 T9-2 的程序，实现用鼠标和画笔、画刷随意在图片框中绘图。

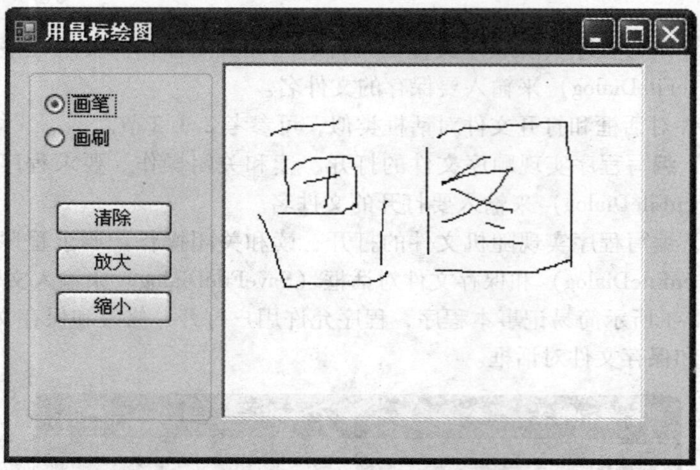

图 T9-2 用鼠标随意画图

提示：使用 MouseMove、MouseDown 和 MouseUp 事件，根据鼠标的位置和状态画点，画点可以通过在同一坐标点上划一条直线来实现，即线条的起始点和终止点是同一个点。

实验十 数据库访问

一、实验目的

1. 学习 ACCESS 数据库的创建方法。
2. 掌握 VB.NET 访问数据库的基本过程。

二、实验内容

1. 在 Access 软件平台上创建数据库 work.mdb，再在此基础上创建员工数据表 employee。表结构和数据参见表 T10-1。表中的数据内容如图 T10-1 所示。

表 T10-1 员工数据表 employee 结构

字段名称	工号	姓名	性别	部门	工资
数据类型	文本	文本	文本	文本	整型
字段大小	6	8	2	20	

2. 在 VB.NET 平台上使用数据控件 BindingSource 和 BindingNavigator 访问 work.mdb 数据库，实现基本的数据导航功能。设计界面如图 T10-2。

3. 在实验 2 的基础上删除 BindingNavigator 控件，在窗体上添加按钮，设计代码实现基本的数据导航、添加、修改、删除等功能。设计界面如图 T10-3。

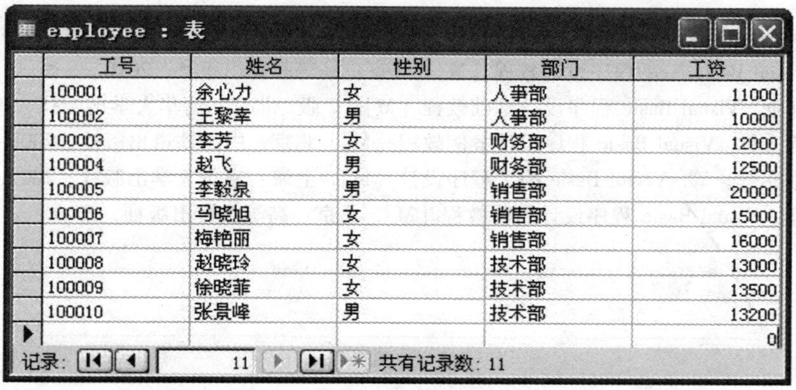

图 T10-1　employee 数据

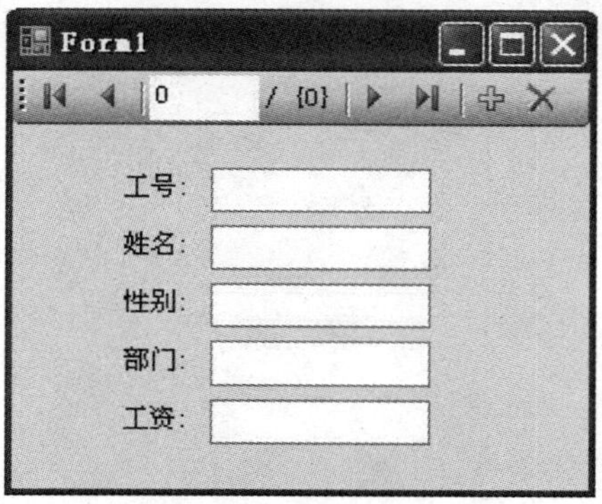

图 T10-2　实验 10.2 的设计界面

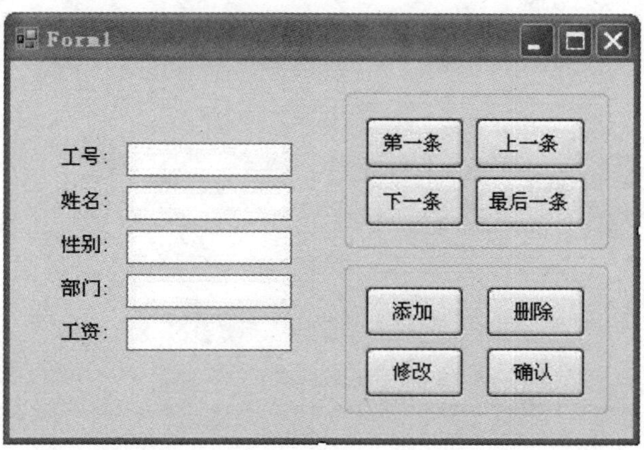

图 T10-3　实验 10.3 的程序的运行界面

参 考 文 献

[1] Dvaid I Schneider. Visual Basic.NET 程序设计导论［M］. 英文版. 北京：高等教育出版社，2004.
[2] 龚沛曾. Visual Basic.NET 程序设计教程［M］. 北京：高等教育出版社，2010.
[3] 王萍，聂伟强. Visual Basic 程序设计基础教程［M］. 2 版. 北京：清华大学出版社，2007.
[4] 刘彩虹，沈大林. Visual Basic 程序设计案例教程［M］. 北京：中国铁道出版社，2008.
[5] 强莎莎，骆亦舒，等. Visaul Basic.NET 程序设计［M］. 上海：东华大学出版社，2007.
[6] 龚沛曾，等. Visual Basic 程序设计简明教程［M］. 北京：高等教育出版社，2000.

教师服务登记表

尊敬的老师：

您好！感谢您购买我们出版的______________________________________教材。

机械工业出版社华章公司为了进一步加强与高校教师的联系与沟通，更好地为高校教师服务，特制此表，请您填妥后发回给我们，我们将定期向您寄送华章公司最新的图书出版信息！感谢合作！

个人资料（请用正楷完整填写）

<table>
<tr><td>教师姓名</td><td></td><td>□先生
□女士</td><td>出生年月</td><td></td><td>职务</td><td></td><td colspan="2">职称：□教授 □副教授
□讲师 □助教 □其他</td></tr>
<tr><td>学校</td><td colspan="2"></td><td>学院</td><td colspan="3"></td><td>系别</td><td></td></tr>
<tr><td rowspan="2">联系电话</td><td colspan="3" rowspan="2">办公：
宅电：
移动：</td><td>联系地址及邮编</td><td colspan="4"></td></tr>
<tr><td>E-mail</td><td colspan="4"></td></tr>
<tr><td>学历</td><td></td><td>毕业院校</td><td></td><td colspan="2">国外进修及讲学经历</td><td colspan="3"></td></tr>
<tr><td>研究领域</td><td colspan="8"></td></tr>
<tr><td colspan="3">主讲课程</td><td colspan="2">现用教材名</td><td>作者及出版社</td><td>共同授课教师</td><td colspan="2">教材满意度</td></tr>
<tr><td colspan="3">课程：
□专 □本 □研
人数： 学期：□春□秋</td><td colspan="2"></td><td></td><td></td><td colspan="2">□满意 □一般
□不满意 □希望更换</td></tr>
<tr><td colspan="3">课程：
□专 □本 □研
人数： 学期：□春□秋</td><td colspan="2"></td><td></td><td></td><td colspan="2">□满意 □一般
□不满意 □希望更换</td></tr>
<tr><td>样书申请</td><td colspan="8"></td></tr>
<tr><td>已出版著作</td><td colspan="3"></td><td>已出版译作</td><td colspan="4"></td></tr>
<tr><td colspan="3">是否愿意从事翻译/著作工作 □是 □否</td><td>方向</td><td colspan="5"></td></tr>
<tr><td>意见和建议</td><td colspan="8"></td></tr>
</table>

填妥后请选择以下任何一种方式将此表返回：（如方便请赐名片）

地 址：北京市西城区百万庄南街1号 华章公司营销中心 邮编：100037

电 话：(010) 68353079 88378995 传真：(010)68995260

E-mail:hzedu@hzbook.com markerting@hzbook.com 图书详情可登录http://www.hzbook.com网站查询